东南大学经济管理学院基础研究能力提升（ESI）项目资助

东南大学"至善青年学者"支持计划资助

生态治理
与结构调整

ECOLOGICAL
GOVERNANCE
AND
STRUCTURAL
ADJUSTMENT

吴一超 —— 著

推动
绿色发展

PROMOTING
GREEN DEVELOPMENT

社会科学文献出版社
SOCIAL SCIENCES ACADEMIC PRESS (CHINA)

前　言

随着改革开放的不断深入，中国的市场经济取得了举世瞩目的成就。然而长期以来，我国的经济发展却是以牺牲环境为代价的，以"高投入、高污染、高能耗、低效率"为特征的粗放型发展，造成了生态与环境的破坏，降低了人民生活质量和经济发展质量，不利于我国经济社会的可持续发展。"绿水青山就是金山银山"，在保持经济增长的同时又能实现"绿水青山"，适宜的生态环境规制手段和有效的产业结构优化方案是必不可少的。围绕这一话题，本书从生态治理与结构调整这两个切入点来分析经济发展中的影响机制和制约因素，为制定可持续发展的经济战略提供理论框架，为推动绿色发展的环境政策提供现实依据。本书的内容共分为六篇。

第一篇的主题为环境规制，推动绿色发展的重点之一在于环境规制，其也正是减轻环境污染的有效手段。本部分的三篇文章分别梳理了环境规制工具的类型、测算了中国各区域环境规制的强度、探讨了环境规制与经济增长的关系，并深入分析了环境规制等政策措施对工业发展的积极影响。文章结果显示：近十年中国环境规制强度区际差异巨大，整体由沿海向内陆递减；行政型环境规制与经济增长呈非线性关系，且环境规制强度的增加会促进经济增长，市场型环境规制与经济增长呈 U 形关系，而公众参与型环境规制与经济增长呈线性关系，且环境规制强度的增加会抑制经济增长；从影响机制来看，环境规制可以通过提高工业环境全要素生产率来改善空气质量，同时加强环境立法有利于企业扩大环保投资。

第二篇的主题将绿色发展聚焦于生态治理这一话题，为实现绿色发展，减少我国城市和工业生产中的污染物以及二氧化碳排放成为两大治理重点。第一篇文章探讨了环保税对降低环境污染的显著影响，结果显示，环保税的实施有助于减少 SO_2 的排放量，环保投资在其中发挥了中介作用。第二篇文章从区域发展视角分析了城市规模与二氧化碳排放之间的关系，其结果表明，城市人口规模增长对人均碳排放增长产生负向作用，而城市的人均面积和人均 GDP 的增长则会对人均碳排放增加产生正向作用。第三篇文章从规模、结构、技术、管制四个渠道考察了外商直接投资（FDI）对碳排放的作用机制，结果显示，规模效应和结构效应显著增加了碳排放，技术效应具有明显的抑制作用，而管制效应对碳排放产生的影响并不明显。

第三篇的主题为产业结构调整，在推动绿色发展的过程中，加快转变经济发展方式，促进产业转型升级，是可持续发展的必由之路。第一篇文章从区域产业集聚的角度来探讨产业集聚对环境污染的影响机制，其结果证明，产业集聚规模、效益、能力对环境污染是具有抑制作用的，其中以珠三角地区九市作为研究对象，其对外开放程度也发挥了重要中介作用。第二篇文章对中国四大工业基地主要的 21 个城市的生态效率进行了评价，并分析了影响生态效率的因素，指出各个城市的生态效率基本上处于上升状态，其中京津冀工业基地主要城市的生态效率增长最快。第三篇文章则以江苏省为例，考察了产业结构调整与水污染之间的关系，发现产业结构的升级降低了水污染程度，但是产业结构调整的推动作用并不显著。

第四篇的主题为土地开发，土地资源作为人类生产和生活的物质基础，是经济发展中稀缺且不可替代的自然资源。第一篇文章以长三角城市群为例，重点研究了土地资源的利用效率，经测算发现江苏省和浙江省的城市建设用地效率平均情况显著优于安徽省，且城市建设用地效率和城市与港口之间的距离呈"⌣"形曲线关系。第二篇文章则探索了土地资源对经济增长的尾效作用，结论表明土地资源约束对实际经济发展已经产生了较大的阻力，土地资源消耗引起的增长尾效总体上也呈现上升的趋势。

第五篇的主题为海洋经济，绿色发展的眼光不但要汇集于内陆，而且要拓展到广阔的海洋。本部分的两篇文章侧重探讨海洋资源开发与海洋经济发展的协调关系，构建了海洋资源环境承载力指标体系和海洋经济发展潜力指标体系，并运用耦合度及耦合协调度模型分析了两者的耦合协调关系。其结果表明：长江三角洲的海洋经济发展潜力与资源环境承载力耦合协调状态良好，而环渤海各省份海洋环境也有所改善，同时，产业结构变化越快的省份，其环境承载力水平越低，在发展经济的同时更应重视环境保护问题，不能一味地追求经济增长。

第六篇的主题为绿色发展，纵观我国经济快速发展的全过程，伴随的是城镇化水平的不断提高和环境污染程度的加深，城市的可持续发展越来越引起人们的重视。本部分的第一篇文章探讨了新型城镇化水平和工业废气污染等问题的耦合关系，其分析指出，我国现阶段新型城镇化对环境污染的影响为正向，说明我国现处于传统城镇化到新型城镇化的过渡或新型城镇化建设的初期阶段，新型城镇化与减轻环境压力这一目标还有很大距离。另两篇文章则分别研究了新一线城市可持续发展能力的影响因素以及如何通过金融支持促进城市群的绿色发展，其实证结果表明：城市产业结构对可持续发展能力有显著的正向影响；经济外向度、人口素质和人口密度对可持续发展能力则有负向影响；城市金融效率对绿色发展的作用为正；而绿色金融资本市场的发展程度对绿色发展的影响并不显著。

最后，特别鸣谢东南大学经济管理学院 2019 级国民经济学专业硕士郭贞利同学，东南大学经济管理学院 2016 级国际经济与贸易专业涂曼娅同学，以及东南大学经济管理学院 2016 级经济学专业白雨薇、薛淋云、陈识涵、张寅、杨涛、田纪驰、王云、花泽苏、郭茜、姜静静、黄钰、王丹丹、高雨欣、朱晓妍等同学，对本书的贡献。

吴一超

2019 年 6 月 19 日于东南大学经济管理学院

目　录

1

第一篇
环境规制

我国环境规制对经济增长的影响研究

一　绪论

随着改革开放 40 多年来市场经济的深入发展，我国取得了举世瞩目的成就，尤其是 21 世纪以来，我国 GDP 从 2001 年的 11 万亿元增长至 2018 年的 90 万亿元，年均增长率为 13.1%。目前我国已成为世界第二大经济体，是世界上最大的发展中国家。然而长期以来，我国的经济发展是以牺牲环境为代价的，是以"高投入、高污染、高能耗、低效率"为特征的粗放型发展，造成了生态与环境的破坏，降低了人民的生活质量和经济的发展质量，不利于我国经济社会的可持续发展。

我国也逐渐意识到环境保护与经济协调发展的重要性，环境规制手段渐趋完善，环境规制力度逐渐加强。党的十八大将"科学发展观"写进党章；党的十九大指出"建设生态文明是中华民族永续发展的千年大计"，要贯彻创新、协调、绿色、开放和共享的发展理念；国家在《"十三五"生态环境保护规划》中也提出"要通过实施最严格的环境保护制度，改善地区生态环境质量"。工业污染源治理投资额在 2014 年达到峰值后，近年来呈现下降趋势，废水排放量和废气排放量也逐渐减少，这在一定程度上表明我国工业污染情况有所好转，环境规制取得一定效果。

"绿水青山就是金山银山"，在保持经济增长的同时又能实现"绿水青山"，合适的环境规制手段和强度是必不可少的。那么环境规制对我国的经济增长有何影响？不同地区环境规制影响经济增长的情况有何不同？我们该如何协调环境规制与经济增长的关系？这些都是亟须回答的问题。

本文在总结国内外环境规制与经济增长相关研究的基础上，以可持续发展理论和外部性理论为基础，并综合考虑数据的可得性，对 2004～2015 年中国 29 个省级区域（西藏自治区和港澳台地区除外，重庆市数据归入四川省）的面板数据进行回归分析，从全国整体角度分析不同环境规制手段对经济增长影响的差异性，并进一步从东、中、西部角度就环境规制对经济增长的影响进行区域差异性研究，最后结合我国经济增长、环境污染与规制现状提出促进经济高质量增长的对策建议。

本文的研究具有重要的理论价值和实践价值。从理论价值来看，目前关于环境规制与经济增长关系的研究结论尚未达成一致，主要用于衡量环境规制强度的指标存在较大差异，本文在众多研究成果的基础上，建立分类的环境规制强度指标体系，使研究结果具备可靠性和可比性，为环境规制指标体系的准确建立提供了参考。从实践价值来看，本文区分了不同的环境规制手段，分别对其经济增长影响效应进行实证分析，从而可以更加细致地了解不同环境规制手段对经济增长的影响效果。同时，将全国分为东、中、西部三大地区进行比较研究，因而有利于针对各地区实际情况提出更为具体可行的对策建议，具有很高的实际应用价值。

二 文献综述

（一）环境规制对经济增长的影响效应

最初用于分析环境与经济之间关系的环境库兹涅茨曲线（EKC）是于 1991 年在讨论北美自由贸易区协议的环境影响问题时提出来的，Grossman 和 Krueger（1991）利用全球环境监测系统（GEMS）数据库的二氧化硫、烟尘等环境污染数据与贸易密度、人均收入的平方、制造业的贡献率进行回归之后，发现环境污染指标与人均收入之间存在倒 U 形的关系。当前，有关环境规制对经济增长影响效应的研究结果分为三个方向：一是环境规制促进经济增长；二是环境规制抑制经济增长；三是环境规制对经济增长的影响具有不确定性。

1. 环境规制促进经济增长

关于环境规制促进经济增长的观点最具代表性的研究是 Porter（1991）

提出的"波特假说"。其认为适度的环境规制不仅不会抑制企业的发展水平，反而会倒逼企业进行技术创新，从而取得市场竞争优势，促进经济发展。Domazlicky 和 Weber（2004）以美国 1988～1993 年化工产业为研究对象，分析了环境规制对企业生产率的影响，结果表明在特定条件下环境规制能够提高化工企业的生产效率。Azevedo 等（2010）研究了巴西冶炼业环境规制与行业技术创新之间的关系，指出环境规制有助于促进行业技术革新，可以通过在环保技术革新方面加大资金投入力度，来改善冶炼行业高污染的发展状况。Hanna（2010）运用美国企业的面板数据，估计《清洁空气法修正案》对跨国公司对外投资决策的影响，发现《清洁空气法修正案》造成美国跨国公司对外投资上升了 5.3%，产出上升了 9%，因此环境规制的增强能够促使产业在国与国之间的转移，促进经济发展。Lee 等（2011）对美国汽车尾气排放数据的分析表明，严格的环境规制能够提升行业的技术创新，进而增加企业经济效益。

李斌等（2013）利用投入产出数据研究发现，当环境规制强度超过其设定的门槛值时，环境规制推动了工业发展方式的转变，促进了经济高质量增长。夏勇、钟茂初（2016）以及夏勇、胡雅蓓（2017）用脱钩理论分析显示，逐渐增强的环境规制会促进经济发展并转变为绿色发展方式。王群勇、陆凤芝（2018）采用系统广义矩估计（GMM）方法研究发现环境规制显著提高了中国经济增长质量，且在中西部地区表现显著，在东部地区表现不显著。当环境规制强度低于门槛值时，其对经济增长质量的影响显著为正，而跨越门槛值后，其对经济增长质量的影响不再显著。

2. 环境规制抑制经济增长

Jorgenson 和 Wilcoxen（1990）的实证研究结果表明美国的经济增速在 1973～1985 年这 13 年内下降了 0.1 个百分点，因此认为提升环境规制强度会增加企业的生产成本，抑制经济发展。Sancho 等（2000）实证分析了在环境规制条件下，西班牙国内家具及木质产品制造业行业产出明显降低，环境规制对行业经济增长产生了不利影响。Keller 和 Levinson（2002）则利用美国的州际数据分析了环境污染治理成本和外商直接投资（FDI）的关系，结果发现环境规制对 FDI 的流入存在负面影响。Amagai（2007）研究发现环境规制强度逐渐增大将降低生产率，虽然在环境规制政策调整下企业会不断提高生产技术水平，然而由技术提升带来的经营利润远低于企业增加的成本，因此环境规制对经济增长会产生不利影响。Chintrakarn（2008）采用随机前沿（SFA）模型，利用美国国内州际数据，分析得到环境规制没有提升国内制造业的技术效率。

在中国的经济背景下，国内学者运用中国的数据也进行了一系列研究。叶祥松、彭良燕（2011）运用方向性距离函数对环境规制的效率进行了研究，结果发现环境规制对经济增长的影响存在区域差异性，经济发展落后地区的环境规制阻碍了其经济增长。李玉楠、李廷（2012）对中国污染密集产业的动态面板数据进行了实证分析，发现环境规制对污染密集型产业出口贸易具有显著的影响，环境规制强度提升会抑制产业发展和出口贸易。李钢等（2012）利用可计算的一般均衡模型（CGE）进行实证分析，发现当环境规制达到限定指标时，经济增长率会下降约 1 个百分点，同时会抑制制造业部门的就业和出口。谢众等（2013）利用中国 2000 ~ 2010 年省际面板数据，分析指出环境规制对经济增长具有显著的负向作用。李春米、魏玮（2014）运用数据包络法（DEA）测算了中国西北五省份 2000 ~ 2008 年工业全要素生产率及分解指标值，实证分析表明环境规制强度提升会降低工业全要素生产率。易信、郭春丽（2017）把环境要素纳入增长核算框架，强调环境规制在未来一段时间会显著约束经济发展。

3. 环境规制对经济增长的影响具有不确定性

有的学者未找出有力证据证明相关影响，如 Shadbegian 和 Gray（2005）通过运用美国 1979 ~ 1990 年国内高耗能、高污染企业相关数据，构建了 Cobb-Douglas 生产函数模型并进行了实证分析，结果未得到有力证据证明环境规制显著影响生产效率；Martin 等（2009）的研究也表明没有显著证据表明以能源税为代表的环境规制策略影响制造业产出水平；Rutqvist（2009）通过对美国 48 个州的相关数据进行分析发现，环境规制对污染密集型制造业竞争力亦没有显著的促进或抑制作用。而有的学者则是通过模型分析得出"不确定性影响"的结论，如 Urpelainen（2011）通过建立一个不确定条件下的博弈模型，分析环境规制强弱对经济增长的影响，认为环境规制对经济增长的影响是不确定的。

傅京燕和李丽莎（2010）以我国行业竞争力为视角，实证分析认为环境规制对污染密集型产业国际竞争力没有显示出负面影响，两者之间的关系是不确定的。熊艳（2011）采用"纵横向"拉开档次法构建并计算出环境规制强度指数，研究发现环境规制对经济增长的影响并非线性，而是先抑制后促进的正 U 形关系。祁毓等（2016）基于趋势评分匹配的双重差分方法，研究发现环境规制会在短期内减少污染和提高环境质量，但会降低技术进步水平和全要素生产率；伴随环境规制的其他经济社会效应凸显，对经济增长的不利效应将逐步被抵消，并由负转正，所以在长期内会实现环境保护与经济发展的"双赢"。张华明等（2017）认为中国的实际情况不满足传统的 EKC 曲线，而是倒 N 形曲线。

（二）不同环境规制类型对经济增长影响研究

国外关于分环境规制类型研究经济增长效应的文献较少，其在近几年来才受到关注。Xie 等（2017）使用 2000～2012 年省际面板数据，采用面板阈值模型进行实证研究的结果表明，命令控制型和基于市场的环境规制手段都与绿色全要素生产率具有非线性关系，并且可以与绿色全要素生产率呈正相关但是对监管严格性有不同的约束：命令控制型环境规制手段存在双重阈值，并且存在提高生产率的最佳严格范围；基于市场的环境规制手段存在单一门槛，且目前的严格程度对于大多数省份来说都是合理的。Shen 等（2019）从异质性的角度出发，利用阈值模型研究了不同类型环境规制对工业部门环境全要素生产率（ETFP）的非线性动态影响，结果表明，由于存在行业异质性，在重污染行业，过高的环境监管力度削弱了技术创新，基于市场的环境规制类型与 ETFP 之间呈显著的 N 形关系。Ren 等（2018）将环境规制分为三类——命令控制型、市场型和自愿型，根据中国 30 个省份 2000～2013 年的面板数据，运用可拓展的随机性环境影响评估模型（Stochastic Impacts by Regression on Population, Affluence, and Technology, STIRPAT）分析这三种规制手段对中国东、中、西部地区生态效率的影响。研究结果表明，不同类型的环境规制对生态效率的影响具有区域差异性：在东部地区，市场型和自愿型环境规制对生态效率的提高有积极影响，而命令控制型环境规制没有显著影响；在中部地区，与自愿型环境规制相比，命令控制型和市场型环境规制可以更加显著地提高生态效率；在西部地区，命令控制型更能发挥积极作用，而市场型和自愿型环境规制没有显著影响。Wang 和 Shao（2019）将环境规制分为正式和非正式两种类型，采用面板阈值回归技术观察 2001～2015 年正式和非正式环境法规对 G20 集团绿色增长的非线性影响。实证研究结果表明，对于以严格环境政策为代表的正式环境法规，基于市场的环境规制手段仅在高水平经济阶段具有重要意义，而在低水平经济阶段并非如此；基于非市场的环境规制在高、中、低三个阶段都有显著的作用，但其系数和显著性水平各不相同。另外，相比较而言，除了各国技术水平较高的情况，以环境相关技术和教育水平为代表的非正式环境规制对绿色增长具有重要且正向的影响。

国内分环境规制类型研究其经济效果，起步较晚，相关文献较少，但近两年来研究成果不断增加。如原毅军、刘柳（2013）将经济型环境规制分为费用型和投资型两类，研究结果表明费用型环境规制对经济增长无显著影响，而投资型环境规制可显著促进经济增长。彭星和李斌（2016）运用动态面板模型检验了不同类型的环境规制对工业绿色转型的非线性影响效应。研究结果表明，命令控制型环境规制对工业绿色转型的非线性影响效应并不存在，但经济激励型和自愿意识型环境规制可明显促进工业绿色转型。黄清煌等（2017）研究发现，在环境分权体制下，命令控制型和公众参与型规制工具的经济促进效应由负转正，而市场激励型规制工具则由正转负。冯志军等（2017）运用面板数据模型考察了行政型、市场型和公众参与型三种类型的环境规制、创新驱动以及两者的交互作用对绿色全要素生产率的影响，结果表明不同类型的环境规制对中国经济绿色增长的影响具有区域差异。申晨等（2017）的研究表明，市场激励型规制工具比命令控制型规制工具更具减排灵活性和激励长效性，命令控制型规制工具对区域工业绿色全要素生产率的影响曲线呈 U 形。

（三）文献评述

国内外学者对于环境规制与经济增长关系的研究成果颇丰，但还存在以下问题。①大多数学者对经济增长的衡量都是基于"量"的概念，少量学者通过"全要素生产率"这一概念研究经济增长的问题，而研究环境规制对经济增长的影响是更有现实意义的。②尽管国内外学者对环境规制与经济增长之间的关系进行了较为全面的研究，但通常并不区分环境规制类型，而是将环境规制视为一个整体，笼统地反映环境规制强度，然而近年来分环境规制类型研究其经济增长效应受到越来越多的关注，因此对环境规制分类型讨论是未来的重要发展方向之一，而环境规制类型如何分类，在每一分类下又如何用指标衡量都是急需探讨的问题。③不同学者对于环境规制强度的衡量有较大差异且大都使用单一型指标，导致实证研究结果有偏差，因此应该探索使用综合型环境规制强度指标，以增强实证研究结果的准确性和说服力。

本文的创新之处体现在以下三点：第一，现有文献对环境规制影响经济增长的研究更多的是基于"量"的概念，而笔者认为环境规制的根本意义在于促进经济高质量增长，而非单纯的数量增长，因此，本文将经济增长的"质量"这一内涵纳入被解释变量，通过去除环境污染治理投资额并以 2004 年为基期计算实际人均 GDP，更准确地实证分析环境规制对经济增长影响的效果；第二，本文区分了不同环境规制手段并分别研究其对经济增长的影响效果，通过建立不同环境规制手段的规制强度指标，进行差异化研究和分析；第三，本文从整体和分区域两个角度实证研究环境规制与经济增长的关系，既有整体性的结论，又有比较性分析，研究框架更加全面。

三　理论基础

（一）可持续发展理论

20 世纪 70 年代以来，随着世界各国经济的快速发展，人口剧增、资源短缺、环境恶化等环境问题困扰着全球，人类对生存与发展的认知愈加深入，经历了从"生存"到"发展"再到"可持续发展"的过程。1980年，《世界自然保护大纲》初步提出了可持续发展的思想，即"人类利用对生物圈的管理，使得生物圈既能满足当代人的最大需求，又能保持其满足后代人的需求能力"。其后，随着世界环境与发展委员会的成立、《东京宣言》的发表以及《21 世纪议程》的签署，世界各国普遍接受了可持续发展的理念。可持续发展的内涵可以概括为：第一，人类向自然的索取能够与人类向自然的回馈相平衡；第二，人类对于当代的努力能够与对后代的贡献相平衡；第三，人类为本区域发展做出思考的同时能够考虑到其他区域乃至全球利益（牛文元，2012）。可持续发展理论的提出，为人类协调经济发展和环境保护的关系提供了指导。

（二）外部性理论

外部性是指那些生产或消费对其他团体强征了不可补偿的成本或给予了无须补偿的收益的情形。根据外部性的影响效果，外部性可以分为外部经济（正外部性）和外部不经济（负外部性）。外部经济就是一些人的生产或消费使另一些人受益而无须交费；外部不经济就是一些人的生产或消费使另一些人受损而不能得到补偿。在环境污染问题中，一些工厂排放的污染物对环境造成了不利影响，使其周围居民或其他工厂利益受损，而这些受损的人没有得到相应赔偿，这就是排放污染物的工厂给其他人带来的外部不经济。

环境作为一种公共物品，又会产生负外部性问题，导致环境资源配置的市场机制失效，存在市场失灵。因此，需要政府这只"看得见的手"来替代市场机制合理配置环境资源。庇古和科斯分别提出了征收环境税（庇古税）和推行排污权交易制度的解决方案，为环境规制工具的实施和选择提供了理论基础。

1. 庇古税

庇古税是福利经济学家庇古提出的解决环境污染这种负外部性行为的一种经济手段。庇古将外部性的产生原因归于生产的边际私人成本与边际社会成本、边际私人收益与边际社会收益之间的差异（Pigou，1920）。当产生环境污染的负外部性时，边际私人成本小于边际社会成本，因为某一工厂的环境污染，其他厂商为了维持原有产量，必须增加污染治理支出的成本，或者周围居民为了保持环境洁净、身体健康而支出净化环境的费用，这就是外部成本。边际私人成本与边际外部成本之和就是边际社会成本。由于市场机制无法将这种负外部性内部化，只能依靠政府采取适当的政策消除这种外部成本：对边际私人成本小于边际社会成本的生产者征税，对边际私人收益小于边际社会收益的生产者进行补贴。庇古认为，通过这种征税和补贴，就可以实现外部成本的内部化，这就是"庇古税"。

2. 科斯定理

在庇古税被提出以后相当长的一段时期内，解决外部性的内部化问题一直为庇古税理论所支配，直到新制度经济学的奠基人科斯在《社会成本问题》一文中对这一理论提出了批判，并形成了科斯定理（Coase，1960）。

科斯定理的第一子定理是：交易费用理论指出企业之所以在自由价格交易机制之中产生，是因为它可以化解一部分交易费用，即把原来的一部分外部交易转化为企业内部的非交易行为。而科斯定理的第二子定理是：权利制约理论则阐述了权利界定对交易费用和经营效率的影响，该理论指出，初始的产权界定是必要的，并且一旦产权明确、交易费用为零，初始的产权分配就不会影响资源的配置效率，即无论产权分配给谁，通过产权的交易重组，最终都能得到福利最大化的结果，外部性可以有效地内部化。因此，在科斯的理论中，政府解决外部性问题的方式是确定初始的产权分配，为市场交易创造条件。

四　我国经济增长、环境污染与环境规制现状分析

（一）我国经济增长现状分析

改革开放以来，我国国内生产总值增长了近35倍，市场经济获得深入发展，人民生活水平显著提高，取得了举世瞩目的成就。尤其是21世纪以来，我国GDP从2001年的11万亿元增长至2018年的90万亿元，年均增长率为13.1%，目前我国已成为世界第二大经济体，是世界上最大的发展中国家。

本文主要研究环境规制对经济增长的影响效果，以实际GDP来衡量经济增长状况。图1为2004～2017年全国和东、中、西部地区实际GDP的增长情况。由图1可知，从全国来看，我国GDP呈现稳步增长的趋势，经济平稳增长；分区域来看，东、中、西部地区经济增长存在显著区域差异性：东部地区经济体量和增长速度明显大于和快于中、西部地区，差距逐

渐加大，而中部地区经济体量略大于西部地区，两者增长速度相当，差距稳定在一定范围内。

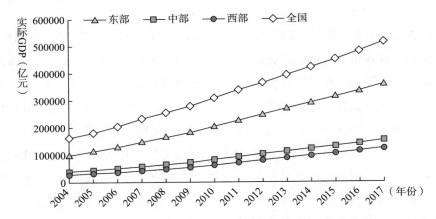

图1 2004～2017年全国和东、中、西部地区实际GDP的增长情况

注：以2004年为基期计算各年实际GDP。

资料来源：国家统计局2005～2018年《中国统计年鉴》。

（二）我国环境污染现状分析

本文主要考察环境规制与经济增长的关系，因此在对污染状况进行分析时，主要考虑工业污染状况。一方面，经济增长的动力在于工业发展，环境污染的主要来源也是工业污染；另一方面，在后文的实证部分也是选取工业污染方面的数据，前后统一。

本节从全国和分区域两个角度，大气污染、水污染和固体废物污染三个方面对我国环境污染状况进行分析。

1. 我国环境污染状况整体分析

本文选取工业二氧化硫、工业烟（粉）尘排放量分析大气污染状况，具体情况见图2。由图2可知，总体而言，工业二氧化硫排放量高于工业烟（粉）尘排放量，但两者均呈现下降趋势，其中工业二氧化硫排放量下降较为缓慢，工业烟（粉）尘排放量下降较快，但在2013～2014年有所回升，之后再次下降。

图3为2004～2015年我国工业废水排放情况。由图3可知，我国工业废水排放量在2004～2005年有较大回升，之后呈现稳步下降趋势。

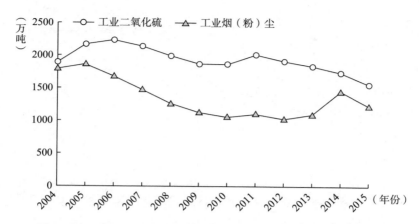

图2　2004～2015年我国工业二氧化硫和工业烟（粉）尘排放情况

资料来源：2004～2015年《全国环境统计公报》。

图3　2004～2015年我国工业废水排放情况

资料来源：2004～2015年《全国环境统计公报》。

　　图4为2004～2015年我国工业固体废物产生情况。由图4可知，我国工业固体废物产生量呈现逐年上升的趋势，且在2004～2011年上升速度较快，2011年以后增长速度显著放缓，工业固体废物产生量基本平稳，在326000万吨左右。这表明我国工业固体废物的污染情况得到控制，但仍需进一步巩固。

　　2. 我国环境污染状况分区域分析

　　为了进一步分析各个区域的环境污染情况，本文对2004～2015年我国

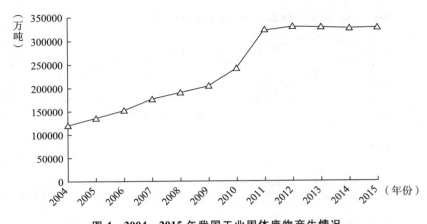

图 4　2004～2015 年我国工业固体废物产生情况

资料来源：2004～2015 年《全国环境统计公报》。

东、中、西部地区的工业二氧化硫和工业烟（粉）尘排放量、工业废水排放量和工业固体废物产生量进行分析。

　　图 5 为 2004～2015 年我国东、中、西部地区工业二氧化硫和工业烟（粉）尘排放情况。由图 5 可知，东、中、西部地区工业二氧化硫排放量整体均呈现下降趋势，其中东部地区下降加快，而中部和西部地区下降较为缓慢。2012 年以前，东部地区工业二氧化硫排放量均高于西部地区和中部地区；2012 年以后，东部地区工业二氧化硫排放量低于西部地区，但仍然高于中部地区，而西部地区工业二氧化硫排放量始终高于中部地区。

　　2010 年以前，东、中、西部地区工业烟（粉）尘排放量均呈现下降趋势，且下降速度相近，其中，中部地区排放量高于东部和西部地区，东西部地区排放量相差不大；2010～2013 年，三个地区排放量基本平稳且较相近；2014 年和 2015 年，东、中、西部地区排放量排名发生变化，且逐渐拉开差距，东部地区排放量最高，其次是中部地区和西部地区。

　　图 6 为 2004～2015 年我国东、中、西部地区工业废水排放情况。由图 6 可知，东部地区工业废水排放量显著高于中部和西部地区，中部和西部地区排放量相差不大，2008 年之前中部地区略高于西部地区，2008 年之后中部地区高于西部地区且差距逐渐加大。

　　图 7 为 2004～2015 年我国东、中、西部地区工业固体废物产生情况。由图 7 可知，东、中、西部地区工业固体废物产生量整体均呈上升趋势，

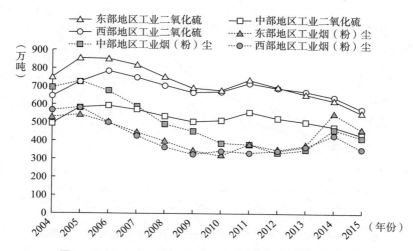

**图5 2004～2015年我国东、中、西部地区工业二氧化硫
和工业烟（粉）尘排放情况**

注：2004～2010年工业烟（粉）尘排放量根据《中国环境统计年鉴》中工业烟尘排放量和工业粉尘排放量相加所得，2011年及以后《中国环境统计年鉴》将工业烟尘和工业粉尘合并统计。

资料来源：2005～2016年《中国环境统计年鉴》。

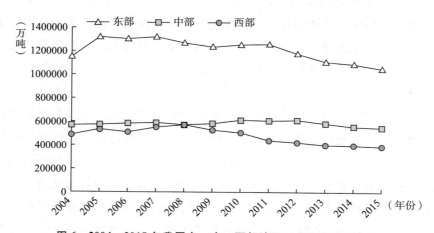

图6 2004～2015年我国东、中、西部地区工业废水排放情况

资料来源：2005～2016年《中国环境统计年鉴》。

2011年以后增速放缓。东部地区工业固体废物产生量始终明显高于中部和西部地区，2011年以前，中部和西部地区相差不大，2011年以后西部地区明显高于中部地区。

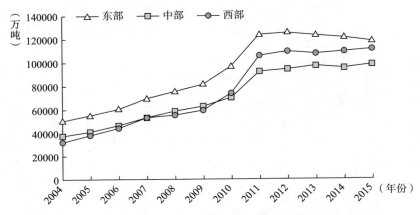

图7 2004～2015年我国东、中、西部地区工业固体废物产生情况

资料来源：2005～2016年《中国环境统计年鉴》。

（三）我国环境规制现状分析

随着可持续发展理念、科学发展观、生态文明建设的提出，我国对环境保护与经济发展的协调问题越来越重视，出台了一系列的环境保护法律、规章和制度，并使用各种环境规制工具解决我国日益严重的环境污染问题。本节首先梳理了新中国成立以来的环境规制法规，分析我国环境规制法规的动态变化，然后阐述各类环境规制手段在我国的应用实践。

1. 我国环境规制法规的演进历程

我国的环境规制经历了改革开放之前的相对匮乏到改革开放之初的逐步加强、改革开放中期的快速发展，再到改革近期渐趋完善的过程（张红凤、张细松，2012）。改革开放之前，我国实行高度集中的计划经济体制，国家决定日常经济秩序和社会秩序。这一时期没有正式的环保法规，但是已经出现有关环境保护的机构、行政准则和条例。1953年劳动部制定了《工人安全卫生暂行条例》，其中包含防治大气污染的内容；1957年国务院有关部门颁布了《关于注意处理工矿企业排出有毒废水、废气问题的通知》，第一次对防治水污染做出了具体规定；等等。

改革开放初期，我国环境规制逐渐加强。1979年，我国制定了首部环境保护法律《中华人民共和国环境保护法》（试行，1989年正式通过），对环境污染的防治原则做了原则性规定。随后又颁布了《中华人民共和国海洋环境保护法》（1982）、《中华人民共和国水污染防治法》（1984）、《中华人民共和国大气污染防治法》（1987）、《中华人民共和国环境噪声污染防治条例》（1989）等。

1992 年党的十四大召开，我国进入市场经济阶段，社会性规制体系逐渐形成，环境规制成为其中一个重要的方面。1995 年，我国出台了《中华人民共和国固体废物污染环境防治法》，1996 年，出台了《中华人民共和国环境噪声污染防治法》；1997 年、2001 年和 2003 年，又相继颁布了《中华人民共和国节约能源法》、《中华人民共和国防沙治沙法》和《中华人民共和国放射性污染防治法》；1999 年和 2002 年分别对《中华人民共和国海洋环境保护法》、《中华人民共和国水法》进行了修订。

从 2003 年开始，随着我国经济体制的不断完善，环境规制也得到了进一步的发展。此阶段我国对一些法律法规进行了修改和修订，如 2014 年修订《中华人民共和国环境保护法》，2015 年修订《中华人民共和国大气污染防治法》，2016 年修订《中华人民共和国水法》，2017 年修订《中华人民共和国水污染防治法》等。同时，国家根据社会发展变化，出台了一系列新的法律法规，如 2016 年 12 月 25 日通过、2018 年 1 月 1 日起施行的《中华人民共和国环境保护税法》，规定征收环境保护税，不再征收排污费；2017 年 12 月，中办、国办正式印发《生态环境损害赔偿制度改革方案》等。

2. 各种环境规制手段在我国的实践

我国环境规制总体上实行统一规制下的地方政府负责制，以命令控制型环境规制手段为主，以基于市场的经济激励型环境规制手段为辅（张红凤、张细松，2012），兼有以信息披露和公众参与为特征的环境规制手段。

一是命令控制型环境规制手段。命令控制型环境规制手段是指通过法律和行政的手段制定并执行各种不同的标准来改善环境的质量。我国命令控制型环境规制手段按照发生作用的阶段可以分为"事前控制"、"事中控制"和"事后控制"（董敏杰，2011）。"事前控制"环境规制手段包括"三同时"制度、环境影响评价制度等；"事中控制"环境规制手段包括排污许可证制度等；"事后控制"环境规制手段包括限期治理和关停并转、集中控制等。

（1）"三同时"制度

1973 年，第一次全国环境保护会议通过的《关于保护和改善环境的若干规定（试行草案）》首次提出"三同时"制度，即环境保护设施和主体工程"同时设计、同时施工、同时投产"；1979 年"三同时"制度又被列入《环境保护法》。

表 1 为 2004～2015 年我国建设项目"三同时"制度执行情况。由表 1 可知，我国实际执行"三同时"制度项目的个数和环保投资总额一直稳步上升，平均单个项目的投资额也在大幅增加，而"三同时"制度项目执行合格率也稳定在 96% 左右，这说明我国"三同时"制度在新建项目中得到了普遍落实。

表 1　2004～2015 年我国建设项目"三同时"制度执行情况

年份	实际执行"三同时"制度项目数（个）	"三同时"制度项目执行合格率（%）	实际执行"三同时"制度项目环保投资总额（亿元）
2004	78907	96.36	460.5
2005	70793	95.60	640.0
2006	81480	91.85	767.2
2007	84217	98.65	1367.4
2008	95453	97.97	2146.7
2009	97049	—	1570.7
2010	106765	98.00	2033.0
2011	125139	97.90	2112.4
2012	128758	97.32	2690.4
2013	145363	96.65	3425.8
2014	137758	96.71	3113.9
2015	160854	96.19	3085.8

注："—"表示数据缺失。

资料来源：1996～2015 年《全国环境统计公报》和 2005～2016 年《中国环境统计年鉴》。

（2）环境影响评价制度

1979 年我国颁布的《中华人民共和国环境保护法（试行）》正式提出了环境影响评价制度，即对可能影响环境的工程建设和开发活动，预先进行调查和评估，提出防治方案，实行跟踪监测，并经主管部门批准后才能进行建设。1986 年 3 月，有关部委联合颁布了《建设项目环境保护管理办法》，进一步完善了环境影响评价的基本内容和程序。目前，在《中华人民共和国海洋环境保护法》、《中华人民共和国水污染防治法》、《中华人民共和国大气污染防治法》和《中华人民共和国环境噪声污染防治法》等法律规定中，都有关于环境影响评价的规定。

（3）排污许可证制度

排污许可证制度是一种环境管理行政许可制度，排污许可证是该项制度的重要载体，其载明排污企业的基本信息、许可事项、许可排放限值、环境管理要求等内容，是企业持证排污的依据，也是环境保护主管部门借以严控污染物排放、改善环境质量的重要监管执法依据。2016 年 11 月，国务院根据《中华人民共和国环境保护法》和《生态文明体制改革总体方案》等，制定并发布了《控制污染物排放许可制实施方案》，作为中国实施排污许可制的纲领性文件。实行排污许可证制度有三个环节：一是排污的申报登记，二是污染物排放总量的规划分配，三是审核发证及许可证的监督管理。

（4）限期治理和关停并转

限期治理和关停并转制度是在 1989 年《中华人民共和国环境保护法》中确立的。所谓限期治理，是指对现存环境危害的污染源，由法定机关规定企业在限定时限内完成治理任务，如果到期不能完成要求的，不排除实行关停并转措施。目前法律规定的限期治理对象主要有两类：一是位于特别保护区域内的超标排污的污染源；二是造成严重污染的污染源。

（5）集中控制

污染集中控制是在一个特定的范围内，为保护环境所建立的集中治理设施和采用的管理措施，是强化环境治理的一种重要手段。污染集中控制有助于集中人力、物力、财力解决重点污染问题；有助于采用新技术，提高环境治理效果和效率；有助于节省污染治理的投入。

二是基于市场的环境规制手段。基于市场的环境规制手段又被称为经济激励型手段，是指通过市场信号激励人的行为动机，而不是通过明确的环境质量标准约束人的行为。我国实行的经济激励型环境规制手段主要有排污收费制度和排污权交易制度。

（1）排污收费制度

排污收费制度的理论基础是庇古税，根据"污染者付费"原则，对边际社会成本高于边际私人成本的行为征税，使外部成本内部化。我国在1979年颁布的《中华人民共和国环境保护法（试行）》中正式规定了该制度。之后，在《中华人民共和国大气污染防治法》、《中华人民共和国水污染防治法》、《中华人民共和国固体废物污染环境防治法》和《中华人民共和国环境噪声污染防治法》等法律中都对这项制度做出了规定。这一制度不仅对企业防治污染产生激励作用，而且为政府提供了一部分稳定的环保资金来源。然而，由于信息不对称问题、寻租问题的存在，排污收费制度的费率标准不一定有效率，执行起来也容易存在监管不到位的问题，但是排污收费制度总体上依然是比较成熟的、行之有效的环境规制手段。然而，2016年12月25日通过的《中华人民共和国环境保护税法》自2018年1月1日起实施，按规定征收环境保护税，即对各种污染物按照排放量征收一定税额，不再征收排污费。

（2）排污权交易制度

排污权交易是指在污染物排放总量控制指标明确的情况下，利用市场机制，建立合法的污染物排放权利，即排污权，并且允许这种排污权像商品那样在市场上买入和卖出，达到需求和供给的平衡，以此来对污染物进行总量控制。我国的排污权交易制度可以追溯到1988年开始的排污许可证制度试点。1993年，我国开始探索大气排污权交易政策的实施，并以南通、包头等多个城市作为试点。2016年11月，国务院制定并发布了《控制污染物排放许可制实施方案》，作为中国实施排污许可制的纲领性文件。排污许可证是排污权交易的管理载体，目前我国的排污权交易制度还未在全国大范围内展开，少数成功的案例也都是以政府主导为主，尚未真正实现市场机制主导。在未来，排污权交易制度的不断发展、完善和普及将会有效促进污染的减少、治理成本的降低。

三是以信息披露和公众参与为特征的环境规制手段。20世纪90年代以来，以信息披露和公众参与为特征的环境规制手段日益受到世界上广大国家的重视和使用。我国也逐渐接受和使用了这种新型的环境规制手段。

信息披露型环境规制通过公开企业或产品的相关信息，利用产品市场、资本市场、劳动力市场、立法执法体系以及其他利益相关集团对排污企业或规制机制施加压力，达到环境规制的目标（张红凤、张细松，2012）。这类环境规制手段具体有自愿协议、环境标签和环境认证等形式。我国在 2003 年成立了国家环保总局环境认证中心，使用比较广泛的是 I 型环境标志，与国外相比，在涵盖品种、使用范围以及公众认可度方面有很大的差距。环境认证是对公司的管理程序和管理结构进行认证，而不是对环境标准或环境表现进行认证。我国认识和接受 ISO14000 环境治理管理体系认证始于 1997 年，自实行以来，大大改善了我国资源利用效率低下、消费严重的情况，但总体而言，ISO14000 在我国的开展还不够普遍。

公众参与环境管理是指公众通过参与到环境规制政策的制定、实行、监督、管理等各个方面，了解环境规制的情况，提出相关政策建议，发挥公众智慧对环境保护事业做出一定贡献。我国公众参与环境管理的途径主要有人民代表大会、政协会议、听证会、信访与投诉、舆论监督等形式。2006 年国家环保总局颁布的《环境影响评价公众参与暂行办法》详细规定了公众参与的基本原则，但是在执行过程中，公众参与力度还远远不够，存在信息不够公开、决策不够民主的问题，很多程序往往是走过场，公众想法得不到充分的重视和采纳。公众参与是一种新型且有效的环境规制手段，它要求达到一定的社会发达程度，并以国民素质的提高作为保障，公众参与环境保护在我国还任重道远。

五 我国环境规制对经济增长影响的实证分析

通过前文的文献梳理，我们知道学界对于环境规制对经济增长的促进或抑制作用尚未达成共识，针对环境规制促进经济增长、抑制经济增长或对经济增长的不确定作用，学者们从不同层面给予了证实。在此基础上，本部分将环境规制手段细分为三种类型加入解释变量中，从全国整体层面和东、中、西三大区域层面对环境规制影响经济增长的效果进行更为细致严谨的分析，以期揭示不同类型的环境规制手段对经济增长的影响以及区域异质性。

（一） 实证模型设定

面板数据相较于截面或时间序列数据，同时具有横截面和时间两个维度，样本信息量更大，可以增加估计结果的可靠性，因此，综合考虑影响经济增长的各个因素，本文采用静态面板数据模型，设定计量模型如下：

$$\ln EG_{i,t} = \alpha + \beta_1 \ln CER_{i,t} + \beta_2 (\ln CER_{i,t})^2 + \beta_3 \ln MER_{i,t} +$$
$$\beta_4 (\ln MER_{i,t})^2 + \beta_5 PER_{i,t} + \beta_6 (PER_{i,t})^2 + \beta_7 W_{i,t} + \varepsilon_{i,t} \tag{1}$$

其中，变量 *EG* 作为被解释变量用来代表经济增长，第一个核心解释变量 *CER* 代表命令控制型环境规制（下文简称行政型环境规制），第二个核心解释变量 *MER* 代表基于市场的环境规制（下文简称市场型环境规制），第三个核心解释变量 *PER* 代表以信息披露和公众参与为特征的环境规制（下文简称公众参与型环境规制），*W* 是一个向量集，包含多个控制变量，如物质资本存量（*INV*）、人力资本水平（*HC*）、产业结构（*IND*）、贸易开放度（*TRA*）和政府支出规模（*GE*）；i、t 代表地区和时间；α、β_1 ~ β_7 是待估参数；ε 是随机干扰项。

（二） 指标选取与数据来源

综合考虑数据的可得性，本文运用 2004 ~ 2015 年中国 29 个省级区域（西藏自治区和港澳台地区除外，重庆市数据归入四川省）的面板数据进行回归分析。对模型中各个变量的指标选取、处理和数据来源说明如下。

（1） 被解释变量

经济增长（*EG*），以去除环境污染治理投资的人均实际 GDP 表示。每年各地区名义 GDP 减去相应的环境污染治理投资额后，以 2004 年为基期，通过 GDP 指数运算得到实际 GDP，再除以每年各地区人口数量得到人均实际 GDP。去除污染治理投资额后的 GDP 在一定程度上能够反映经济增长的质量，同时利用 GDP 指数进行调整，有效消除了通货膨胀的影响。数据来源于国家统计局官网。

（2） 核心解释变量

①行政型环境规制（*CER*）：以实际执行"三同时"项目环保投资额表示，以 2004 年为基期使用工业生产者出厂价格指数进行调整。"三同

时"项目是命令控制型环境规制的重要手段之一。我国 20 世纪 70 年代开始实行"三同时"制度，成效显著，实际执行"三同时"项目环保投资额能够在一定程度上衡量命令控制型环境规制手段的强弱。实际执行"三同时"项目环保投资额数据来源于 2005～2016 年《中国环境统计年鉴》和《全国环境统计公报》，工业生产者出厂价格指数数据来源于国家统计局官网。

②市场型环境规制（MER）：以排污费收入表示，以 2004 年为基期使用工业生产者出厂价格指数进行调整。我国基于市场的环境规制手段主要包括征收排污费和排污权交易，排污费收入较为直观，可以反映我国基于市场的环境规制手段的强弱。排污费收入数据来源于 2005～2016 年《中国环境统计年鉴》，工业生产者出厂价格指数数据来源于国家统计局官网。

③公众参与型环境规制（PER）：以每千人对环保问题的来信数表示，来信来访是公众参与环保最为直接的途径，基于数据的可得性，本文选取每千人对环保问题的来信数衡量环境规制强弱。人口数据来源于国家统计局官网，来信数来源于 2005～2016 年《中国环境统计年鉴》。

（3）控制变量

①物质资本存量（INV）：以全社会固定资产投资额占 GDP 的比重表示，数据来源于国家统计局官网。

②人力资本水平（HC）：以就业人口中受教育程度在大专及以上者占地区人口总数的比重表示，数据来源于 2005～2006 年《中国劳动统计年鉴》和 2007～2016 年《中国人口和就业统计年鉴》。

③产业结构（IND）：以第二产业增加值占 GDP 的比重表示，数据来源于国家统计局官网。

④贸易开放度（TRA）：以地区进出口总额占 GDP 的比重表示，各地区每年进出口总额按照当年平均汇率换算，地区进出口总额数据来源于 2005～2016 年《中国贸易外经统计年鉴》，GDP 数据来源于国家统计局官网。

⑤政府支出规模（GE）：以地方政府财政支出占 GDP 的比重表示，数据来源于国家统计局官网。

（三）环境规制对经济增长影响的实证分析——全国角度

1. 变量描述性统计

本节首先以 2004～2015 年中国 29 个省级区域（西藏自治区和港澳

台地区除外，重庆市数据归入四川省）的面板数据，从全国层面对环境规制影响经济增长进行回归分析。模型中各变量描述性统计结果如表 2 所示。

表 2　模型中各变量描述性统计

变量	单位	样本数	均值	标准差	最小值	最大值
经济增长（EG）	元	348	26352.5	16735.72	4287.264	89840.52
行政型环境规制（CER）	亿元	348	46.347	53.296	0.442	387.775
市场型环境规制（MER）	万元	348	50914.66	41978.56	1562.6	248535.6
公众参与型环境规制（PER）	封/千人	348	0.032	0.041	0.0002	0.309
物质资本存量（INV）	—	348	0.634	0.213	0.253	1.328
人力资本水平（HC）	—	348	0.125	0.087	0.030	0.559
产业结构（IND）	—	348	0.471	0.078	0.197	0.590
贸易开放度（TRA）	—	348	0.340	0.412	0.036	1.811
政府支出规模（GE）	—	348	0.205	0.092	0.079	0.627

由表 2 初步可知，各个变量的极差较大，标准差也很大，说明我国各省（区、市）间经济发展不平衡，环境规制状况存在较大差异，同时在物质资本存量、人力资本水平、产业结构、贸易开放度和政府支出规模方面也存在较大差异。

2. 方法选择与回归结果分析

针对短面板数据，本文首先检验静态面板数据是否存在个体效应，如果不存在，则使用混合回归，如果存在，则进一步确定是使用固定效应模型还是随机效应模型估计。

首先，使用 LSDV（最小二乘虚拟变量模型）估计该模型，回归结果显示大多数个体虚拟变量很显著（p 值为 0.000），故拒绝"所有个体虚拟变量都为 0"的原假设，认为存在个体效应，不应使用混合回归。

其次，分别使用固定效应（FE）模型和随机效应（RE）模型估计，并进行 Hausman 检验，Hausman 检验值为 14.87，p 值为 0.0000，故拒绝"FE 和 RE 的估计系数没有系统性差异"的假设，即应该使用固定效应模型。固定效应模型回归结果如表 3 所示。

表 3   固定效应模型回归分析结果

变量	系数	t 值	p 值
$\ln CER$	0.011	0.26	0.79
$(\ln CER)^2$	0.012*	1.9	1.90
$\ln MER$	-0.850^{***}	-3.44	-3.44
$(\ln MER)^2$	0.047^{***}	3.52	3.52
PER	-1.354^{***}	-3.29	-3.29
$(PER)^2$	3.954	1.42	1.42
INV	0.725^{***}	7.8	7.80
HC	2.300^{***}	4.82	4.82
IND	1.441^{**}	2.53	2.53
TRA	-0.244^{***}	-3.03	-3.03
GE	1.401^{***}	3.05	3.05
常数项	11.948^{***}	9.79	9.79
R^2（组内）	0.9158		
F 检验	124.50 （$p=0.0000$）		

注：***、** 和 * 分别表示在 1%、5% 和 10% 的显著性水平下通过检验。

由表 3 可知，核心解释变量 $\ln CER$ 的一次项不显著，二次项在 10% 的显著性水平下通过检验，其估计系数是 0.012。因此，从全国层面来看，行政型环境规制与经济增长呈非线性正相关关系，即增加行政型环境规制强度能促进经济增长，以法律、行政命令等带有强制意味的环境规制对我国经济高质量增长是切实有效的。

核心解释变量 $\ln MER$ 的一次项和二次项均在 1% 的显著性水平下通过检验，估计系数分别是 -0.850、0.047，因此市场型环境规制与经济增长呈 U 形关系，当环境规制强度较弱时，环境规制增强不利于经济增长；当环境规制强度超过拐点以后，环境规制强度增加会促进经济增长。经计算，拐点是 9.043，而当前我国市场型环境规制强度平均是 10.650，处于拐点右侧，表明市场型环境规制处于促进经济增长的阶段。

核心解释变量 PER 的一次项在 1% 的显著性水平下通过检验，估计系数是 -1.354，但其二次项不显著，因此公众参与型环境规制与经济增长呈线性负相关关系，即增加公众参与型环境规制强度会抑制经济增长。

控制变量 INV、HC、IND、TRA、GE 和常数项也均显著。TRA（贸易开放度）对经济增长的影响是负向的，这是因为我国目前对外贸易依存度较高，尽管外向型经济能够在一定程度上拉动经济增长，但由于国际市场波动、国家政策变化等因素，这种高度依赖进出口贸易的外向型经济模式也会对经济增长带来不利影响。其他控制变量 INV（物质资本存量）、HC（人力资本水平）、GE（政府支出规模）对经济增长的影响都是正向的，这与经济增长理论是一致的。物质资本的快速积累是经济增长的基础，人力资本的增加促进创新、提高效率，政府支出规模增加能够深度参与地方经济发展，这些都促进了经济增长；而以第二产业占比为指标的 IND（产业结构）变量也显示出对经济的正向促进作用，这说明目前就我国整体而言，工业发展处于中期阶段，产业结构的高级化过程还未完成，第二产业仍然是经济增长的重要支撑。

（四）环境规制对经济增长影响的实证分析——分区域角度

尽管上述实证分析站在全国整体的角度上初步得到了三种环境规制手段影响经济增长的结论，但从对经济增长和环境污染的现状分析中可以看出东、中、西部地区存在显著差异，因此有必要分区域进行进一步的实证分析。

1. 变量描述性统计

本文对区域的划分方法来源于《中国统计年鉴》，除去港澳台地区和西藏自治区，将重庆市数据纳入四川省，最终在本文的实证分析中：东部地区 11 省（区、市）、中部地区 8 省（区、市）、西部地区 10 省（区、市）（具体包括的省份在前文已经说明，此处不再赘述）。分东、中、西部地区对模型中各变量的描述性统计如表 4 所示。

表 4 分地区对模型中各变量描述性统计结果

区域	变量	样本数	均值	标准差	最小值	最大值
东部地区	EG	132	39496.99	18441.9	10017.95	89840.52
	CER	132	69.345	68.310	0.442	387.775
	MER	132	59774.65	50876.92	1750.6	177253.8
	PER	132	0.048	0.055	0.001	0.309
	INV	132	0.521	0.175	0.253	0.988

续表

区域	变量	样本数	均值	标准差	最小值	最大值
东部地区	HC	132	0.169	0.117	0.043	0.559
	IND	132	0.458	0.105	0.197	0.574
	TRA	132	0.710	0.472	0.108	1.811
	GE	132	0.150	0.054	0.079	0.335
中部地区	EG	96	19616.88	7790.419	7631.976	39721.57
	CER	96	34.206	36.646	3.241	309.813
	MER	96	54027.94	40131.78	15876.9	248535.6
	PER	96	0.019	0.016	0.001	0.089
	INV	96	0.665	0.200	0.301	1.108
	HC	96	0.093	0.038	0.034	0.208
	IND	96	0.492	0.054	0.318	0.590
	TRA	96	0.116	0.038	0.047	0.217
	GE	96	0.182	0.039	0.103	0.268
西部地区	EG	120	17282.06	9091.192	4287.264	53788.06
	CER	120	28.0509	32.698	1.296	158.8
	MER	120	30872.47	22221.09	1562.6	92104
	PER	120	0.025	0.030	0.001	0.216
	INV	120	0.734	0.205	0.360	1.328
	HC	120	0.101	0.047	0.030	0.230
	IND	120	0.468	0.052	0.365	0.584
	TRA	120	0.112	0.062	0.036	0.374
	GE	120	0.283	0.103	0.137	0.627

由表4初步可知：就经济增长情况而言，东部地区＞中部地区＞西部地区，且东部地区与中西部地区差距较大；在实施行政型环境规制手段时，东部地区＞中部地区＞西部地区；在实施市场型环境规制手段时，东部地区＞中部地区＞西部地区；在实施公众参与型环境规制手段时，则是东部地区＞西部地区＞中部地区。

2. 方法选择与回归结果分析

分别对东、中、西部地区进行静态面板数据固定效应和随机效应模型回归，Hausman检验结果显示固定效应模型均优于随机效应模型，下面直

27

接给出东、中、西部地区固定效应模型回归结果，如表5所示。

表5　东、中、西部地区面板数据固定效应模型回归结果

变量	东部地区		中部地区		西部地区	
	系数	t 值	系数	t 值	系数	t 值
$\ln CER$	- 0.036	- 1.46	0.272***	7.77	0.108*	1.62
$(\ln CER)^2$	0.020***	6.66	- 0.030***	- 5.19	- 0.004	- 0.3
$\ln MER$	- 0.663*	- 1.93	- 1.664*	- 1.89	- 0.993*	- 2.1
$(\ln MER)^2$	0.034*	1.74	0.076*	1.96	0.058**	2.31
PER	- 1.311***	- 4.01	- 4.735*	- 2.04	- 1.348*	- 1.82
$(PER)^2$	3.146*	1.65	59.082*	2.24	4.550	1.18
INV	0.884***	4.89	0.472**	2.72	0.611***	4.02
HC	1.112*	2.15	3.282***	5.64	2.234***	3.67
IND	0.143	0.18	1.206*	2.22	2.023**	2.43
TRA	- 0.258***	- 3.25	0.407	0.75	1.119*	2.09
GE	2.182***	4.71	3.837***	5.26	1.199*	1.76
常数项	12.668***	8.17	16.448***	3.38	11.289***	5.09
R^2（组内）	0.9163		0.9610		0.941	
F 检验	180.12		3018.42		5734.38	
	$p = 0.0000$		$p = 0.0000$		$p = 0.0000$	

注：***、** 和 * 分别表示在1%、5%和10%的显著性水平下通过检验。

由表5可知，在东部地区，$\ln CER$ 的一次项不显著，二次项在1%的显著性水平下通过检验，其估计系数是0.020，因此行政型环境规制与经济增长呈非线性正相关关系，即行政型环境规制的增强能促进经济增长。$\ln MER$的一次项和二次项均在10%的显著性水平下通过检验，估计系数分别是 -0.663、0.034，因此市场型环境规制与经济增长呈 U 形关系，经计算，拐点是9.750，而当前我国东部地区市场型环境规制强度平均是10.563，处于拐点右侧，表明在东部地区市场型环境规制处于促进经济增长的阶段。PER 的一次项和二次项分别在1%、10%的显著性水平下通过检验，估计系数分别是 -1.311、3.146，因此公众参与型环境规制与经济增长呈 U 形关系，经计算，拐点是0.208，而当前我国东部地区公众参与型环境规制强度平均是0.102，处于拐点左侧，表明在东部地区公众参与

型环境规制处于抑制经济增长的阶段。控制变量 IND（产业结构）对东部地区经济增长有正向影响，但是并不显著，这是因为东部地区工业发展进入中后期阶段，产业结构高级化程度高，第三产业发达并有力支撑东部地区经济发展，因此第二产业对东部地区经济增长影响不显著。与全国整体层面的结果相同，控制变量 INV（物质资本存量）、HC（人力资本水平）、GE（政府支出规模）对经济增长有正向影响，与经济增长理论一致，TRA（贸易开放度）对经济增长有负向影响，这是因为我国东部地区开放程度高，对外贸易依存度也较高，而对外贸易的风险和不确定性使东部地区较多依赖进出口贸易的外向型经济模式给经济增长带来了不利影响。

在中部地区，lnCER 的一次项和二次项均在 1% 的显著性水平下通过检验，估计系数分别是 0.272、-0.030，因此行政型环境规制与经济增长呈倒 U 形关系，经计算，拐点是 4.533，而当前我国中部地区行政型环境规制强度平均是 4.061，处于拐点左侧，表明在中部地区行政型环境规制处于促进经济增长的阶段。lnMER 的一次项和二次项均在 10% 的显著性水平下通过检验，估计系数分别是 -1.664、0.076，因此市场型环境规制与经济增长呈 U 形关系，经计算，拐点是 10.947，而当前我国中部地区市场型环境规制强度平均是 10.931，处于拐点左侧，表明在中部地区市场型环境规制处于抑制经济增长的阶段。PER 的一次项和二次项均在 10% 的显著性水平下通过检验，估计系数分别是 -4.735、59.082，因此公众参与型环境规制与经济增长呈 U 形关系，经计算，拐点是 0.040，而当前我国中部地区公众参与型环境规制强度平均是 0.082，处于拐点右侧，表明在中部地区公众参与型环境规制处于促进经济增长的阶段。控制变量 INV（物质资本存量）、HC（人力资本水平）、GE（政府支出规模）对中部地区经济增长均有显著正向影响。相对东部地区而言，中部地区工业发展处于中期阶段，第二产业占比大，是中部地区经济发展的支柱，因此 IND（产业结构）对中部地区经济增长的影响是正向的。TRA（贸易开放度）对中部地区经济增长也有正向影响，但是并不显著，这是因为我国中部地区地处内陆，交通便利程度和开放程度不高，因此对外贸易对中部地区经济增长影响并不显著。

在西部地区，lnCER 的一次项在 10% 的显著性水平下通过检验，估计系数是 0.108，但二次项不显著，因此行政型环境规制与经济增长呈非线性正相关关系，即增加行政型环境规制强度能促进经济增长。$\ln MER$ 的一次项和二次项分别在 10%、5% 的显著性水平下通过检验，估计系数分别是 −0.993、0.058，因此市场型环境规制与经济增长呈 U 形关系，经计算，拐点是 8.560，而当前我国西部地区市场型环境规制强度平均是 10.521，处于拐点右侧，表明在西部地区市场型环境规制处于促进经济增长的阶段。PER 的一次项在 10% 的显著性水平下通过检验，估计系数是 −1.348，二次项不显著，因此公众参与型环境规制与经济增长呈线性负相关关系，即增加公众参与型环境规制强度会抑制经济增长。所有控制变量对西部地区经济增长均有显著正向影响，这是因为西部地区相对落后，物质资本增加、人力资本水平提高、第二产业占比增大、对外贸易开放度提高以及政府支出规模扩大都能有效促进西部地区的经济发展。

（五）环境规制对经济增长影响的综合比较分析——全国和分区域角度

上文分别从全国整体和分区域层面实证分析了不同环境规制手段对经济增长的影响效应，为了更直观地比较分析不同环境规制手段对经济增长影响的区域差异性，下面汇总所有回归结果，如图 8 所示。

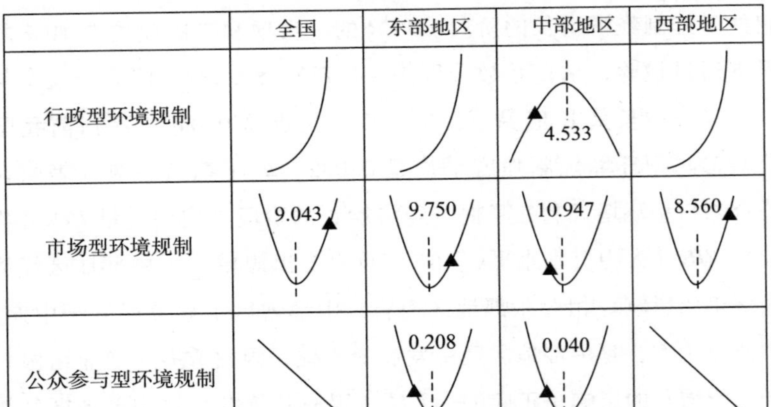

	全国	东部地区	中部地区	西部地区
行政型环境规制			4.533	
市场型环境规制	9.043	9.750	10.947	8.560
公众参与型环境规制		0.208	0.040	

图 8　全国和东、中、西部地区环境规制与经济增长关系

注：虚线代表对称轴，数字代表环境规制强度拐点值，黑色三角形代表当前环境规制强度所处位置。

首先，从全国整体来看，行政型环境规制与经济增长呈非线性正相关关系，市场型环境规制与经济增长呈 U 形关系，公众参与型环境规制与经济增长呈线性负相关关系。我国总体上处于工业发展中期阶段，技术创新水平、人力资本水平和公众环保意识还较低，带有强制色彩的行政型环境规制对我国的经济增长仍具有一定的促进作用，而由于社会发达程度、公众素质水平、政府治理能力、外部制度环境等的制约，公众参与型环境规制对我国的经济增长表现出一定的抑制作用。同时，市场型环境规制手段目前处于促进我国经济增长的区间，说明我国实施的排污收费制度、排污权交易制度等有效地激励了企业使用污染治理技术、绿色生产技术进行生产经营，推动企业进行技术创新，从而促进经济增长。

其次，从东、中、西部地区来看，不同类型环境规制对经济增长影响表现出较大的区域差异性。

行政型环境规制手段通过法律、行政命令制定环境标准、技术标准或环保程序等，更偏向于强制性、程序式和固定化。在东、西部地区，行政型环境规制与经济增长呈非线性正相关关系。东部地区信息传递更为畅通，信息交换更为充分，规制机构能够更加了解企业实际排污情况、成本收益等信息，从而有助于制定出更加合理有效的标准、程序，同时东部地区社会经济发展良好，相应地，政府在环境规制方面执行、监督更到位，企业社会责任感也较强，因此随着东部地区环境规制法规、政策日趋完善，合理的、渐趋增强的行政型环境规制在充分发挥环境保护作用的同时，还有利于刺激企业实现技术创新，带来经济与环境保护的双赢。西部地区经济较落后、生态较恶劣，国家对其环境保护和经济发展有着较强的政策引导和扶持，而地方政府也通过出台法规政策、制定执行标准、规定实施程序等大力推行环境规制，不断增加环境规制强度以保护生态环境，同时政府也注意避免严格的环境规制导致本就落后的经济发展受到抑制，通过宣传引导、扶持帮助等手段促使企业严格执行环境规制并努力进行技术创新、生产改良保证经济增长，因此在西部地区也出现了行政型环境规制增强促进经济增长的局面。在中部地区，行政型环境规制与经济增长呈倒 U 形关系，早期行政型环境规制的增加促进经济增长，当行政型环境规制强度达到一定程度时，经济增长达到顶点，随后行政型环境规制强度的增加开始抑制经济增长。中部地区第二产业占比高，正不断承接来自东部地区的产业转移，环境治理压力大、难度高，因此政府必须加大法规、政策、标准、程序的实施力度以保护生态环境，这增加了众多企业的生产成本，但会进一步促进众多企业的生产竞争和技术创新，从而形成良性竞争局面，改善环境治理的同时又促进经济健康发展。然而，环境规制强度亦不能无限增加，否则中部地区众多企业承担了过高的生产成本，反而没有能力和动力进行技术创新，对中部地区整体经济发展带来不利影响。目前中部地区环境规制强度处于拐点左侧，说明其环境规制强度是合理的，能够带来生态保护与经济增长的双赢局面。

市场型环境规制手段通过征收排污费、环境税或建立排污权交易制度等市场手段激励企业减少排污、保护环境。在东、中、西部地区，市场型环境规制与经济增长均呈 U 形关系，随着市场型环境规制强度的增加，经济先受到抑制，当规制达到一定强度时，强度的增加又促进经济不断增长。这是因为早期实施环境规制时，企业需要支付一定的排污费或污染治理费用，增加额外成本负担，导致生产率、利润率下降，此后随着环境规制强度不断增加，企业出于成本增加、收益减少的压力或通过交易排污权获得收益受到激励，开始努力进行技术创新以降低成本、提高收益，然后随着技术扩散、升级效应，环境规制带来的额外成本被抵销，最终企业生产效率和竞争能力得到提高，环境规制对经济增长起到促进作用。在东、西部地区，市场型环境规制强度也处在拐点右侧促进经济增长的区间。这是因为东部地区市场机制完善、信息交换充分，而西部地区政府投入大、关注多，它们都充分掌握了企业边际成本、社会边际成本、污染物总量等信息，从而设定了更加合理的排污费率水平，创建了秩序良好的排污权交易市场，从而使市场型环境规制手段的经济激励信号有效传递，促进企业减少排污的同时提高生产效率，最终实现环境与经济双赢。但是中部地区的市场型环境规制强度则处在拐点左侧抑制经济增长的区间，这说明中部地区的市场型环境规制手段还未起到激励企业进行技术创新、抵销规制成本从而提高收益的作用，规制仍需进一步加强。

公众参与型环境规制手段通过自愿协议、环境标签、环境认证、公众参与等途径降低信息成本，给予政府、企业和社会强大且持续的管制压力以促进减排。在东、中部地区，环境规制与经济增长呈 U 形关系，环境规制强度较低时抑制经济增长，当环境规制强度达到一定程度，强度的增加则会促进经济增长；而在西部地区，公众参与型环境规制与经济增长呈线性负相关关系；同时，东、中、西部地区目前均处于公众参与型环境规制抑制经济增长的状态。公众参与型环境规制不仅要求公民环境道德水平较高，对外部制度环境和政府治理能力也有较高的要求。东、中部地区较西部地区经济发达，外部制度环境、政府治理能力、人力资本水平和公民道德素质都优于西部地区，因此当公众参与型环境规制强度达到一定程度时，其能够促进经济增长；而西部地区在这些方面都较落后，所以公众参与型环境规制不能很好地发挥对企业、政府和社会的约束、激励和促进作用，始终处于抑制经济增长的状态。

六　对策建议

（一）完善环境规制法律政策，强化运用行政型环境规制手段

行政型环境规制手段在我国的环保事业中成效显著，并起到了促进经济增长的作用，因此未来我国应该进一步强化运用行政型环境规制手段。针对东、西部地区，可进一步增加行政型环境规制强度，如针对污染源头和末端制定更加严格明确的环境标准、技术标准，严控生产过程、加大行政处罚力度、出台更为细化的法规政策等，但要结合各地区实际情况，制定与企业实际生产能力、政府管控能力相匹配的规定；而对中部地区，可适当增加环境规制强度，不要超过倒 U 形拐点，以防对经济增长产生抑制作用。

（二）创建秩序良好交易市场，合理使用市场型环境规制手段

除中部地区外，市场型环境规制手段目前均处于促进经济增长的区间，因此，在东、西部地区，政府应该可以根据实际情况适当提高环境税率标准、通过分配排污权更加严格地控制污染物排放总量，而在中部地区，政府应该增加环境规制强度，使其超过拐点，达到促进经济增长的效

果。同时政府应该通过创新补贴、技术支持等方式激励企业进行创新，减少污染物排放，提高生产效率；为可交易的排污权创建秩序良好、交易自由的市场，如建立排污权交易平台；加强环境监测，以便制定更加合理的环境税率标准和公平分配排污权等。

（三）增强环境保护参与意识，重视利用公众参与型环境规制手段

公众参与型环境规制手段作为一种新型的环境规制工具，正以其强大而持续的管制力被世界上的大多数国家接受并使用。尽管我国也开始使用环境认证、环境标签、环境信访等手段，但目前我国公众参与型环境规制手段并未表现出对经济增长的促进作用，这与我国信息公开制度不完善、公众参与平台不健全、政府治理能力不足等有关。因此，我国应在全国范围内加强这些方面的建设，为公众参与型环境规制手段发挥对经济增长的促进作用提供良好的基础条件。政府作为社会核心价值观的倡导者、社会意识形态的建设者，必须从自我教育出发，改变"唯 GDP 论"的观念，树立绿色发展理念，并通过加强环保思想教育、扩大环保知识宣传，增强公民环保意识、培育企业社会责任感，为全体社会成员参与环保事业完善信息公开制度、建立公众参与平台、健全公益诉讼机制等，降低公众参与环境保护的成本，大力推进实施公众参与型环境规制手段。

（四）调整产业结构、转变经济增长方式，实现绿色经济发展

综合运用各种环境规制手段的最终目的是解决经济发展与环境保护的矛盾，实现绿色经济发展，而实现绿色经济发展的根本途径在于调整产业结构、转变经济增长方式。提高能源和资源利用效率，实现节能减排；大力发展高科技产业，增加产品附加值；鼓励技术创新，提高生产效率；增加教育投入，提高人力资本水平；坚持对外开放，扩大市场需求，实现"低投入、低能耗、高收益"的绿色经济发展模式。

七　结论

本文立足于我国环境污染加剧与经济粗放式增长的现实、立足于社会

对环境与经济协调发展的需求，通过现状分析、实证分析以及综合比较，旨在为我国以合理环境规制手段实现生态与经济双赢局面提供参考。本文在分析我国经济增长、环境污染与环境规制现状的基础上，运用 2004 ~ 2015 年中国 29 个省级区域（西藏自治区和港澳台地区除外，重庆市数据归入四川省）的面板数据，从全国和分区域层面，区分不同环境规制类型，就环境规制对经济增长的影响进行实证分析，并综合比较得出不同环境规制对经济增长影响的区域差异性。得出主要研究结论如下。

第一，我国各地区经济增长、环境污染与环境规制现状存在显著差异。首先，我国经济呈现平稳增长态势，东、中、西部地区经济体量和增速差距明显，东部地区经济发展状况显著好于中西部地区。其次，我国环境污染情况严重，但 2006 年以来有明显好转，尤其在大气污染和水污染方面，环境污染物排放量呈现下降趋势，但是工业固体废物的产生量仍然缓慢增加。尽管东部地区经济较为发达，但是其环境污染状况比中西部地区严重，其工业二氧化硫、工业烟（粉）尘、工业废水和工业固体废物的排放量或产生量均高于中西部地区。最后，我国环境规制的类型和强度都不断增加，环境规制法规不断完善，环境规制手段多样化，实行以命令控制型环境规制手段为主，以基于市场的经济激励型环境规制手段为辅，兼有以信息披露和公众参与为特征的环境规制手段。

第二，在全国整体和分区域层面，不同环境规制手段对经济增长影响存在显著差异。从全国来看，行政型环境规制与经济增长呈非线性关系，且环境规制强度的增加会促进经济增长；市场型环境规制与经济增长呈 U 形关系；公众参与型环境规制与经济增长呈线性关系，且环境规制强度的增加会抑制经济增长。分东、中、西部地区来看，在东、西部地区，行政型环境规制与经济增长呈非线性关系，且环境规制强度的增加会促进经济增长，而在中部地区，行政型环境规制与经济增长呈倒 U 形关系；在东、中、西部地区，市场型环境规制与经济增长均呈 U 形关系；在东、中部地区，公众参与型环境规制与经济增长均呈 U 形关系，而在西部地区，公众参与型环境规制与经济增长呈线性关系，且环境规制强度的增加会抑制经济增长。目前，行政型环境规制手段在全国和东、中、西部地区均表现出对经济增长的促进作用；市场型环境规制手段在全国和东、西部地区表现出对经济增长的促进作用，而在中部地区表现出对经济增长的抑制作用；公众参与型环境规制手段在全国和东、中、西部地区均对经济增长有抑制作用。

参考文献

董敏杰，2011，《环境规制对中国产业国际竞争力的影响》，博士学位论文，中国社会科学院研究生院。

冯志军、陈伟、杨朝均，2017，《环境规制差异、创新驱动与中国经济绿色增长》，《技术经济》第 36 卷第 8 期。

傅京燕、李丽莎，2010，《环境规制、要素禀赋与产业国际竞争力的实证研究——基于中国制造业的面板数据》，《管理世界》第 10 期。

黄清煌、高明、吴玉，2017，《环境规制工具对中国经济增长的影响——基于环境分权的门槛效应分析》，《北京理工大学学报》（社会科学版）第 19 卷第 3 期。

李斌、彭星、欧阳铭珂，2013，《环境规制、绿色全要素生产率与中国工业发展方式转变——基于 36 个工业行业数据的实证研究》，《中国工业经济》第 4 期。

李春米、魏玮，2014，《中国西北地区环境规制对全要素生产率影响的实证研究》，《干旱区资源与环境》第 2 期。

李钢、董敏杰、沈可挺，2012，《强化环境管制政策对中国经济的影响——基于 CGE 模型的评估》，《中国工业经济》第 11 期。

李玉楠、李廷，2012，《环境规制、要素禀赋与出口贸易的动态关系——基于我国污染密集产业的动态面板数据》，《国际经贸探索》第 1 期。

牛文元，2012，《可持续发展理论的内涵认知——纪念联合国里约环发大会 20 周年》，《中国人口·资源与环境》第 22 卷第 5 期。

彭星、李斌，2016，《不同类型环境规制下中国工业绿色转型问题研究》，《财经研究》第 42 卷第 7 期。

祁毓、卢洪友、张宁川，2016，《环境规制能实现"降污"和"增效"的双赢吗——来自环保重点城市"达标"与"非达标"准实验的证据》，《财贸经济》第 9 期。

申晨、贾妮莎、李炫榆，2017，《环境规制与工业绿色全要素生产率——基于命令—控制型与市场激励型规制工具的实证分析》，《研究与发展管理》第 29 卷第 2 期。

王群勇、陆凤芝，2018，《环境规制能否助推中国经济高质量发展？——基于省际面板数据的实证检验》，《郑州大学学报》（哲学社会科学版）第 51 卷第 6 期。

夏勇、胡雅蓓，2017，《经济增长与环境污染脱钩的因果链分解及内外部成因研究——来自中国 30 个省份的工业 SO_2 排放数据》，《产业经济研究》第 5 期。

夏勇、钟茂初，2016，《环境规制能促进经济增长与环境污染脱钩吗？——基于中国 271 个地级城市的工业 SO_2 排放数据的实证分析》，《商业经济与管理》第 11 期。

谢众、张先锋、卢丹，2013，《自然资源禀赋、环境规制与区域经济增长》，《江淮论坛》第 6 期。

熊艳，2011，《基于省际数据的环境规制与经济增长关系》，《中国人口·资源与环境》第 21 卷第 5 期。

叶祥松、彭良燕，2011，《我国环境规制的规制效率研究——基于 1999～2008 年我国省际面板数据》，《经济学家》第 6 期。

易信、郭春丽，2017，《环境制度改革对经济增长的影响及政策建议》，《经济与管理研究》第 38 卷第 12 期。

原毅军、刘柳，2013，《环境规制与经济增长：基于经济型规制分类的研究》，《经济评论》第 1 期。

张红凤、张细松，2012，《环境规制理论研究》，北京大学出版社。

张华明、范映君、高文静、王菲，2017，《环境规制促进环境质量与经济协调发展实证研究》，《宏观经济研究》第 7 期。

Amagai, H. 2007. "Environmental Regulation and Competitive Strategy: Review of the Porter Hypothesis." *Soka Keiei Ronshu*, 31 (2): 23 – 33.

Chintrakarn, P. 2008. "Environmental Regulation and U. S. States' Technical Inefficiency." *Economics Letters*, 100 (3): 363 – 365.

Coase, R. H. 1960. "The Problem of Social Cost." *The Journal of Law and Economics*, (3): 1 – 44.

De Azevedo, A. M. M., & Pereira, N. M. 2010. "Environmental Regulation and Innovation in High-pollution Industries: A Case Study in a Brazilian Refinery." *International Journal of Technology Management & Sustainable Development*, 9 (2): 133 – 148.

Domazlicky, B. R., & Weber, W. L. 2004. "Does Environmental Protection Lead to Slower Productivity Growth in the Chemical Industry." *Environmental and Resource Economics*, (28): 301.

Grossman, G. M., & Krueger, A. B. 1991. "Environmental Impacts of the North American Free Trade Agreement." *NBER Working Paper*. No. 3914.

Hanna, R. 2010. "US Environmental Regulation and FDI: Evidence from a Panel of US-based

Multinational Firms. ” *American Economic Journal：Applied Economics*，（2）：158 – 189.

Jorgenson，D. W. ，& Wilcoxen，P. J. 1990. “Environmental Regulation and US Economic Growth. ” *The Rand Journal of Economics*，21（2）：314 – 340.

Keller，W. ，& Levinson，A. 2002. “Pollution Abatement Costs and Foreign Direct Investment Inflows to US. States. ” *Review of Economics & Statistics*，84（4）：691 – 703.

Lee，J. ，Veloso，F. M. ，& Hounshell，D. A. 2011. “Linking Induced Technological Change，and Environmental Regulation：Evidence from Patenting in the U. S. Auto Industry. ” *Research Policy*，40（9）：1240 – 1252.

Martin，R. ，De Preux，L. B. ，& Wagner，U. J. 2009. “The Impacts of Climate Change Levy on Business：Evidence from Microdata. ” *London School of Economics and Political Science*，LSE Library：475 – 495.

Pigou，A. 1920. *The Economics of Welfare.* London：Macmillan.

Porter，M. E. 1991. “Americas Green Strategy. ” *Scientific American*，264（4）：168.

Ren，S. G. ，Li，X. L. ，Yuan，B. L. ，Li，D. Y. ，& Chen，X. H. 2018. “The Effects of Three Types of Environmental Regulation on Eco-efficiency：A Cross-region Analysis in China. ” *Journal of Cleaner Production*，（173）：245 – 255.

Rutqvist，J. 2009. “Porter or Pollution Haven? —An Analysis of the Dynamics of Competitiveness and Environmental Regulations Economics. ” *Working Paper Harvard University.*

Sancho，F. H. ，Tadeo，A. P. ，& Martinez，E. 2000. “Efficiency and Environmental Regulation：An Application to Spanish Wooden Goods an Furnishings Industry. ” *Environmental and Resource Economics*，15（4）：365 – 368.

Shadbegian，R. J. ，& Gray，W. B. 2005. “Pollution Abatement Expenditures and Plant-level Productivity：A Production Function Approach. ” *Ecological Economics*，54（2 – 3）：196 – 208.

Shen，N. ，Liao，H. L. ，Deng，R. M. ，& Wang，Q. W. 2019. “Different Types of Environmental Regulations and the Heterogeneous Influence on the Environmental Total Factor Productivity：Empirical Analysis of China's Industry. ” *Journal of Cleaner Production*，（211）：171 – 184.

Urpelainen，J. 2011. “Frontrunners and Laggards：The Strategy of Environmental Regulation under Uncertainty. ” *Environmental and Resource Economics*，50（3）：325 – 346.

Wang，X. L. ，& Shao，Q. L. 2019. “Non-linear Effects of Heterogeneous Environmental Regulations on Green Growth in G20 Countries：Evidence from Panel Threshold Regression. ” *Science of The Total Environment*，（660）：1346 – 1354.

Xie, R. H., Yuan, Y. J., & Huang, J. J. 2017. "Different Types of Environmental Regu-
lations and Heterogeneous Influence on 'Green' Productivity: Evidence from China."
Ecological Economics, (132): 104 – 112.

基于熵值法的中国区域环境
规制强度的测算研究

一 引言

近年来，由于经济发展带来的环境问题越来越突出，整个社会愈加重视环境保护，想走出一条绿色可持续的发展道路。为谋求经济、社会与自然相协调的绿色发展，来自各方的环境规制必然能产生一定的作用。中国环境规制工具的发展是伴随改革开放、市场化而不断更新发展的。根据赵玉民等（2009）的研究，学术界对环境规制的内涵经历了一个不断认识深化的过程，由最初的纯粹依赖政府的标准制定、排污许可等行政管制到市场经济发展后，出现了排污税费、环境税等市场刺激的方式，到20世纪90年代以后，企业与协会的自愿协议、各种生态标签的发展又形成了自愿性的环境规制。近年来随着公众对环境问题的愈加重视，基于公众参与的环境规制也渐成体系。因此，环境规制本质是一种约束性力量（赵玉民等，2009），无论主体是谁，目的都是保护环境而对参与各方提出一种限制约束，或有形或无形，以谋求绿色可持续的发展机遇。

然而来自各方的环境规制并非越强越好。李斌等（2013）、王丽霞等（2018）均认为环境规制对工业企业绿色发展方式的转型存在门槛效应，且"波特假说"的检验一直是学术研究的热点话题，张成等（2011）研究显示在我国东部地区环境规制强度和工业企业生产技术进步之间呈现U形关系。这些研究均体现出环境规制存在一个适度性问题，只有适当程度的规制才能促进绿色发展，才能真正达到绿色发展所要求的经济、自然、社会三方协调。

在一切环境规制对各方影响的研究之中，必然存在规制强度的测算问题。只有精确的强度测算才能真正反映地区的环境规制状况，才能形成进一步研究的基础。因此，本文将基于不同类型的环境规制工具来测算中国区域环境规制强度，得到各区域的综合得分，反映中国各区域的环境规制强度现状，为各地区环境规制的发展方向提出建议。

二　文献综述

中国最初环境规制强度的测算研究是伴随对"波特假说"——适当的环境管制将刺激技术革新的验证而出现的。如赵红（2008）通过中国产业的面板数据得到了"波特假说"在中国部分证实的结论。当前环境规制的测算的定性与定量研究均有很多成果。在定性研究层面主要是通过专家打分的方法测度（Walter & Ugelow，1979）。由于定性研究存在自身理性度较低等缺陷，目前定量测度成为主要趋势。在具体测度方面，前人主要从投入成本或产出效率的单一指标测算环境规制强度。Jaffe 和 Palmer（1997）在验证波特假说时测度环境管制就是用的企业的环境合规成本。美国环境保护署曾对企业进行污染减排支出（PACE）调查。因此，有相关学者如Cole 和 Elliott（2007）基于此调查以污染治理投资作为环境规制强度的主要指标。这些研究中投入产出的统计一般会用地区污染物减排表示产出，用污染治理投资等指标表示投入。还有就是通过综合指数的方法进行测度。目前关于综合指标的研究可分为二类。第一类是多种能源消耗量和环境污染物的综合，如 Javorcik 和 Wei（2004）采用二氧化碳和废水的减排量来衡量环境规制强度。李玲、陶锋（2012）用废水排放达标率、二氧化硫去除率和固体废物综合利用率三个单项指标来构建综合指标以衡量环境规制强度。第二类是将投入型与绩效型指标相融合，即将投入指标与产出效益指标相结合进行综合评价。如彭聪、袁鹏（2018）从环境规制的内涵入手，构建了涵盖经济、行政、排放、健康和效率五大类综合指标来测度环境规制强度。Martínez-Zarzoso 和 Oueslati（2018）在研究贸易协定对空气污染的影响时，控制变量环境规制强度指标采用了经济合作与发展组织（OECD）发布的环境政策松紧度（EPS）这个综合指标。

也有很多研究考虑到了环境规制工具的异质性，认为异质性的环境规制工具对中国工业绿色发展转型有差异化影响（彭星、李斌，2016）。郭庆宾等（2017）考察了不同类型的环境规制对国际研究和试验发展的溢出效应。王红梅（2016）用贝叶斯模型测度了中国各省份不同类型环境政策工具在当前环境治理中的相对贡献程度。原毅军、谢荣辉（2014）在区分正式规制与非正式规制的基础上研究了环境规制对中国产业结构调整的影响，并指出非正式规制的重要性。Ren 等（2018）分析了三种环境规制工具对中国区域生态效率的影响。

环境规制强度的测算还出现在关于城镇收入差异化（何兴邦，2019）、企业环保投资（唐国平等，2013）、经济发展、绿色发展效率、对外开放等众多领域的研究中。

也有很多学者对各种测度方法进行总结。王勇、李建民（2015）从指标选取角度对现有环境规制强度衡量的主要方法进行了总结。孙文远、杨琴（2017）在总结环境规制强度测算方法时指出目前的研究测度是从企业、政府和综合指数三个角度出发且当前测度发展受限于数据的收集处理。程都等（2017）综合探讨了目前测算的角度与方法的进展情况，提出了环境管制测算的发展趋势与要求。

目前大量关于环境规制强度的研究是伴随环境规制对产业结构、投资、绿色发展或城镇发展的影响研究的，里面尽管有对环境规制强度的测算，但是其衡量指标或者过于整体化，没有考虑规制工具的异质性，或者分别测度各类型工具，考察各个工具对某些产业影响的差异性，缺乏统一全面的指标。还有部分研究忽视了自愿性环境规制工具等新兴规制工具。

基于上述研究缺陷，本文将从环境规制的本质内涵出发，综合考虑现有各种工具类型，充分考虑规制的各方主体，采用熵值法测算中国区域环境规制强度，为后续的环境规制相关研究奠定基础。

三 研究设计与指标数据

根据赵玉民等（2009）的研究，其将中国的环境规制分为显性与隐性两类，显性环境规制又可分为命令控制型环境规制、以市场为基础的激励性环境规制和自愿性环境规制三种，隐性环境规制也称公众参与型环境规制。有一些研究也将环境规制分为正式规制与非正式规制（原毅军、谢荣辉，2014）。还有研究认为自愿性环境规制包括公众参与和企业自愿参与（Ren et al.，2018）。无论划分标准如何，环境规制的本质是一种约束性力量，是社会各利益群体为共同的长远利益而自觉限制各方群体的一种行为。行为主体是政府、企业、公众三方。在发展阶段上，起初是政府居于主导地位，后来随着环境问题影响的广泛性，企业认识到环境与生产能力的关系，公众的自愿意识增强，企业与公众也逐渐成为行为主体，与政府三方协调、相互监督。

（一）指标选取

本文在赵玉民等（2009）的分类基础之上，明确量化指标来构建环境规制强度的综合指标体系（见表1）。

命令控制型环境规制的主要载体是政府为减少污染而制定的各种约束性法律、行政规章等规范文件。而强度的测算不仅仅体现在法规的完善度，更重要的是地方政府作为行为主体的执行力度。因此，本文从有法可依度和执法强度两个层面衡量地区的命令控制型环境规制。有法可依度采用地方政府环保法规与政府规章总数占当地现行有效的地方法律、政府规章总数的比值衡量。执法强度采用的是环境违法立案数占规模以上工业企业数的比值来衡量。

市场激励工具是在市场化的过程中不断探索发现的，是基于市场的规制，主要采取税收补贴等形式，后期还发展出多样化的可交易的排污许可证、押金返还等市场交易行为，极大地提高了环境规制的效率与灵活性。在指标选取方面，本文借鉴王红梅（2016）的研究，将市场激励型工具分为正向激励与负向激励。正向激励主要有补贴、可交易的排污许可等。由于数据缺失，本文采用环境污染治理投资占地方财政一般预算支出的比重进行衡量。而负向激励主要是通过各种环境税收实现的。国务院于2002年就通过了《排污费征收使用管理条例》，2003年正式施行。因此，排污费制度是目前较完善的负向市场激励制度。本文采用排污费解缴入库金额占财政收入的比重来衡量当地的负向市场激励强度。

根据赵玉民的定义，自愿性环境规制是指由行业协会、企业自身或其他主体提出的，企业可以参与也可以不参与，旨在保护环境的协议、承诺或计划，包括环境认证、环境审计、生态标签、环境协议等。自愿性环境规制在欧美国家已经形成了一种强有力的环境规制方案，各种行业协会制定各种标准，形成了较为完善的约束体系（生延超，2008），日本早在1964年便开始实施了第一个自愿性环境协议。而在中国，基于企业自愿的环境规制才刚刚起步，尽管早在2003年山东省政府便与相关企业签署了中国第一份自愿性环境协议，但整体发展步伐仍较为缓慢。自愿性环境规制表面主体是企业，但政府与企业的利益博弈是一大难点。随着近年来信息披露机制的完善，自愿性环境规制渐渐崭露头角，在环境领域发挥着独特的作用。因为环境认证、审计等指标发展较晚，数据统计不完整，所以本文采用数据较为完善的环境标志获证企业数占当地规模以上工业企业数的比重来衡量自愿性环境规制的强度。

公众参与型环境规制是存在于公众内心自觉的环保观念或意识。在这种意识的驱动下，各种民间环保组织团体应运而生。它们监督政府和企业，教育普通公众，形成较为强大的社会力量。在指标层面，本文采用每万人环境污染投诉与信访量来测度地区公众参与环境规制的力度。

（二）数据来源

本文基于中国31个省份（不含港、澳、台）数据进行研究，数据来源于2007~2016年的中国环境年鉴、北大法律数据库、中国统计年鉴、国家生态环境部数据库、各省份信访局网站统计公报。对于异常或缺失数据存在部分数据调整，地方政府环保法规与规章总数由于统计口径变化原因，在2011年处出现断点，因此2007~2011年的数据由笔者根据北大法律数据库检索以及环境年鉴计算调整所得。2016年环境信访与举报投诉次数由于官方统计变化而形成数据缺失，缺失数据来自《中国环境年鉴2017》"省、自治区、直辖市、新疆生产建设兵团、解放军环境保护"文字部分，由笔者整理计算所得，故存在数据断层差异。2007年环境信访与举报投诉次数由于统计方法变化而与下年形成明显断层。

表 1　指标选取

	类型	衡量	指标	数据来源
显性	命令控制型	有法可依度	地方政府环保法规、政府规章总数与现行有效的地方法律、政府规章总数之比	中国环境年鉴 北大法律数据库
		执法强度	环境违法立案数与规模以上工业企业数之比	中国环境年鉴 中国统计年鉴
	市场激励型	正向激励	环境污染治理投资占地方财政一般预算支出的比重	中国环境年鉴 中国统计年鉴
		负向激励	排污费解缴入库金额占财政收入的比重	中国环境年鉴 中国统计年鉴
	企业自愿性	企业自愿度	环境标志获证企业数占规模以上工业企业数的比重	生态环境部数据库
隐性	公众参与型	公众参与度	每万人环境污染投诉与信访量	中国环境年鉴各省（区、市）信访局网站 中国统计年鉴

（三）研究方法与数据处理

本文采用的是综合指标的体系，因此对于权重的确定是重中之重。目前研究领域主要有主观赋权法、客观赋权法和组合赋权法三类。为避免人为因素干扰，本文采用客观赋权法。客观赋权法主要有主成分分析法、熵值法、标准离差法等。由于主成分分析法需要指标间有较高关联度，而本文指标间关联度较低，无法通过 KMO 检验，所以本文采用熵值法测算中国各地区综合环境规制强度。熵值法来源于物理学，是一种用来判断某个指标的离散程度的方法。离散程度越大，该指标对综合评价的影响越大。王卓、高丛（2016）曾用改进的熵值法测度陕西省的环境规制强度。本文中熵值法的计算步骤如下。

（1）构建原始数据矩阵：m 个地区，n 个指标，形成矩阵 $X = x_{ij}(0 < i \leqslant m, 0 < j \leqslant n)$。$x_{ij}$ 是第 i 个地区第 j 个指标的值。

（2）数据标准化处理：本文指标均按正向指标处理以获取统一性。

$$X_{ij} = \frac{x_{ij} - \min(x_{ij})}{\max(x_{ij}) - \min(x_{ij})} \tag{1}$$

其中，X_{ij} 是标准化处理过的第 i 省份的第 j 个指标，而 x_{ij} 是未经过标准化处理的指标。

（3）计算第 j 个指标下第 i 个样本占该指标的比重 P_{ij}：

$$P_{ij} = \frac{X_{ij}}{\sum_{i=1}^{m} X_{ij}} \tag{2}$$

（4）第 j 项指标的熵值：

$$e_j = -k \sum_{i=1}^{m} P_{ij} \ln P_{ij} \tag{3}$$

$0 \leqslant e_j \leqslant 1$，常数 k 与样本数 m 有关，一般令 $k = \frac{1}{\ln m}$。

（5）计算第 j 项指标的差异系数 g_j：差异越大，熵值越小

$$g_j = 1 - e_j \tag{4}$$

所以 g 越大，指标越重要，权重也越大。

（6）计算第 j 个指标的权重：

$$W_j = \frac{g_j}{\sum_{j=1}^{m} g_j} \tag{5}$$

（7）最后计算各省份的综合强度：

$$S_i = \sum_{j=1}^{m} W_j \times P_{ij} (n = 1,2,3,\cdots,N) \tag{6}$$

本文采用熵值法对中国 31 个省份的 2007～2016 年环境规制强度进行测算，基于熵值法易受异常值干扰等缺陷，本文还根据国家统计局划分的八大经济区域，进行区域间环境规制强度测算以减少部分省份的异常值干扰误差，八大经济区域在经济环境、自然资源禀赋等方面有高度相似性，既能在一定程度上减少异常值干扰，提高精确度，又可以反映区域的环境规制整体强度特征。本文采用地区的环境规制排名来反映各地区的基本环境规制强度。因为熵值法是根据离散程度确定得分，所以在时间序列上的解释力较弱。综合得分数据在年份上存在整体差异性，有年份式的整体调整，不能反映某个地区较其他地区的规制差异，因此本文在综合得分的基础上，对每年的地区得分进行排名，取均值，从而得出地区的环境规制在全国的整体情况。

四 结果分析

（一）区际差异与强度变化趋势

1. 省际层面

从 2007～2016 年总体强度来看，各省份环境规制强度差异巨大（见表 2）。北京市是全国环境规制强度最高的地区，近 10 年强度均值为 0.15。前五名还有山西、黑龙江、广东和河北四个省份。河南省是近十年环境规制强度最低的地区，且 2007～2016 年综合得分均值为 0.015。后五名的省份还包括湖南、湖北、安徽、吉林。从综合得分的时间趋势来看，各省份近十年的环境规制强度并没有呈现一个总体显著的上升或者下降趋势，都是不断上下波动。这一方面是因为环境数据统计由于指标测量方法等变化，自身存在误差和统计断层问题；另一方面是因为环境规制强度易受偶然事件影响，无论政治、经济还是社会问题的突发事件都可能极大地影响当地环境规制强度的综合得分。就具体省份而言，近 10 年来大部分省份总体经历了一个先降后升的基本趋势，特别是经济较为发达的北京、广东、上海等地区；西藏、甘肃、青海等西部地区规制强度则呈显著上升趋势；山西、河北等地区在规制的整体强度上出现了明显下降趋势；还有一些省份因数据或偶然事件干扰规制强度波动性较大，没有呈现显著趋势，处于稳定波动状态。

2. 八大经济区域层面

为进一步降低误差和异常值影响，本文对中国八大经济区域也进行了分析测算，根据国家统计局的分类，北部沿海地区包括北京、天津、河北、山东，东部沿海地区包括上海、江苏、浙江，南部沿海地区包括福建、广东、海南，东北地区包括黑龙江、吉林、辽宁，黄河中游地区包括山西、内蒙古、河南、陕西，西南地区包括广西、重庆、四川、贵州、云南，西北地区包括西藏、甘肃、青海、宁夏、新疆，长江中游地区包括安徽、江西、湖北、湖南。结果显示：中国的环境规制强度由沿海向内陆不断递减，经济区域间规制强度差异巨大。北部沿海地区是全国环境规制强

表2 各省份环境规制强度综合得分和排名

省份	综合排名	2007年	2008年	2009年	2010年	2011年	2012年	2013年	2014年	2015年	2016年
北京	1	0.0851	0.1100	0.1517	0.1845	0.0305	0.1227	0.2283	0.2185	0.1748	0.1905
山西	2	0.0427	0.0685	0.0284	0.0384	0.0268	0.0265	0.0260	0.0303	0.0309	0.0392
黑龙江	3	0.0581	0.0446	0.0383	0.0326	0.1928	0.2150	0.1952	0.0193	0.0235	0.0188
广东	3	0.0292	0.0294	0.0560	0.0518	0.0130	0.0257	0.0243	0.0296	0.0403	0.0404
河北	5	0.0380	0.0401	0.0430	0.0351	0.0257	0.0262	0.0236	0.0271	0.0238	0.0331
上海	6	0.0354	0.0446	0.0231	0.0494	0.0036	0.0283	0.0311	0.0374	0.0505	0.0392
重庆	7	0.0383	0.0335	0.0419	0.0303	0.0199	0.0244	0.0253	0.0292	0.0186	0.0361
辽宁	8	0.0387	0.0370	0.0323	0.0504	0.0275	0.0290	0.0219	0.0174	0.0269	0.0266
浙江	8	0.0350	0.0328	0.0341	0.0339	0.0164	0.0209	0.0203	0.0279	0.0318	0.0371
海南	10	0.0263	0.0066	0.0207	0.0259	0.0148	0.0264	0.0377	0.0679	0.0530	0.0719
新疆	10	0.0362	0.0229	0.0383	0.0289	0.0251	0.0211	0.0239	0.0288	0.0232	0.0309
宁夏	12	0.0312	0.0312	0.0254	0.0211	0.0127	0.0344	0.0221	0.0356	0.0288	0.0291
江苏	13	0.0337	0.0263	0.0341	0.0274	0.0129	0.0193	0.0195	0.0229	0.0321	0.0287
内蒙古	14	0.0323	0.1033	0.0256	0.0242	0.0232	0.0213	0.0194	0.0283	0.0211	0.0251
云南	15	0.0400	0.0285	0.0334	0.0305	0.0305	0.0206	0.0192	0.0194	0.0221	0.0114
广西	16	0.0522	0.0373	0.0328	0.0317	0.0196	0.0150	0.0122	0.0135	0.0317	0.0225
陕西	16	0.0281	0.0246	0.0357	0.0265	0.0100	0.0129	0.0210	0.0292	0.0283	0.0414
福建	18	0.0329	0.0262	0.0342	0.0333	0.0141	0.0184	0.0241	0.0159	0.0316	0.0124
天津	19	0.0298	0.0308	0.0336	0.0297	0.0089	0.0149	0.0173	0.0218	0.0334	0.0185

续表

省份	综合排名	2007年	2008年	2009年	2010年	2011年	2012年	2013年	2014年	2015年	2016年
西藏	20	0.0082	0.0065	0.0064	0.0055	0.0031	0.1220	0.0340	0.0729	0.0369	0.0536
江西	21	0.0457	0.0257	0.0357	0.0294	0.0133	0.0183	0.0144	0.0176	0.0170	0.0145
山东	22	0.0259	0.0223	0.0268	0.0245	0.0158	0.0152	0.0184	0.0203	0.0247	0.0188
甘肃	23	0.0213	0.0151	0.0196	0.0148	0.0124	0.0131	0.0159	0.0314	0.0247	0.0262
贵州	24	0.0179	0.0269	0.0193	0.0208	0.0087	0.0167	0.0126	0.0247	0.0264	0.0154
四川	25	0.0250	0.0271	0.0243	0.0204	0.0057	0.0145	0.0140	0.0180	0.0183	0.0211
青海	26	0.0072	0.0085	0.0083	0.0087	0.0094	0.0161	0.0195	0.0182	0.0220	0.0272
湖南	27	0.0267	0.0210	0.0202	0.0175	0.0081	0.0121	0.0102	0.0126	0.0343	0.0096
湖北	28	0.0202	0.0189	0.0240	0.0184	0.0092	0.0112	0.0129	0.0146	0.0196	0.0173
安徽	29	0.0228	0.0182	0.0208	0.0198	0.0084	0.0120	0.0134	0.0139	0.0197	0.0163
吉林	30	0.0162	0.0141	0.0160	0.0175	0.0066	0.0127	0.0118	0.0210	0.0133	0.0159
河南	31	0.0197	0.0174	0.0158	0.0169	0.0095	0.0127	0.0105	0.0148	0.0166	0.0112

度最强的地区，近 10 年的平均强度达到了 0.15。其次是东部沿海和南部沿海地区，近 10 年的环境规制强度均值在 0.14 左右。长江中游目前是全国环境规制强度最弱的地区，近 10 年规制的综合得分为 0.064。西南和西北地区也处于较低水平，综合得分均值分别为 0.1088 和 0.0973。

就变化趋势而言，北部和东部沿海地区的规制强度都呈现 V 形（先降后升），南部沿海地区近几年则较为稳定，围绕一个数值小幅波动。东北地区的环境规制强度在 2010～2013 年出现了一个高峰。在这期间，东北地区在国家政策引导下，积极进行环境规制，环境违法立案数与环境污染治理投资激增使整体规制强度迅速上升。但这并未形成持续力，东北地区 2013 年后环境规制强度又迅速降低。黄河中游与西南地区的规制强度则一个小幅下降、一个波动下降，都呈现鲜明的降低趋势。而综合排名最末的西北地区和长江中游地区近年来不断增加环境规制强度，整体有上升趋势（见图 1）。

根据上述分析可以总结出以下特征。第一，中国的环境规制强度区际差异巨大，从地缘分布上，整体由沿海向内陆地区递减。第二，不同区域的环境规制强度发展趋势有显著差异。这两者产生巨大差异的根源必然是区际社会经济发展差异。规制强度排名前三的均是沿海地区，是中国目前经济规模最大的三个区域。西北地区自身环境形势本就严峻，生态脆弱度高，社会经济发展较为缓慢，加上自身的经济结构特征与人口特征，因此环境规制处于较低水平。排名最末的长江中游地区近 10 年积极接收东部地区产业转移，处于经济中高速发展阶段，整体环境规制力度较弱。

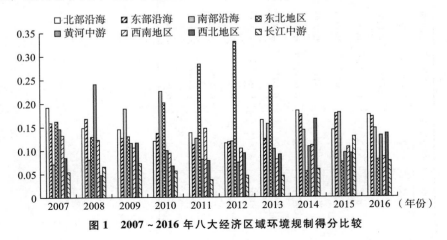

图 1　2007～2016 年八大经济区域环境规制得分比较

（二）各规制工具贡献度分析

根据熵值法的含义，数据离散程度越高，该指标的权重就会越大。数据权重的占比即反映出指标的区际差异状况，权重越大，该指标区际差异越大，反之，区际差异越小。由于省际层面数据易受某些地区和年份异常值干扰，本文基于八大经济区域层面数据分析权重，得到以下结论。

就各规制工具强度相对权重来看，过去 10 年间执法强度综合权重最高，区域之间执法强度差异最大，部分地区有法可依度较低。其次是企业自愿性和公众参与型的环境规制，这两种方式作为环境规制的新形式，在部分地区普及度较低，形成了较大的区际差异。而基于市场激励的环境规制方式综合权重较低，特别是负向激励规制工具，总体权重最低（见表3）。这说明市场激励型环境规制在各经济区域间使用率较高，排污费与污染治理投资已经形成了较为稳定成熟的规制形式。

表3　2007～2016 年环境规制指标权重变化

	有法可依度	执法强度	正向激励	负向激励	企业自愿	公众参与
2007 年	0.1494	0.1954	0.2736	0.1527	0.1222	0.1067
2008 年	0.1118	0.1519	0.1940	0.2748	0.1475	0.1199
2009 年	0.1066	0.2597	0.1306	0.2003	0.1595	0.1432
2010 年	0.1311	0.2559	0.1808	0.0969	0.1475	0.1878
2011 年	0.1909	0.3225	0.1264	0.1022	0.1496	0.1084
2012 年	0.1394	0.3675	0.1089	0.1073	0.1351	0.1418
2013 年	0.1349	0.3203	0.1111	0.1049	0.1758	0.1531
2014 年	0.1283	0.1259	0.1688	0.1277	0.2260	0.2233
2015 年	0.2053	0.0946	0.1152	0.1171	0.2036	0.2642
2016 年	0.1027	0.1224	0.2130	0.1471	0.1720	0.2429
权重均值	0.1400	0.2216	0.1622	0.1431	0.1639	0.1691
名次均值	4.2	2.7	3.5	4.3	3.2	3.1
综合排名	5	1	4	6	3	2

从各指标自身随时间发展趋势来看，近 10 年来，基于市场激励的环境规制的指标权重处于不断下降的水平，说明地区之间基于市场的环境规制

方案已经逐渐成熟。企业自愿性环境规制与公众参与型环境规制的权重不断上升，说明这种环境规制方式发展的区际差异不断扩大。而基于命令控制型环境规制的权重则一直上下波动，有法可依度指标的权重最不稳定，因为偶然事件会对此指标产生极大影响，且法律制定是一个漫长的过程，易出现集中颁布现象，所以受干扰性较大。而执法强度的权重则出现了先增后降的鲜明趋势，说明各区域间的执法强度差异先增大后减小，各经济区域环境执法处于一个不断完善的过程。

各地区对于环境规制工具的运用必然要经历一个由初级到成熟的过程，区域自身社会经济环境不同，各种环境规制工具运用的实际效果也有较大差异。王红梅（2016）用贝叶斯模型平均方法对四种规制工具对于中国环境保护绩效的贡献进行了实证分析后发现，命令控制型工具和市场激励型工具仍是中国最为有效的环境治理工具，而且目前中国公众参与型的规制仍是被动规制。从规制工具发展的进程来看，命令控制型规制工具无疑是中国最早投入实际使用的工具，因此区域的环境法律制定数量差异较小。市场型工具也是中国应用较为广泛的规制工具，其中负向激励以排污收费和排污权交易制度两种工具为主。排污收费制度于20世纪初实行，并迅速推广，因此区际差异不大。排污权交易制度由于存在资源产权界定等问题，而且采用的是试点推广的方式，所以区际会形成较大差异，造成数据的断层缺失。而新兴的两种工具——企业自愿性和公众参与型环境规制发展需要有一定的经济和社会基础。环境规制中被规制的主要是工业企业，多集中于能源、制造等行业。因此，一个地区需要有一定的工业企业基础，且形成一定的规模，有一定的产业优势，才会自觉地进行环境协议的签署和管理体系的认证。公众参与型环境规制也需要一定的社会和人口基础。人口密度和公众参与意识是此类规制工具有效的前提。因此，区际较大的人口密度差异和公众社会参与度差异是公众参与型环境规制有较大区际差异的根源。

规制工具的选择本质是看此类工具能否以较低的成本取得较强的规制效果，或者说是一种投入与产出效率的比较。在此层面，有大量的环境经济学家通过各种研究来比较命令控制与市场激励这两种较为成熟的环境规制工具（Atkinson & Lewis，1974）。多数研究均显示，命令控制型规制工具如果想和市场激励型工具达到同样的规制效果，就要花费更高的成本，因此市场激励型规制工具有着较高的效率。企业自愿性环境规制在国内由于数据缺失较为严重，定量测度效果较低。但从定性角度来看，王勇（2016）认为自愿性环境规制能够有效地克服上述两者的局限（命令控制型成本高，市场激励型对市场化程度要求高），具有预防沟通、公众参与、规范填补、经济高效等强大功能。公众参与型环境规制是一种低成本、高产出的规制方式，相关实证研究也显示，消费者的环境意识是提高环境绩效的有效驱动因素（Hammami et al.，2018）。数据显示，我国各省份每年环境信访与投诉办结率高达95%甚至更高，且近年来网络投诉平台的开通极大地提高了处理效率。然而整体强度的提升是一个漫长的过程，仍受制于当地的经济社会发展水平与人口密度。

五　结语

中国区际环境规制强度差异巨大，整体规制强度由沿海向内陆地区逐渐递减。各类环境规制工具在各经济区的运用也有较大差异。首先，命令控制型环境规制工具的强度呈两极分化趋势。一方面，各区域有着较高的法律完善度；另一方面，各经济区域的执法强度差异巨大。尽管命令控制型环境规制是最早的环境规制工具，但仍有较大的发展空间，我们不仅仅要提高法律标准的完善度，更重要的是加大执法力度。其次，基于市场的环境规制工具在全国普及率较高，已经形成了稳定的环境规制方案。但是新的规制工具仍处于不断的发展探索期。市场化的环境规制工具有着较高的效率，因此我们仍需要清晰界定产权，降低交易中间成本，完善新型市场工具以适应不同阶段的环境规制目标。再次，企业自愿性环境规制在中国目前仍处于较低水平，区域间差异巨大。因此我们需要增强企业的环境保护意识，完善信息披露机制、环境管理体系认证方案，结合各方力量助推自愿性环境规制发展。最后，隐性环境规制（公众参与型环境规制）在中国已经取得了初步的发展成效，沿海地区与内陆地区存在明显的断层差异。各地区，特别是内陆地区，需要通过教育宣传等方式提高公众自觉性，助力民间环保组织或机构发展，形成有效的第三方力量，增加整体环境规制强度，促进经济社会绿色可持续发展。

本文基于环境规制工具的类型，采用熵值法测算了 2007～2016 年中国区域环境规制综合强度，得出了一些有益的结论和启示。但在指标测算方面仍存在很多不足，如没有综合考虑规制工具的各种类型，指标选取仍不够完善。在数据方面，统计口径变化，导致一定程度的统计误差。熵值法作为一种纯客观的方法，在一定程度上不能完全衡量指标的实际意义。因此，本文在方法和数据选取上仍有较大改进空间。环境规制强度的测算作为众多环境问题研究的基础，笔者将在后续的研究中进行不断改进。

参考文献

程都、李钢，2017，《环境规制强度测算的现状及趋势》，《经济与管理研究》第 38 卷第 8 期。

郭庆宾、刘琪、张冰倩，2017，《不同类型环境规制对国际 R&D 溢出效应的影响比较研究——以长江经济带为例》，《长江流域资源与环境》第 26 卷第 11 期。

何兴邦，2019，《环境规制与城镇居民收入不平等——基于异质型规制工具的视角》，《财经论丛》第 6 期。

李斌、彭星、欧阳铭珂，2013，《环境规制、绿色全要素生产率与中国工业发展方式转变——基于 36 个工业行业数据的实证研究》，《中国工业经济》第 4 期。

李玲、陶锋，2012，《中国制造业最优环境规制强度的选择——基于绿色全要素生产率的视角》，《中国工业经济》第 5 期。

彭聪、袁鹏，2018，《环境规制强度与中国省域经济增长——基于环境规制强度的再构造》，《云南财经大学学报》第 34 卷第 10 期。

彭星、李斌，2016，《不同类型环境规制下中国工业绿色转型问题研究》，《财经研究》第 42 卷第 7 期。

生延超，2008，《环境规制的制度创新：自愿性环境协议》，《华东经济管理》第 22 卷第 10 期。

孙文远、杨琴，2017，《环境规制强度的测量：方法与前沿进展》，《生态经济》第 33 卷第 12 期。

唐国平、李龙会、吴德军，2013，《环境管制、行业属性与企业环保投资》，《会计研究》第 6 期。

王红梅，2016，《中国环境规制政策工具的比较与选择——基于贝叶斯模型平均（BMA）方法的实证研究》，《中国人口·资源与环境》第 26 卷第 9 期。

王丽霞、陈新国、姚西龙，2018，《环境规制政策对工业企业绿色发展绩效影响的门限效应研究》，《经济问题》第 1 期。

王勇，2016，《自愿性环境协议在我国应用之必要性证成——一种政府规制的视角》，《生态经济》第 32 卷第 9 期。

王勇、李建民，2015，《环境规制强度衡量的主要方法、潜在问题及其修正》，《财经论丛》第 5 期。

王卓、高丛，2016，《基于信息论的熵值法的算法改进——以陕西省环境规制强度评价为例》，《西安石油大学学报》（社会科学版）第 25 卷第 1 期。

原毅军、谢荣辉，2014，《环境规制的产业结构调整效应研究——基于中国省际面板数据的实证检验》，《中国工业经济》第 8 期。

张成、陆旸、郭路、于同申，2011，《环境规制强度和生产技术进步》，《经济研究》第 46 卷第 2 期。

赵红，2008，《环境规制对产业技术创新的影响——基于中国面板数据的实证分析》，《产业经济研究》第 3 期。

赵玉民、朱方明、贺立龙，2009，《环境规制的界定、分类与演进研究》，《中国人口·资源与环境》第 19 卷第 6 期。

Atkinson, S. E., & Lewis, D. H. 1974. "A Cost-effectiveness Analysis of Alternative Air Quality Control Strategies." *Journal of Environmental Economics and Management*, 1 (3): 237 – 250.

Cole, M. A., & Elliott, J. R. 2007. "Do Environmental Regulations Cost Jobs? An Industry-level Analysis of the UK." *Journal of Economic Analysis and Policy*, 7 (1): 28 – 48.

Hammami, R., Nouira, I., & Frein, Y. 2018. "Effects of Customers' Environmental Awareness and Environmental Regulations on the Emission Intensity and Price of a Product." *Decision Sciences*, 49: 1116 – 1155.

Jaffe, A. B., & Palmer, K. 1997. "Environmental Regulation and Innovation: A Panel Data Study." *Review of Economics and Statistics*, 79 (4): 610 – 619.

Javorcik, B. S., & Wei, S. J. 2004. "Pollution Havens and Foreign Direct Investment: Dirty Secret or Popular Myth?" *Contributions in Economic Analysis & Policy*, 3 (2): 1244.

Martínez-Zarzoso, I., & Oueslati, W. 2018. "Do Deep and Comprehensive Regional Trade Agreements Help in Reducing Air Pollution." *International Environmental Agreements: Politics, Law and Economics*, 18 (6): 743 – 777.

Ren, S. , Li, X. , Yuan, B. , Li, D. , & Chen, X. 2018. "The Effects of Three Types of Environmental Regulation on Eco-efficiency: A Cross-region Analysis in China. " *Journal of Clean Production*, 173: 245 – 255.

Walter, I. , & Ugelow, J. L. 1979. "Environmental Policies in Developing Countries. " *AMBIO*, 8 (2/3): 102 – 109.

环境规制与工业发展对长三角地区
空气质量的影响机制研究

一　引言

改革开放以来，工业的迅速发展为经济增长提供了不竭动力，与此同时，粗放型的增长方式也给生态环境带来了巨大的压力。距离 2020 年全面建成小康社会仅剩一年，生态环境质量的改善仍然不容松懈。生态环境部 2019 年发布的数据显示，2018 年中国 338 个地级及以上城市中，121 个城市环境空气质量达标，在全部城市中占比仅 35.8%，虽然这一比例逐年上升，但大多数城市的空气质量仍未能达到期望水平。338 个城市平均优良天数比例为 79.3%，同比提高 1.3 个百分点，PM2.5 浓度同比下降了 9.3%。而长三角地区作为三大重点区域之一，其 41 个城市平均优良天数比例为 74.1%，未能达到全国平均水平，PM2.5 浓度同比下降 10.2%，改善较为明显。长三角地区作为中国综合实力最强的经济中心、全球重要的制造业基地，长期以来推动着中国经济的发展，其经济增长方式由粗放型向集约型转变也刻不容缓。实施创新驱动战略，提高工业生产效率，培育增长新动力，对于长三角地区生态环境改善和经济持久发展尤为重要。继 2013 年国务院发布《大气污染防治行动计划》后，2014 年长三角区域大气污染防治协作机制启动，截至目前已经 5 年。《长三角地区 2018－2019 年秋冬季大气污染综合治理攻坚行动方案》指出：2017 年，上海市、江苏省、浙江省 25 个城市细颗粒物（PM2.5）年均浓度为 44 微克/立方米，较 2013 年下降 34%；安徽省可吸入颗粒物（PM10）年均浓度下降 11.1%，均超额完成空气质量改善目标。但区域大气环境形势依然严峻，苏北、皖北污染较重，PM2.5 浓度明显高于区域平均水平。考虑到长三角地区在经济发展中的重要地位以及其较早在大气污染防治方面进行地区协作治理，对长三角地区工业生产效率与环境规制水平对于空气质量状况的影响进行研究，对全国大气污染防治有着借鉴意义。

现有的研究（孙坤鑫、钟茂初，2017；刘亚清等，2017）多着眼于产业结构优化与空气质量改善的关系机制，认为产业结构合理化和高度化能够改善空气质量，少有直接对于工业生产效率与空气质量改善的研究，而考虑到大气污染可能主要是由工业粗放式发展造成的，需对其进行专门的研究。而环境规制水平的量化较为复杂，少有关于环境规制水平对空气质量影响的研究。除此之外，现有关于空气质量的研究（白雪洁、曾津，2019；回莹、戴宏伟，2017；杨浩、张灵，2018）多集中于全国范围或京津冀地区，而长三角地区的空气质量问题也十分严峻。

因此，本文的研究将围绕三个问题展开：第一，空气质量与工业生产效率有着怎样的关系？第二，环境规制力度对工业发展有着怎样的作用？第三，如何通过环境规制作用于工业发展进而改善空气质量？基于以上问题，本文选取 2007～2016 年长三角地区 12 个主要城市的面板数据，首先核算各城市的工业环境全要素生产率，进而建立联立方程计量经济学模型研究空气质量、工业发展和环境规制强度之间的关系，以此来为政府通过环境规制改善空气质量提供参考，加快经济增长方式转型，促进生态文明建设。

二 文献综述

（一）产业结构与环境污染

环境库兹涅茨曲线（EKC）理论提出，环境质量与人均收入呈现倒 U 形关系，而 Grossman 和 Krueger（1991）研究指出经济增长主要通过规模效应、技术效应和结构效应三种途径来影响环境质量，随着收入水平和技术水平的提高，产业结构由农业向能源密集型重工业进而向低污染的服务业和知识密集型产业转变，发展带来的环境污染效应由低转向高之后重新趋于降低。基于 EKC 理论，国内外学者进行了大量的研究。Lorente 和 álvarez-Herranz（2016）运用两阶段计量经济学模型，将可再生能源推广纳入研究范围，研究经济增长与空气污染的关系，结果与 EKC 理论假说一致。朱冉等（2018）运用时间序列分析模型，以成都市为例研究经济增长与环境污染的关系，得到工业废弃物与人均 GDP 呈倒 U 形关系的结论。马骏和胡博文（2019）运用熵值法构建环境污染综合评价指标，对中国东部沿海地区进行研究，结果显示，东部沿海地区产业结构升级与环境污染符合倒 U 形关系，且整体发展已越过拐点。李姝（2011）基于 2004～2008 年的中国省际面板数据采用广义矩估计（Generalized method of moments, GMM）方法进行研究，得到产业结构调整与废气污染呈负相关的结论。孙坤鑫和钟茂初（2017）使用三阶段最小二乘法，以环保部重点监测城市为研究对象进行研究，研究表明产业结构合理化和高度化可以带来空气质量的改善。另外，也有学者认为 EKC 理论具有局限性，Fujii 和 Managi（2016）在全球范围选取了 39 个国家的空气质量及产业的面板数据进行研究，结果显示，在与空气质量的关系上，部分产业并不符合 EKC 理论，且不同产业得到的 EKC 拐点不同。

一般来说，空气污染主要是由工业生产带来的，国内也有学者着眼于对工业的研究。钟娟和魏彦杰（2011）运用污染的供给和需求模型对中国工业发展进行研究，研究发现工业全要素生产率与污染排放有着显著关系。白雪洁和曾津（2019）运用灰色关联分析法对中国省域数据进行研究，结果表明工业发展对空气质量的影响具有较强的省份异质性。

（二）环境规制与产业发展

关于环境规制对于产业发展的影响，学术界目前主要有两种观点：一种是"污染天堂"假说，即污染密集型企业倾向于建立在环境标准相对较低的地区，这样环境规制只会迫使污染企业迁移；另一种是"波特假说"，认为适当的环境规制能促进企业革新技术，提高资源利用效率，改善生态环境质量。国内外学者对此进行了广泛的研究。Candau 和 Dienesch（2017）对欧洲企业进行研究，发现环境标准显著地影响了污染企业的选址。李强和丁春林（2019）对长江经济带 108 个城市进行研究，发现环境规制对长江经济带产业升级的影响显著为负。而 Rubashkina 等（2015）通过对欧洲17 个国家的研究，验证了环境规制对于创新活动有着积极促进作用。王蕾（2018）以工业污染治理投资和排污费来度量环境规制强度，使用动态面板模型对中国省域数据进行实证分析，结果显示环境规制对产业结构优化升级具有促进效应。

此外，部分国内学者对环境规制与工业发展关系进行研究。王磊等（2019）选取了京津冀 13 个城市进行研究，发现环境规制对工业发展总体呈现负效应，而随着环境规制强度由弱到强，对工业发展产生的影响为先抑制后促进。查建平（2015）通过经济增长分解模型对中国省际面板数据进行分析，发现环境规制强度与中国工业经济增长模式之间存在倒 U 形关系。

政府进行环境规制的目的在于控制污染，减少经济活动对于环境的负外部性，也有不少关于环境规制对环境改善效果的研究。朱向东等（2018）运用空间杜宾模型研究空气污染，发现环境规制是抑制空气污染的重要方式，但并不具有空间溢出效应。贺灿飞等（2013）用非平衡面板模型进行研究，认为来自企业的环境规制执行阻力及政府本身的环境规制执行能力显著影响空气污染改善程度。

综上所述，学术界关于空气质量与经济发展的研究多集中于产业结构层面，针对排污严重的工业的研究较少，同时，对环境规制对于产业发展的影响研究也大多集中于验证两类假说，或仅仅探究环境规制的政策效果，未有对于环境规制通过怎样的作用机制来对环境质量进行改善的研究。针对以上情况，本文先进行长三角地区各城市工业全要素生产率的核算，并通过建立联立方程计量经济学模型对环境规制、工业发展效率及其交互作用对于空气质量的影响进行研究。

三　方法与数据

（一）环境规制

从以往的研究中可以发现，环境规制的度量主要从三个维度进行：污染治理投资水平（何玉梅、罗巧，2018）、环保政策发布和机构监管力度（白雪洁、曾津，2019）以及污染物排放量的变化（王磊等，2019）。本文基于第三个维度，参考魏玮和毕超（2011）的研究方法，通过单位工业总产值的污染物排放量来构建综合指标 *ER*，衡量环境规制强度，选择的污染物排放量指标具体包括：工业废水排放量、工业二氧化硫排放量及工业烟尘排放量。

指标计算公式如下：

$$ER_i = \sum_{j=1}^{3} \alpha_j \left[1 - \frac{E_{ij}/V - \mathrm{Min}(E_{ij}/V)}{\mathrm{Max}(E_{ij}/V) - \mathrm{Min}(E_{ij}/V)} \right]$$

其中，E_{ij} 为城市 i 污染物 j 的排放量，V 代表城市工业总产值，α_j 代表污染物 j 的权重，通过对污染物排放量进行熵值法得出。ER_i 值越大，说明环境规制强度越高。

（二）工业环境全要素生产率

工业环境全要素生产率将环境因素纳入考察范围，成为学者们研究的热点。大部分学者以 DEA（数据包络分析法）进行研究。传统的 DEA 模型有 CCR、BCC 模型，而考虑非期望产出的 SBM 模型更适用于分析工业环境全要素生产率的问题。而 GML 指数（全局参比指数）既可以满足循环性又可以避免无解的情况发生，故本文采取 GML-SBM 方法，基于 MI 指数进行研究。

包含非期望产出的非导向 SBM 模型表示如下：

$$\begin{cases} \rho^* = \mathrm{Min} \dfrac{1 - \dfrac{1}{m} \sum_{i=1}^{m} \dfrac{s_i^-}{X_{i0}}}{1 + \dfrac{1}{s_1 + s_2} \left(\sum_{r=1}^{s_1} \dfrac{s_r^g}{y_{r_o}^g} + \sum_{r=1}^{s_2} \dfrac{s_r^b}{y_{r_o}^b} \right)} \\ x_k = X\lambda + s^- \\ y_k^g = Y^g \lambda - s^g \\ y_k^b = Y^b \lambda - s^b \\ s^- \geq 0, s^g \geq 0, s^b \geq 0, \lambda \geq 0 \end{cases}$$

式中，s^-、s^g 和 s^b 分别表示投入松弛变量、期望产出松弛变量和非期望产出松弛变量，λ 为权重向量，目标函数严格递减且目标值 $\rho^* \in [0, 1]$。当 $\rho^* = 1$，s^{-*}、s^{g*} 和 s^{b*} 都为 0 时，决策单元为有效；如果 $\rho^* < 1$，则被评价决策单元无效。

本文将工业增加值（IVA）作为期望产出，工业二氧化硫排放量（ISO_2）、工业烟尘排放量（$IDUST$）作为非期望产出，工业资本存量（$IASS$）、工业从业人数（IEM）、工业能耗（$IENER$）作为投入，核算工业环境全要素生产率。

（三）模型设定

目前已有诸多学者研究发现空气质量、环境规制及工业发展两两之间存在相关关系。李欣和曹建华（2018）、祁毓等（2016）研究发现环境规制与空气质量有显著关系，李静萍和周景博（2017）、吕康娟等（2016）研究发现工业发展对空气质量有着直接影响，胡宗义和李毅（2017）、王喜平和刘哲（2018）、沈明伟和张海玲（2018）均通过研究指出合理的环境规制能有效促进工业绿色发展。基于此，本文对三者的影响机制进行研究，建立联立方程计量经济学模型如下：

$$\begin{cases} \ln(TFP_{it}) = \alpha_{10} + \alpha_{11}\ln(ER_{it}) + \alpha_{12}[\ln(ER_{it})]^2 + \beta_{11}\ln(PGDP_{it}) + \varepsilon_{1it} \\ \ln(API_{it}) = \alpha_{20} + \alpha_{21}\ln(ER_{it}) + \alpha_{22}\ln(TFP_{it}) + \beta_{21}\ln(PGDP_{it}) + \beta_{22}[\ln(PGDP_{it})]^2 + \\ \qquad \beta_{23}\ln(RAIN_{it}) + \beta_{24}\ln(TEM_{it}) + \varepsilon_{2it} \\ \ln(ER_{it}) = \alpha_{30} + \beta_{31}\ln(PGDP_{it}) + \beta_{32}\ln(ENE_{it}) + \beta_{33}\ln(FIN_{it}) + \varepsilon_{3it} \end{cases}$$

其中，下标 i 代表第 i 个市，t 代表年份，API 代表城市空气污染指数，ER 为构建的环境规制强度衡量指标，TFP 为测算出的工业环境全要素生产率；$PGDP$、$RAIN$、TEM、ENE、FIN 均为引入的控制变量，具体指标选用人均 GDP、年度降水量及平均气温、工业企业综合能源消费量、地方政府财政支出，分别代表经济发展水平、生态气候条件、能源消费水平及政府规模。联立方程中 α 为内生变量的系数，β 为外生变量的系数，ε 为随机误差项。

第一个方程主要衡量环境规制水平（ER）对于工业生产效率（TFP）的影响，引入了经济发展水平（$PGDP$）为控制变量。第二个方程主要衡量了环境规制水平（ER）、工业生产效率（TFP）对于城市空气质量

（API）的影响，回归中控制了经济发展水平（$PGDP$）并引入其平方项，控制经济增长对于环境质量的线性影响以及基于环境库兹涅茨曲线的存在控制其非线性影响。此外，控制了城市生态气候条件即地区年度降水量和平均气温对于空气质量的影响。第三个方程对环境规制水平（ER）进行衡量，主要引入控制变量经济发展水平、能源消费水平和政府支出规模。

（四）数据来源

考虑到数据可得性，本文选取了长三角地区 12 个城市 2007～2016 年的数据进行研究。其中，空气污染指数（API）来源于生态环境部发布的每日 API 数据，将其平均得到年度 API 数据，由于 2013 年起环保部（2018 年改生态环境部）开始执行新修订的《环境空气质量标准》（GB3095 - 2012），发布的监测数据由空气污染指数（API）改为了空气质量指数（AQI），为保证数据的连续性和有效性，依照《环境空气质量标准》（GB3095 - 1996）的具体规定，收集了各个城市相应污染物的数据，对 2013～2016 年的 API 数据进行计算，从而得到完整的 API 数据。其余数据来源于《中国城市统计年鉴》、国研网数据库、各省统计年鉴、各地级市统计年鉴、各地级市统计局官网。

四 实证分析

（一）空气污染指数

研究数据显示，长三角各城市的 API 指数大都处于 50～100 区间内。依照《环境空气质量标准》（GB3095 - 1996）的有关规定，API 为 51～100，空气质量级别为 Ⅱ 级，空气质量状况属于良，此时空气质量可接受，但某些污染物可能对极少数异常敏感人群健康有影响。另外，在时间变化上，各城市的 API 在 2013 年达到 10 年来的最大值，但随着 2014 年长三角区域大气污染防治协作机制启动，2014～2016 年 3 年间各城市的 API 指数大都大幅下降，说明大气污染防治协作机制有效地促进了空气质量的改善。图 1 列出了 5 个有代表性的城市 API 值历年的变化趋势，其中南京市

2013 年 *API* 取得了所有观测值中的最大值。

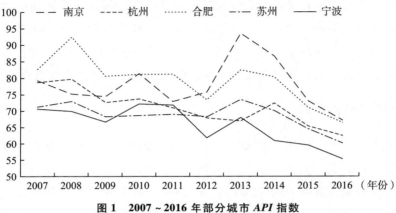

图 1　2007～2016 年部分城市 *API* 指数

（二）环境规制水平

根据上文所述的方法计算得出各城市历年的环境规制强度（见表 1）。

表 1　2007～2016 年各市环境规制强度

ER	2007 年	2008 年	2009 年	2010 年	2011 年	2012 年	2013 年	2014 年	2015 年	2016 年
上海市	0.79	0.85	0.86	0.91	0.90	0.87	0.91	0.88	0.88	0.93
杭州市	0.53	0.59	0.57	0.65	0.80	0.83	0.83	0.82	0.80	0.88
宁波市	0.73	0.78	0.76	0.83	0.82	0.82	0.86	0.88	0.90	0.94
湖州市	0.40	0.53	0.50	0.62	0.56	0.66	0.70	0.73	0.76	0.83
绍兴市	0.58	0.65	0.64	0.79	0.81	0.86	0.86	0.86	0.81	0.88
合肥市	0.61	0.78	0.85	0.89	0.80	0.84	0.86	0.74	0.82	1.00
芜湖市	0.29	0.40	0.54	0.71	0.54	0.73	0.81	0.76	0.83	0.88
南京市	0.40	0.50	0.55	0.68	0.75	0.80	0.79	0.77	0.78	0.88
南通市	0.50	0.65	0.72	0.78	0.78	0.84	0.89	0.89	0.92	0.96
苏州市	0.71	0.82	0.85	0.77	0.87	0.88	0.89	0.89	0.87	0.91
扬州市	0.50	0.66	0.76	0.86	0.88	0.90	0.92	0.93	0.94	0.98
镇江市	0.40	0.61	0.70	0.79	0.68	0.82	0.86	0.88	0.90	0.93

表 1 数据显示，各地区环境规制水平的衡量指标 *ER* 呈现逐年波动上升趋势，且 10 年间有较大的增长。按主要变化趋势可以分为三类：第一类

是上海市、宁波市、苏州市，10 年来 *ER* 值变化幅度较小，一直稳定在较高水平；第二类是南通市、扬州市、南京市、杭州市，*ER* 值呈现稳定上升趋势，在 10 年内得到了大幅增长；第三类是合肥市、芜湖市、镇江市，*ER* 值波动幅度较大，但整体上也取得了大幅增长。

（三）工业环境全要素生产率

使用 2007～2016 年的面板数据，基于 SBM 模型结合 GML 指数对长三角地区 12 个城市的工业环境全要素生产率进行测算，由于篇幅限制，仅列出 2010 年、2014 年的指数及均值结果（见表 2）。

表 2　各市工业环境全要素生产率及其分解

城市	2010 年			2014 年			均值		
	MI	*EC*	*TC*	*MI*	*EC*	*TC*	*MI*	*EC*	*TC*
上海市	1.59	1.00	1.59	1.30	1.00	1.30	1.12	1.00	1.12
杭州市	1.11	1.00	1.11	1.02	1.00	1.02	1.11	1.00	1.11
宁波市	1.22	1.06	1.15	0.96	1.00	0.96	1.13	1.04	1.11
绍兴市	1.04	0.99	1.04	1.02	1.00	1.02	1.07	1.01	1.12
湖州市	1.58	1.40	1.13	0.94	1.00	0.94	1.03	1.06	0.98
合肥市	0.87	1.00	0.87	1.00	1.00	1.00	1.05	1.00	1.05
芜湖市	1.21	1.00	1.21	0.82	1.00	0.82	1.01	1.00	1.01
南京市	1.07	1.00	1.07	0.98	1.00	0.98	1.16	1.00	1.16
苏州市	1.18	0.59	2.01	0.99	1.32	0.75	1.16	1.04	1.21
扬州市	2.00	1.00	2.00	1.07	1.00	1.07	1.18	1.00	1.18
南通市	0.91	1.00	0.91	0.92	1.11	0.83	1.12	1.01	1.13
镇江市	0.98	1.03	0.95	0.97	1.00	0.97	1.04	0.98	1.12

数据显示，长三角地区这些城市的工业环境全要素生产率整体较高，且在 10 年内全要素生产率都处于进步状态，其中，*MI* 指数均值最高的城市为扬州，达到了 1.18，*MI* 指数均值最低的城市是芜湖，为 1.01，而在 *MI* 指数分解中可以看到，技术进步指数 *TC* 的拉升作用较大，技术效率指数 *EC* 的贡献较低，这表明各城市粗放型增长的现象依然严峻。

而从时间上看，10 年间各城市的全要素增长率均有增有减，其中南通市、绍兴市变化较平稳，但 *MI* 值较低；扬州市 *MI* 指数变化起伏最大，但均值最高。值得注意的是，2014～2016 年各市的 *MI* 指数普遍呈上升趋势且在 2016 年上升幅度较大。

（四）实证结果与数据分析

利用前文所述联立方程模型，使用三阶段最小二乘法（3SLS）对工业生产效率、环境规制水平及空气质量的关系进行回归分析。回归结果如表 3 所示。

表 3　回归结果

变量	（1）	（2）	（3）
	$\ln TFP$	$\ln API$	$\ln ER$
$\ln ER$	2.168 ***	0.340	
	(0.7355)	(0.2315)	
$(\ln ER)^2$	2.525 ***		
	(0.8243)		
$\ln TFP$		−3.081 ***	
		(0.7469)	
$\ln PGDP$	0.044	−2.1053 **	0.268 ***
	(0.1024)	(0.8531)	(0.0389)
$(\ln PGDP)^2$		0.616 ***	
		(0.2272)	
$\ln RAIN$		−0.037	
		(0.075)	
$\ln TEM$		1.529 ***	
		(0.5294)	
$\ln ENE$			−0.130 ***
			(0.0210)
$\ln FIN$			0.133 ***
			(0.0199)
常数项	0.281	2.143 *	−0.647 ***
	(0.2911)	(1.2051)	(0.0928)
样本量	108	108	108
R-squared	0.0057	−51.1289	0.6040

注：*** 、** 、* 分别代表在 1% 、5% 及 10% 的水平下显著。
括号内为标准误。

对表 3 中的回归结果进行分析可知：环境规制强度（*ER*）对工业环境

全要素生产率（*TFP*）有着显著的正向作用，说明通过环境规制可以提高工业生产的效率。在方程（2）中，环境规制对于空气质量（*API*）的影响系数为正，但并不显著，而工业环境全要素生产率对空气质量指标影响显著为负，注意到采取的衡量指标 *API* 是空气污染指数，这说明工业环境全要素生产率的提高对改善空气质量有积极作用。结合两个方程的结果可以看出，环境规制对于空气质量改善的直接作用并不显著，但通过对工业生产效率的影响路径对空气质量起到积极作用。结合现实情况，工业污染排放作为影响空气质量的最大因素，政府的环境规制措施一般都是针对工业企业提出，各项规章制度也大都针对工业企业制定，以便于监管与实施，环境规制的作用也就集中体现在对工业污染的整治上。

对控制变量的有关系数进行以下分析：方程（2）中代表地区经济发展水平的两项［ln*PGDP*、(ln*PGDP*)^2］为一正一负，二次项不符合环境库兹涅茨曲线的倒 U 形理论，但人均 GDP 项对于衡量地区发展水平有说服力，说明经济发展水平及人民生活水平对于空气质量有着正向作用，可能是由于近年来服务业的迅猛发展带来经济水平的提高，而与此同时也没有危害到环境，这一点在长三角地区尤为突出，例如快递公司成立集聚于浙江桐庐，电子商务在杭州发展壮大等。在对气候条件的控制中，气温（*TEM*）对于空气质量有着显著的负向影响，这与长三角地区气温高，有利于臭氧生成的现实状况一致。方程（3）显示，地区经济发展水平（*PGDP*）以及以财政支出衡量的政府规模（*FIN*）对于环境规制强度有着显著的正向影响，而工业能源消费（*ENE*）对于环境规制有着负向影响，可能是由于地区经济水平越高，可用于环境规制的人力、物力及资金也越多，对于环境规制的强度有着积极作用。而在能源消费量大的城市，可能是政府对环境规制不够重视，对与此紧密联系的能源消费的重视程度及生态环境的重视程度和投入力度相应也就不高。

五　结论与建议

本文基于长三角地区 12 个城市 2007～2016 年的面板数据，首先对 2013～2016 年的空气污染指数 *API* 进行计算，并使用 GML-SBM 方法对工业环境全要素生产率进行测算，以此衡量工业生产效率的变化；之后通过构建联立方程计量经济学模型，在考虑生态气候条件的基础上，对空气质量、环境规制及工业生产效率之间的关系进行研究。研究结果有如下表现。

首先，长三角区域大气污染防治的政策效果初显。数据显示，在 2013 年前 API 指数波动上升的情况下，2013 年以来 API 指数迎来了持续稳定的下降，而 2013 年国务院发布《大气污染防治行动计划》，2014 年长三角区域大气污染防治协作机制正式启动，这说明大气污染防治的政策效果初显，环境规制下长三角地区的空气质量得到了明显改善。

其次，各城市工业环境全要素生产率的提高主要依赖技术的进步。由 MI 指数分解结果看到，各城市的工业环境全要素生产率总体呈上升趋势，而主要的拉动作用来自技术进步效率，相比之下技术规模效率基本没有变化，说明各城市的工业生产仍没有做到规模上的有效优化。

再次，工业生产效率在环境规制对空气质量改善上起着中介作用。本文通过建立联立方程计量经济学模型，对三者之间的关系进行研究，回归结果表明环境规制有利于工业环境全要素生产率的提高，而工业生产效率的提高有利于空气质量的改善，环境规制对于空气质量的直接影响并不显著，其对于空气质量的改善作用是通过作用于工业生产效率而实现的。这一点在长三角区域大气污染防治协作机制上也能得到合理解释，其出台的有关政策包括秋冬季节企业错峰生产、油气回收等都是着眼于工业企业，强调从源头减少污染排放。

最后，地区政府规模对于空气质量改善的意义重大。本文以空气污染指数 API 为主要研究对象，气候条件必然有着显著的影响，而控制变量中地方政府财政支出也与 API 显著相关，说明政府支出规模也影响空气质量改善的效率。如江苏省内，南京市 2013 年的 API 高于扬州、镇江等市，但在之后 4 年 API 同样呈下降的趋势下，2016 年南京的 API 与扬州、镇江相差已不足 1。在同样的政策背景下，政府支出规模越大，大量的财政支出就能为环保事业带来大量的投入，而政府支出规模大的地区也是经济发展较好的地区，技术的创新也更有利于环境问题的改善。

根据以上结论，结合长三角区域大气污染防治协作机制启动以来的现状，提出以下建议。

第一，继续加强长三角污染治理区域协作。区域协作有利于提高治理效率，长三角地区应进一步加强协作，为治理大气污染以及其他污染做出努力。进一步实施煤电节能减排升级改造、整治燃煤锅炉等项目，对季节性的特定问题加强防范。将治理责任具体落实到各地区各部门，进一步加大监管力度，增强排污单位的自律意识。

第二，推动企业生产规模优化。工业企业应在不断提高技术水平的情况的同时，注意对生产规模的优化，以最优的生产规模进行生产，在不影响产出的情况下减少对要素的投入，提高资源的配置效率，获得经济的持续发展。

第三，规范落实环境规制政策。不断完善环境规制的规章制度，加大环境规制力度和环境污染投资力度，加强环境治理基础设施建设和维护。通过法规让企业环境成本内部化，促进企业生产持续向环境友好的方向转变。加强对企业的信息披露监管和排污监管。

第四，充分发挥规模大的城市的带动作用。经济发展较快、政府财政水平较高的地区应充分发挥带动作用，加大对环保的投入力度，积极探索污染治理新方向，主动寻找更有效的技术设施和治理方法，为规模较小的政府提供借鉴。

参考文献

白雪洁、曾津，2019，《空气污染、环境规制与工业发展——来自二氧化硫排放的证据》，《软科学》第 33 卷第 3 期。

查建平，2015，《环境规制与工业经济增长模式——基于经济增长分解视角的实证研究》，《产业经济研究》第 3 期。

何玉梅、罗巧，2018，《环境规制、技术创新与工业全要素生产率——对"强波特假说"的再检验》，《软科学》第 32 卷第 4 期。

贺灿飞、张腾、杨晟朗，2013，《环境规制效果与中国城市空气污染》，《自然资源学报》第 28 卷第 10 期。

胡宗义、李毅，2017，《环境规制与中国工业绿色技术效率——基于省际面板数据的实证研究》，《湖南大学学报》（社会科学版）第 31 卷第 5 期。

回莹、戴宏伟，2017，《河北省产业结构对雾霾天气影响的实证研究》，《经济与管理》第 31 卷第 3 期。

李静萍、周景博，2017，《工业化与城市化对中国城市空气质量影响路径差异的研究》，《统计研究》第 34 卷第 4 期。

李强、丁春林，2019，《环境规制、空间溢出与产业升级——来自长江经济带的例证》，《重庆大学学报》（社会科学版）第 25 卷第 1 期。

李姝，2011，《城市化、产业结构调整与环境污染》，《财经问题研究》第 6 期。

李欣、曹建华，2018，《环境规制的污染治理效应：研究述评》，《技术经济》第 37 卷第 6 期。

刘亚清、马艺翔、吴振信，2017，《京津冀地区产业结构升级对大气污染的影响》，《城市问题》第 12 期。

吕康娟、王梦怡、吴涛，2016，《中国工业细分部门对环境污染的影响分析——基于产业网络分析的实证研究》，《工业技术经济》第 35 卷第 2 期。

马骏、胡博文，2019，《东部沿海地区环境污染与产业结构升级的关系——基于环境库兹涅茨曲线假说的检验》，《资源与产业》第 21 卷第 1 期。

祁毓、卢洪友、张宁川，2016，《环境规制能实现"降污"和"增效"的双赢吗——来自环保重点城市"达标"与"非达标"准实验的证据》，《财贸经济》第 37 卷第 9 期。

沈明伟、张海玲，2018，《环境规制影响中国污染排放的作用机制研究——基于 TFP 及其分解项的视角》，《经济研究》第 39 卷第 12 期。

孙坤鑫、钟茂初，2017，《环境规制、产业结构优化与城市空气质量》，《中南财经政法大学学报》第 6 期。

王磊、王琰琰、张宇，2019，《环境规制对京津冀工业发展的门槛效应》，《地域研究与开发》第 38 卷第 1 期。

王蕾，2018，《环境规制对中国产业结构优化升级的影响研究》，硕士学位论文，云南财经大学。

王喜平、刘哲，2018，《环境规制与工业绿色增长效率——基于空间计量模型的实证》，《兰州财经大学学报》第 34 卷第 2 期。

魏玮、毕超，2011，《环境规制、区际产业转移与污染避难所效应——基于省级面板 Poisson 模型的实证分析》，《山西财经大学学报》第 33 卷第 8 期。

杨浩、张灵，2018，《京津冀地区产业结构演进及城市化进程对空气质量影响的实证研究》，《中国人口·资源与环境》第 28 卷第 6 期。

钟娟、魏彦杰，2011，《工业发展、环境规制与空气污染——以制造业 SO_2 排放为例》，《中央财经大学学报》第 11 期。

朱冉、赵梦真、薛俊波，2018，《产业转移、经济增长和环境污染——来自环境库兹涅茨曲线的启示》，《生态经济》第 34 卷第 7 期。

朱向东、贺灿飞、李茜、毛熙彦，2018，《地方政府竞争、环境规制与中国城市空气污染》，《中国人口·资源与环境》第 28 卷第 6 期。

Candau, F., & Dienesch, E. 2017. "Pollution Haven and Corruption Paradise." *Journal of Environmental Economics and Management*, 85: 171 – 192.

Fujii, H., & Managi, S. 2016. "Economic Development and Multiple Air Pollutant Emissions from the Industrial Sector." *Environmental Science and Pollution Research*, 23 (3): 2802 – 2812.

Grossman, G. M., & Krueger, A. B. 1991. "Environmental Impacts of the North American Free Trade Agreement." *NBER Working Paper*. No. 3914.

Lorente, D. B., & álvarez-Herranz, A. 2016. "Economic Growth and Energy Regulation in the Environmental Kuznets Curve." *Environmental Science and Pollution Research*, 23 (16): 16478 – 16494.

Rubashkina, Y., Galeotti, M., & Verdolini, E. 2015. "Environmental Regulation and Competitivenenss: Empirical Evidence on the Porter Hypothesis from European Manufacturing Sectors." *Energy Policy*, 83: 288 – 300.

第二篇
生态治理

我国环境保护税的减排效应实证分析

一 背景介绍

改革开放以来，我国经济飞速发展，城镇化进程不断加快，人们生活水平有了很大提高，但随之而来的环境问题也不容忽视，污染物质的排放、自然资源的过度开发、生态环境恶化等问题日益凸显。这些问题不仅制约经济进一步发展，而且危害人类健康。联合国第六期《全球环境展望》报告提出警示，除非我们大幅度加大环境保护力度，否则到 21 世纪中叶，亚洲、中东和非洲的城市和地区，数百万人有可能过早死亡。《国务院关于印发"十三五"生态环境保护规划的通知》指出："经济社会发展不平衡、不协调、不可持续的问题仍然突出，多阶段、多领域、多类型生态环境问题交织，生态环境与人民群众需求和期待差距较大，提高环境质量，加强生态环境综合治理，加快补齐生态环境短板，是当前核心任务。"作为环境保护的主要调控手段之一，环境保护税早已在欧洲国家得到广泛使用。在吸收他国经验、结合我国国情的基础上，2016 年 12 月 25 日，十二届全国人大常委会第二十五次会议表决通过了《中华人民共和国环境保护税法》，并于 2018 年 1 月 1 日起施行。

对于环保税的减排效果评价，国内外学者的研究结论不尽相同。Brown 和 Johnson（1984）的研究表明，作为减排政策引入的德国排污费制度，没有充分发挥减少污染排放的作用。Reinhardt（1999）指出，加大环境治理力度、提高排污价格总额会降低企业的排污强度。王德高和陈思霞（2009）基于 1986～2007 年的时间序列数据进行实证检验，对排污费政策取向进行研究，发现排污费对我国企业的排污行为起到了明显的抑制作用，并且该作用在一段时间内会继续扩大。秦昌波等（2015）使用GREAT-E 模型分析环境税改革后不同税率水平对宏观经济、污染减排、收入水平、产业结构、贸易结构和要素需求的影响，发现较高税率的环境税能够较大幅度地减少污染物的排放，有利于产业结构优化调整，使重污染行业受到抑制，而清洁产业反而加快发展。汤凤林、赵攸（2018）通过分析环保税开征对企业的影响，发现其虽然引起企业的环保成本增加、纳税申报难度加大，但同时也为环保产业赢得了发展机遇，促进排污企业实现企业转型升级，顺应环保产业发展新趋势。现有对环保税的研究大多着眼于制度探讨、企业对策方面，对于开征环境税对节能减排实际效应和作用机制的实证分析较少，这些问题的解答对于中国未来环保税的完善和调整具有重要的实践意义和参考价值。

因此，本文将主要试图解决以下三个问题：①征收环保税对减少污染排放、保护环境的作用效果如何？②环保税对于减排的作用机制是怎样的？③可以从哪些方面来完善环保税征收制度？基于这些问题，本文选取 2008 ~ 2015 年全国各省份的排污费数据，建立面板数据模型，检验环境保护税（排污费）政策的减排效果，并以环保投资作为中介变量，研究环保投资对环保税减排效果的中介效应，反映环保税的作用机制，进一步提出对完善环保税的建议。

二　文献综述

（一）环保税的起源与理论发展

关于环境税的相关研究最早来源于福利经济学家庇古（Pigou，1920）。庇古在其《福利经济学》中提出采用税收手段可将环境污染带来的外部性问题转化为排污者排污的内部成本，即"庇古税"和"污染者付费"思想。诺德豪斯、托宾（Nordhaus & Tobin，1972）认为，绿色 GNP 思想不仅可以促进经济增长，而且能通过税收和其他手段保护环境这种公共产品。兰德尔（1989）通过外部效应模型分析了环境污染问题，认为税收能有效解决环境资源利用问题，减少污染。塞尼卡和陶西格（1986）提出保护环境质量，应采取税收的方法减少污染物的排放，实现可持续发展。

从 1990 年之后，我国才有学者开始了对绿色税收的研究。沈满洪（1997）提到了环境保护税，他提出我们应该考虑综合运用各种手段，同时还要利用各种优势及有利的背景因素来解决环境问题，这就是要让税收这一经济手段发挥作用来减少环境污染。王克强等（2005）对我国现有的环境保护的法律规定进行分析得出，依靠这些法律规定已经不能解决我国现阶段生态环境污染严重的问题，所以不能仅仅依靠传统的手段，我们应该积极采取新的手段来解决环境污染问题，就此提到了采取税收手段来化解环境污染问题。

随着经济发展，完善环保税的必要性日益凸显。安体富和龚辉文（1999）通过研究发达国家的"绿化税制"，指出我国应完善环保税收措施，主要对税收优惠政策提出了相关建议，并且提到了将排污费改为排污税的优越性。计金标（2000）在其出版的《生态税收论》中，对国外一些国家征收环境保护税的立法实践和相关理论基础进行了分析，借鉴相关经验结合我国环境污染和经济发展现状提出了在我国开征环境保护税的具体设计与运用。张雪兰、何德旭（2008）则是通过对国外提出的"双重红利"的理论进行深入的探讨分析，提出在我国建立绿色税制体系，并对此提出了相关的建议。

对于环保税在中国是否适用的问题，张秀梅（2010）主要从我国经济发展和生态环境的现状进行分析，指出了我国各方面的条件已经适合开征环境保护税，还借鉴国外相关的启示经验对我国征收环境保护税提出了相关建议。此外，学者郭蕾研究了我国开征环境保护税可能会遇到的困难，以及开征新税种会对当时的经济发展产生哪些积极和消极的影响。李振京等（2012）则是对国外发达国家的经济发展和征收环境保护税的特点进行了研究，并明确地分析了我国的发展现状，提出了我国征收环境保护税具体设计方面的一些建议。

（二）环保税的设计与制度探讨

在环保税实施前，我国实行排污费征收管理制度，但存在人为因素较大、在控制污染方面缺乏效力的问题（Shibli & Markandya，1995）。伍世安（2007）认为我国的排污收费制度虽减缓了环境恶化的速度，但仍存在一些问题，如排污费标准偏低，排污费不能足额征缴、使用不规范，多部门重复收费等，因而未遏制环境恶化的程度。同时，在财政分权过程中，个别地方官员为了获得晋升而引发税收竞争，导致税收在解决环境外部性问题时失效，环境恶化程度反而加剧（Li & Zhou，2005）。

沈田华等（2011）研究认为环境税的实施在中长期内会产生"技术革新效应"，进而扩大环境税的整体经济福利效应。司言武（2010）用一般均衡方法分析环境税"双重红利"存在的理论假设条件，认为环境税"双重红利"假说并不成立，最优环境税率的确定应高于庇古税率水平的观点是错误的。高萍（2011）则是通过对我国经济发展现状进行研究，提出我国开征环境保护税时机还不成熟，应该先开征排污税来度过过渡期。

在环保税的征收设计上，王金霞、尹小平（2011）从各个方面对我国的经济发展现状进行了分析，探讨了我国环境保护税的税率设计、税种设计、征收范围等，为我国开征环境保护税提供了依据。王惠忠（1995）、陈诗一（2011）对环境保护税的税率进行了深入研究，不仅对不同时期的税率进行了设计，还分析了不同的税率对治理环境污染的不同效果。李慧玲（2003）则是提出了完善我国的绿色税制体系的一些建议，认为我国应该首先针对排污费做出改革，实行费改税。此外，还提出了一些具体的税制设计建议，比如扩大征税范围、提高税率等能够适应我国费改税的改革需要。王金南等（2009）则是对环境保护税的税目进行了分析，得出了我国环境税税目的设置方式，此外还分析了环境保护税的征管模式，对我国环保部门和税务部门的环境保护税征管模式提出了三种建议，分别就不同征管模式的影响进行分析，指出我国的环境保护税的征收应该逐步推进。

（三）环保税的实施与影响效果

对于环保税对环境的影响，很多学者从政府政策的角度进行研究。Cumberland（1980）分析了税收竞争与环境污染之间的关系。他认为，地方政府为了提高经济业绩，可能会通过放松环境监管来降低商业企业的社会成本，从而导致地方政府之间出现"趋劣竞争"。Chirinko 和 Wilson（2008）的研究则发现，地方政府针对不同类型的污染会采取不同的污染治理策略，即类似"玩跷跷板"。Wang 和 Wheeler（2005）对中国排污费减排效果的研究结果表明，排污费能显著减少企业的大气污染和水污染排放。

环保税制度不仅影响环境，而且对经济发展等各方面产生影响。李洪心和付伯颖（2004）运用 CGE 模型模拟分析了环境税改革对生产、消费和政府收入产生的影响。李升（2011）主要从经济学角度进行了研究，即分析了开征环境保护税以后，我国经济发展的各方面会有怎样的影响，这些分析对国家以后征收环境保护税的各个环节的设置都给出了指导。吕志华等（2012）主要是针对环境保护税的具体设计包括征税对象、税率设计等，分析了征收环保税与我国经济发展的影响之间的关系。秦昌波等（2015）通过用 GREAT-E 模型论证了国家征收环境保护税会对社会产生的影响，包括经济市场需求的变化、环保节能、国际经济与贸易等很多方面，全面阐述了征收环境保护税与经济发展之间的关系，为我国征收环境保护税提供了理论依据。薛华龙等（2014）则结合我国当前的关于环境保护的税费情况综合分析了征收环境保护税会给我国经济发展的各方面带来的影响。

在实证研究方面，我国学者也对环保税进行了不同角度的探索。李建军和刘元生（2015）以工业"三废"为例，实证分析了我国有关环境税费的污染减排效应，研究发现排污费的征收没有减少工业"三废"排放，相反还引起了工业"三废"排放量的增加。刘晔和张训常（2018）采用 2003～2015 年省际面板数据，考察了排污费在污染减排方面的有效性，以及排污费的减排效应是否存在区域差异性。研究发现，提高二氧化硫排污费征收标准能够显著降低工业二氧化硫的排放，排污收费制度对于抑制我国污染排放确实起到了重要作用。卢洪友等（2018）基于 2005～2014 年中国省级以下排污费征收标准的改革实践，检验环境保护重点城市排污费征收标准变化对工业污染排放的影响。结果表明，要实现环境保护税的政策目标，必须配套相应的命令控制型环境政策工具，并保证地方政府严格执行环境保护税政策，阶段性、差异化和高强度地提高环境保护税标准将是未来环境保护税改革的方向。

上述文献从不同角度对环境税收政策与环境污染之间的关系进行了研

究，并得出了一些有意义的结论。但是，实证研究大多侧重于环保税的减排效果，对于税收对减排的作用路径没有详细说明，本文将对环保税的作用机制进行实证分析，以进一步研究环保税的实施效果。

三 研究设计

（一）模型设计

本文重点研究环保税的减排效应以及环保投资在环保税与污染排放之间的中介效应，并参考逐步法建立回归模型。但是，环保税、环保投资与污染排放三者之间可能存在两两互为因果的关系，进而产生内生性问题。因此，使用简单的面板回归模型的估计结果可能会存在偏误。对此，本文选择面板固定效应模型加工具变量的方法来估计环保税、环保投资与污染排放三者间的相互影响关系。同时，本文选择滞后一期的内生变量和全部外生变量作为工具变量进行估计，以尽量避免内生性对回归结果造成偏误。

为了检验环保税的减排效果，以及环保投资在环保税与污染排放二者之间的中介作用，本文借鉴 Baron 和 Kenny（1986）的逐步检验回归系数方法（逐步法），构建了环保税、环保投资和污染排放量之间的中介效应模型，具体的路径模型为：

$$Poll = \alpha_0 + \alpha_1 Tax + \alpha_2 Pron + \varepsilon \qquad (1)$$

$$Invest = \beta_0 + \beta_1 Tax + \beta_2 Pron + \varphi \qquad (2)$$

$$Poll = \delta_0 + \delta_1 Tax + \delta_2 Invest + \delta_3 Pron + \omega \qquad (3)$$

其中，$Poll$ 为污染物排放量，包括工业废水排放量、工业废气（以 SO_2 为代表）排放量和工业固体废弃物排放量，Tax 为环境保护税（用排污费替代），$Pron$ 为工业产值。参考现有关于逐步法的研究，本文认为环保投资在环保税与污染排放之间是否存在中介效应主要取决于路径（1）、（2）和（3）中各估计系数的显著性：如果路径（1）中的估计系数 α_1、路径（2）中的估计系数 β_1 和路径（3）中的估计系数 δ_2 都显著，则说明环保投资在环保税与污染排放之间存在中介效应；进一步，如果路径（3）

中的估计系数 δ_1 不显著，则说明环保税对污染排放的直接效应不明显，但环保投资在环保税和污染排放之间的中介效应是完全的。

（二）变量选择

污染物排放量（*Poll*）。本文使用各地区的工业废水排放量、工业废气（以 SO_2 为代表）排放量和工业固体废弃物排放量来表示污染排放。废水、废气、固体废物统称为工业"三废"。防治"三废"污染是保护环境的重要途径之一，选取这三项指标为污染物的代表具有合理性。

环保税（*Tax*）。由于我国环保税是 2018 年起实行的，相关数据还未公布，所以本文根据数据的可得性，使用排污费代替环保税。由于排污费改环保税是按照"税负平移"的原则，所以用排污费替代环保税是合理的。

环保投资（*Invest*）。根据环保投资的统计口径（王亚菲，2011；张平淡、谭玥宁、贾鑫，2012；张平淡、韩晶、杜雯翠，2013；高明、黄清煌，2015），环保投资可细分为城市环境基础设施建设投资、工业污染源治理投资和建设项目"三同时"环保投资，本文以工业污染源治理投资为代表进行研究。

控制变量。通常污染物排放量与工业产值高度相关，因此，用工业产值（*Pron*）表示工业对排放量的影响（见表1）。

表 1　变量选取与释义

	变量名	变量注释	单位
被解释变量	*Poll_1*	SO_2 排放量	万吨
	Poll_2	废水排放量	万吨
	Poll_3	固体废物排放量	吨
解释变量	*Tax*	排污费额	万元
中介变量	*Invest*	环保投资	万元
控制变量	*Pron*	工业产值	亿元

（三）数据来源与描述性统计

本文研究样本来自中国 31 个省份（不包括香港、澳门、台湾），时间跨度为 2008～2015 年，所有数据均来自相应年份的《中国环境年鉴》。其中，个别数据存在缺失，对此本文采用插值法进行补全。

表2为所有变量的描述性统计结果。由表2可知，所有变量的方差都很大，说明各地区的工业产值、污染排放量和排污费额存在显著差别。各地区的环保投资情况同样存在较大差异，最大值为1416464万元，而最小值仅为0。这一方面是因为不同地区可能会面临不同的环境问题和挑战，所以相应的环保投入需求也存在差异；另一方面是因为地方政府的财政规模对环保投资的影响重大，所以财政困难地区可能缺乏必要的环保投资能力。

表2 描述性统计 ($N = 248$)

变量	均值	标准差	最小值	最大值
Tax	62083.75	51639.51	709	256034
Poll_1	596086.4	371444.7	956	1628647
Poll_2	71804.39	62115.93	353	263760
Poll_3	113826.3	294940.5	0	2323858
Invest	199521.6	189058.6	0	1416464
Pron	11117.5	11377.84	19.8	73120.6

四 实证分析

（一）模型选择

由于本文利用面板数据建模，需要为回归方程在"固定效应模型"和"随机效应模型"之间选择最优模型。选择的依据是计算Hausman检验统计量。表3显示三个模型Hausman检验值分别为101.90、91.59和4.37，对应的P值分别为0.0000、0.0000和0.3588。这说明Poll_1模型和Poll_2模型在5%的显著性水平下拒绝了"$H_0: u_i$与所有解释变量不相关"的原假设，应选择固定效应模型。Poll_3模型在5%的显著性水平下接受了"$H_0: u_i$与所有解释变量不相关"的原假设，应选择随机效应模型。

表 3 Hausman 检验结果

解释变量	Poll_1 模型		Poll_2 模型		Poll_3 模型	
	b－B	b－B 的标准差	b－B	b－B 的标准差	b－B	b－B 的标准差
Tax	－ 0.18428	0.01949	－ 0.176361	0.0232124	－ 0.7354132	0.3944709
Invest	－ 0.0062153	0.0028732	－ 0.0015053	0.0035298	－ 0.1275015	0.0606018
Pron	－ 0.0778107	0.0127408	－ 0.1219874	0.0153002	0.039689	0.1021995
常数项	2.731841	0.2445233	2.976193	0.3035213	9.988037	4.510302
Hausman 检验值	101.90		91.59		4.37	
P 值	0.0000		0.0000		0.3588	

（二）回归结果分析

由于三个模型的排污费作为解释变量具有内生性，选取排污费滞后一期为工具变量。确定 Poll_1、Poll_2 选择固定效应模型，Poll_3 选择随机效应模型，运用面板工具变量法进行参数估计和检验，结果见表 4。

表 4 中介效应分析

模型	变量	路径（1）：总体效应检验	路径（2）：中介因子检验	路径（3）：中介效应检验	中介效应判定
Poll_1	*Tax*	－ 0.2269984 **	0.84462536 **	－ 0.17992823 *	部分中介效应
	Invest			－ 0.05572905 *	
	Pron	0.06557695	0.48467283 **	0.0925873 *	
Poll_2	*Tax*	0.01799444	0.84462536 **	0.04879044	无中介效应
	Invest			－ 0.03646114	
	Pron	－ 0.09769273 *	0.48467283 **	－ 0.08002101	
Poll_3	*Tax*	0.16894213	0.52996505 ***	0.23015142 *	无中介效应
	Invest			－ 0.07873814 **	
	Pron	0.1072815	0.3656361 ***	0.14364316 *	

注：*、** 和 *** 分别表示估计系数在 10%、5% 和 1% 的水平下显著，常数项回归结果略。

从表 4 可以看出，在路径（1）中，环保税（*Tax*）对 SO_2（Poll_1）排放量的估计系数显著为负，环保税（*Tax*）对废水、固体废物排放量

（Poll_2、Poll_3）的估计系数为正且不显著，由于未通过路径（1）的总体效应检验，所以环保税（Tax）对废水、固体废物排放量（Poll_2、Poll_3）不存在明显的抑制作用。在路径（2）中，环保税（Tax）对环保投资（Invest）的估计系数都为正且显著。在路径（3）中，环保税（Tax）对SO$_2$排放量（Poll_1）的估计系数显著为负。由此可以判定，环保投资（Invest）在环保税（Tax）与SO$_2$排放（Poll_1）之间存在部分中介效应，即环保税的征收能够通过促进政府增加环保投资的途径来控制SO$_2$排放。但在样本期内环保税对废水和固体废物的减排效果并不显著。

造成这种结果的原因可能在于不同污染物排放的处理方式有差异，废水有集中处理和直接排放两种主要方式，集中处理的废水不征收排污费，而是另外收取处理费用，所以这部分费用难以在本文的模型中体现。对于固体废物也有多种处理方式，例如贮存和综合利用等，本文只选取了排放量数据，没有考虑其他形式的减排。但对于本文主要研究的减排效应和中介作用来说，这个结果仍有参考价值。

综合来说，环保税的作用更多地体现在治理层面，主要是通过提高成本来迫使企业推动技术升级或是减少产量，以减少污染排放，但是难以从根本上实现治污减排。类似研究也认为，中国的排污费征收是一种超标排污收费，而不是对所有的污染排放均收费，这不是一种动机收费，只是一种惩罚性的消极手段，因而减排效果有限。而且，将环境执法与环境立法统筹起来考虑的效果或许会更好，如包群等（2013）认为环境执法在环境立法的监管效果中发挥着关键作用。

中国自1979年起就确立了排污费制度，在2015年征收排污费173亿元，其缴费户数为28万户。但从现实政策的执行效果来看，排污费征收并没有取得预期效果。对一些企业而言，缴过费或交过税后似乎就可以肆意排污，这在很大程度上是因为这些经济措施并没有从根本上内化成企业成本，或者是没有从实质上推动企业转变环保行为。

（三）稳健性检验

为保证研究结果的稳健性，本文进行了以下稳健性检验。一是控制经济周期。为了避免经济周期性波动可能带来的不利影响，比如失业率攀升、企业生产萎缩、关停企业增多等，通过控制经济周期，排除第二产业的衰退可能带来的工业企业排污的减少。二是控制年月固定效应。目前我国环境政策多元化，影响减排的政策并不只限于环境保护税，为确保本文的检验结果是环境保护税政策起作用，不被其他环境保护政策掣肘，本文控制了年月固定效应。稳健性检验结果与上述结论基本一致，征收排污费（环保税）可以抑制 SO_2 排放量，但对废水和固体废物排放量的抑制效果不明显。

五 结论与建议

（一）研究结论

本文探讨了中国环保税的减排效应，梳理了环保税、环保投资和污染排放的关系，并利用 2008～2015 年中国 31 个省份（港、澳、台除外）的面板数据，通过中介效应模型检验了环保税对污染排放的影响，以及环保投资在二者之间的中介效应，最后得出三个主要结论。第一，环保税的实施有助于减少 SO_2 排放量，而对废水、固体废物排放量的减排效果并不显著。第二，环保投资在环保税与 SO_2 排放量之间发挥了中介作用。第三，加强环境立法有利于扩大环保投资，特别是促进企业增加环保投资，所以环保税要与环境立法相结合才能取得理想的效果。

本文的实证研究发现，从总体上看，排污费征收的减排效果并不显著，这与已有类似研究的结果一致（李建军、刘元生，2015）。排污费征收对不同污染物的影响存在异质性，因而变量表征指标的选择便决定了系数显著性的检验。而且，排污费征收往往是在污染发生之后，是倒逼、扭转排污者环保行为的一种经济手段，如果强度不够、指向不准，自然达不到预期的减排效果。在 2018 年征收环保税、实行税费平移之后，同样的挑战或许仍会存在。

（二）政策建议

在政策层面，优化环境保护税政策的建议有以下几点。首先，为了促进环境成本内部化，建议提高环保税收费标准，由于排污收费标准偏低，远低于污染治理成本，很多企业宁愿缴纳排污费也不愿意治理污染，通过提高环保税收费标准，达到提高排污成本、促进环境成本内部化的目标。其次，对企业从事环境友好型商品和服务的生产与原料消耗，用于减排节能、环境保护的投资、研发和其他重要支出，给予充分有效的多形式减免税优惠措施；对于企业生产销售或消费者购买节能减排、环境友好型商品与服务设定较低的商品税的税率，通过与其他税收政策的配合，鼓励绿色环保产业发展。再次，可以借鉴企业所得税中对国家认定的高新技术企业适用低税率的做法，对环保（工业"三废"排放、能源消耗、产品环保性等）水平达到规定标准的企业，设定相对较低的企业所得税税率，最大限度发挥激励性税收措施在节能减排和环境保护中的作用。最后，应该注意的是，在我国企业宏观税负已相对较高的情况下，通过环境税收制度促进节能减排、环境保护，并不是简单地以环境保护税之名对企业征税，而是应在稳定企业宏观税负的基础上，降低企业其他税负（企业所得税、增值税等），优化环境相关税种设计，通过相关税种具体设计中的激励性与限制性措施，引导和促进企业改变生产内容特性和生产方式。

我国现行环保税未能达到期望的政策效果，其原因除了环境相关税费制度设计本身外，还在于我国企业的技术及行业结构、生产方式、竞争方式和生存环境等。从整体上看，我国企业税负成本高、融资成本高、劳动力成本日益提高、市场竞争程度高、其他隐性运营成本高，企业技术及管理水平低、规模化集约化生产程度低、企业所处国际价值链分工层次低、应对经营风险和市场风险的能力低。在企业整体内在竞争力不强、外在营商环境有待优化的情况下，要实现企业低污染的环境友好型发展，除优化有关环境税收制度外，政府层面还需要：一方面，切实改变以经济增长为中心的政绩观和发展观，坚持经济、社会和环境相协调的可持续发展，注重经济社会环境综合绩效和居民满意度，规范政府行为，提供良好的公共产品和服务，为企业发展创造良好的外部条件和营商环境；另一方面，强化企业环境准入标准、污染排放标准等，并硬化环境相关监督检查、违规处罚和问责，通过严格的法律规章制度及其充分有效的落实来促进节能减排和环境保护。

参考文献

阿兰·兰德尔，1989，《资源经济学：从经济学角度对自然资源和环境政策的探讨》，施以正译，商务印书馆。

安体富、龚辉文，1999，《可持续发展与环境税收政策》，《涉外税务》第 12 期。

包群、邵敏、杨大利，2013，《环境管制抑制了污染排放吗?》，《经济研究》第 12 期。

陈诗一，2011，《边际减排成本与中国环境税改革》，《中国社会科学》第 3 期。

高明、黄清煌，2015，《环保投资与工业污染减排关系的进一步检验——基于治理投资结构的门槛效应分析》，《经济管理》第 2 期。

高萍，2011，《对我国开征环境税的探讨》，《涉外税务》第 8 期。

计金标，2000，《生态税收论》，中国税务出版社。

李洪心、付伯颖，2004，《对环境税的一般均衡分析与应用模式探讨》，《中国人口·资源与环境》第 3 期。

李慧玲，2003，《我国环境税收体系的重构》，《法商研究》第 2 期。

李建军、刘元生，2015，《中国有关环境税费的污染减排效应实证研究》，《中国人口·资源与环境》第 25 卷第 8 期。

李升，2011，《我国环境税改革的制度风险》，《经济研究参考》第 54 期。

李振京、沈宏、刘炜杰，2012，《英国环境税税收制度及启示》，《宏观经济管理》第 3 期。

刘晔、张训常，2018，《环境保护税的减排效应及区域差异性分析》，《税务研究》第 20 期。

卢洪友、刘啟明、祁毓，2018，《中国环境保护税的污染减排效应再研究——基于排污费征收标准变化的视角》，《中国地质大学学报》（社会科学版）第 5 期。

吕志华、郝睿、葛玉萍，2012，《环境税、税制设计与经济增长关系的研究述评》，《经济体制改革》第 5 期。

秦昌波、王金南、葛察忠、高树婷、刘倩倩，2015，《征收环境税对经济和污染排放的影响》，《中国人口·资源与环境》第 25 卷第 1 期。

沈满洪，1997，《论环境经济手段》，《经济研究》第 10 期。

沈田华、彭珏、龚晓丽，2011，《环境税经济效应分析的再扩展》，《财经科学》第 12 期。

司言武，2010，《环境税经济效应研究：一个趋于全面分析框架的尝试》，《财贸经济》第 10 期。

汤凤林、赵攸，2018，《环保税开征对企业的影响及应对策略》，《财会月刊》第 19 期。

王德高、陈思霞，2009，《排污费政策取向：基于相关数据的实证分析》，《学习与实践》第 5 期。

王惠忠，1995，《开征环境保护税的设想》，《财经研究》第 2 期。

王金南、葛察忠、高树婷、严刚、董战峰，2009，《中国独立型环境税方案设计研究》，《中国人口·资源与环境》第 19 卷第 2 期。

王金霞、尹小平，2011，《对环境税征税对象的探讨》，《税务研究》第 7 期。

王克强、樊喜斌、郑策，2005，《论中国的环境税——税收手段治理环境》，《绿色中国》第 2 期。

王亚菲，2011，《公共财政环保投入对环境污染的影响分析》，《财政研究》第 2 期。

伍世安，2007，《改革和完善我国排污收费制度的探讨》，《财贸经济》第 8 期。

薛华龙、宋守浩、刘振奇，2014，《环境税的经济效应分析》，《中外企业家》第 5 期。

约瑟夫·J. 塞尼卡、迈克尔·K. 陶西格，1986，《环境经济学》，广西人民出版社。

张平淡、韩晶、杜雯翠，2013，《工业 COD 排放强度的技术效应分析》，《中国人口·资源与环境》第 4 期。

张平淡、谭玥宁、贾鑫，2012，《环保投资对就业规模和结构的影响》，《管理现代化》第 5 期。

张秀梅，2010，《我国实施环境税的可行性及建议》，《会计之友》（下旬刊）第 9 期。

张雪兰、何德旭，2008，《双重红利效应之争及对我国绿色税制改革的政策启示》，《财政研究》第 3 期。

Baron, M., & Kenny, A. 1986. "The Moderator-mediator Variable Distinction in Social Psychological Research: Conceptual, Strategic, and Statistical Considerations." *Journal of Personality & Social Psychology*, 51 (6): 1173 – 1182.

Brown, G., & Johnson, R. 1984. "Pollution Control by Effluent Charges: It Works in the Federal Republic of Germany, Why not in the U.S." *Natural Resources Journal*, 24 (4): 929.

Chirinko, R. S., & Wilson, D. J. 2008. "State Investment Tax Incentives: A Zero-sum Game?" *Journal of Public Economics*, 92 (12): 2362 – 2384.

Cumberland, J. H. 1980. "Efficiency and Equity in Interregional Environmental Management." *Review of Regional Studies*, 10 (2): 1 – 9.

Li, H., & Zhou, L. A. 2005. "Political Turnover and Economic Performance: The Incentive Role of Personnel Control in China." *Journal of Public Economics*, 89 (9 – 10): 1743 – 1762.

Nordhaus, W. D. , & Tobin, J. 1972. "Is Growth Obsolete?" *Chapter in NBER Book Economic Research: Retrospect and Prospect*, Volume 5, Economic Growth: 1 – 80.

Pigou, A. C. 1920. *The Economics of Welfare.* London: Macmillan.

Reinhardt, F. L. 1999. "Bringing the Environment Down to Earth." *Harvard Business Review*, 77 (4): 149.

Shibli, A. , & Markandya, A. 1995. "Industrial Pollution Control Policies in Asia: How Successful are the Strategies?" *Asian Journal of Environmental Management*, 3 (2): 87 – 118.

Wang, H. , & Wheeler, D. 2005. "Financial Incentives and Endogenous Enforcement in China's Pollution Levy System." *Journal of Environmental Economics and Management*, 49 (1): 174 – 196.

城市规模与二氧化碳排放关系实证研究

——基于中国市级面板数据

一　背景介绍

为了应对全球气候变暖及其他环境问题，联合国气候变化框架公约参加国于 1997 年在日本京都签订了《京都议定书》，提出了碳排放权的概念。至此，碳排放权作为一种有价值的资产，得到各国重视，节能减排被赋予重要意义。作为人类碳排放集中的区域，城市是实现减排目标的主要单元之一。因此，了解城市规模和碳排放量之间的关系，对从城市规划的角度来减少碳排放具有重大意义。

改革开放以来，我国的城市规模发生了重大变化，具体表现为全国城镇化率的提高，从 1978 年的 17.92% 提高到 2014 年的 54.77%，年均增长率约为 9.8%，以及"发展极"的出现：北京、上海、广州、深圳等一线城市在人口和城市用地等方面规模迅速增加，而中西部地区的部分城市则出现人口流失。以黑龙江省为例，依据全国人口抽样调查数据，2017 年黑龙江省人口流失 8.98 万人。其中，伊春、大兴安岭、大庆等 9 个城市人口流失问题异常突出①。而在北京，仅从 2008 年至 2010 年间，外来人口增长 23.07%，总量增加 239.4 万人（汤苍松，2015）。从政策方面来看，近年来各城市放宽高端人才落户政策，并积极规划"卫星城"。外来人口流入填补了人口自然增长率下降带来的人口缺口，新城区的规划也使城镇化率提升，具体表现为城区面积扩大，建设用地增加。以扬州为例，从 1995

---

① 参见《全国资源型城市可持续发展规划（2013—2020 年）》。

年到 2015 年，扬州建设用地扩张明显，面积累计增加了 351.1 平方千米，扩张速度和强度呈现先增加后减小的趋势，其中 2005～2010 年最高（车通等，2019）。

那么城市化率的迅速提升和"发展极"现象的出现是否对碳排放起到了加剧作用？究竟何种城市规模能够实现环境经济协调发展的最优解？部分研究结果表明，城市化与碳排放之间呈现倒 U 形关系，即在人口城市化的初期会促进二氧化碳的排放，但城市化水平的提高则会抑制二氧化碳排放（Martínez-Zarzoso & Maruotti, 2011；王芳、周兴，2012；杜立民，2010）。部分学者研究了城市化与碳排放之间的关系，发现二者存在双向或单向的因果关系（陈迅、吴兵，2014）。但现有文献大多仅从人口数量或人口密度的单一维度对城镇化和碳排放效应之间的关系进行实证检验，且用于实证检验的数据大多来自省级或国家级样本。从人口、地级市城市面积、经济发展多维度综合衡量城市规模和人均碳排放之间关系的研究以及综合考虑环境保护和经济效益的研究较少。因此，本文尝试解决以下三个问题：①城市规模和人均碳排放量之间是否存在线性回归关系？②修建地铁等公共交通设施是否有利于减少城市碳排放？③提出怎样的政策建议来进一步促进城市的碳排放治理？本文将得出从减少人均碳排放角度出发的最佳城市规模，作为政府扩大城市规模、建设新城区以及卫星城"握手"决策的参考。

二 文献综述

关于城市规模和碳排放之间关系的研究主要集中于城市人口、城市经济增长和城市空间结构三个方面。

（一）城市人口与碳排放

城市人口因素包括人口规模和人口结构，是导致二氧化碳排放量增加的主要因素（Sanglimsuwa, 2012；O'Neil et al. , 2012；Jorgenson & Clark, 2013；Ahmad, 2013）。在人口规模方面，蔡博峰和王金南（2015）的研究通过建立长三角地区 1 千米二氧化碳排放空间网格数据，探究长三角地区二氧化碳排放特征，发现随着城市规模的增加，城市二氧化碳排放效率呈下降趋势。低于 100 万人口的城市，其人均排放水平波动很大，说明城市处于发展阶段，尚不成熟；当人口规模超过 100 万人，城市人均排放水平基本都稳定在 10 吨以下，而且城市之间差异较小。易艳春等（2018）利用中国 108 个地级市 2003～2015 年的面板数据对产业集聚、城市人口规模与二氧化碳排放进行实证研究，发现"随着城市人口规模的扩张，产业集聚引起碳减排的效果是递减的，低碳约束下的最优城市人口规模为中等城市和人口少于 500 万人的大城市"。Fragkias 等（2013）基于幂法则研究了美国城市地区人口与二氧化碳排放的关系，结论认为大城市的二氧化碳排放效率并不比小城市高；而 Marcotullio 等（2013）的研究也认为城市污染排放的增长速度要快于人口的增长速度。在人口结构方面，田成诗等（2015）对人口年龄结构进行细化，基于扩展的随机 STIRPAT 模型考察了人口年龄结构对碳排放的影响，结果表明，人口年龄结构对碳排放影响显著，不同年龄人口对碳排放影响程度不同，其中 30～44 岁人口对碳排放的影响最大。进一步地，马晓钰等（2013）使用静态与动态模型分析家庭规模对碳排放的影响，研究结果显示，较大的家庭规模对碳排放有抑制作用。

（二）经济增长与碳排放

对于经济增长与碳排放之间的关系研究主要是基于环境库兹涅茨曲线，大量研究表明经济增长与碳排放之间呈倒 U 形曲线关系，即在经济增长的初期，重工业的发展导致能源的需求量增加，碳排放随之增加，当经济发展到一定阶段以后，经济继续增长会减少碳排放（Grossman & Krueger，1991）。我国近期的研究证实了这一理论的真实存在性。例如，陈占明等（2018）根据 STIRPAT 模型，对全国 287 个地级及以上城市 2005 年的相关变量取自然对数后进行 OLS 回归，发现存在人均 GDP 与碳排放之间的倒 U 形关系，即随着人均 GDP 的增加，各城市碳排放会逐渐出现拐点。但是由于预设函数、时期跨度存在差异等，即使是对同一个国家，不同研究关于拐点的确切位置所得出的结论也存在明显的差异。例如，彭水军、包群（2006）的研究认为我国倒 U 形的转折点高于 24650 元/人，而赵明玲

（2015）的研究认为二氧化碳排放的拐点发生在实际 GDP 为 992157 亿元左右。

（三）城市空间结构与碳排放

随着世界各国的城市化率不断提高，大型城市、特大型城市陆续形成，同时城市拥堵、环境污染和温室效应等情况愈加明显，特大城市、特大型城市所带来的大城市病逐渐显现。国内外学者开始关注城市土地利用低碳管理的问题，其中从低碳发展的角度入手，探讨城市土地利用优化问题是一个重要的方向。在研究过程中有的学者侧重于数据分析和模型构建，例如，易艳春等（2019）通过研究全国上百个地级市在近 10 年间的数据得出，我国过半数的城市在城市化不断深入时，能源和土地利用碳排放也会不断增加，这一研究将城市化问题、土地利用问题和城市低碳发展融为一体。王桂新和武俊奎（2012）的研究表明城市化可以体现为城市土地的扩张，对于碳排放而言，产业经济集聚可以形成"反弹效应"和"节能效应"，并且当城市土地扩张到不同程度时，效应大小会发生变化。也有学者通过情景分析法，模拟了美国城市的 6 种发展模式，通过研究不同模式下交通碳排放的变化，得出紧凑型城市的碳减排的预估潜力值可以达到 15%，这为城市低碳发展模式提供了参考（Hankey & Marshall，2010）。

总的来说，之前的研究充分讨论了城市规模与碳排放之间的关系，但研究内容和方法仍有不足。首先，国内外综合考虑经济、城市用地、人口结构因素对碳排放影响的研究较少。其次，在面板数据的研究中未能依据不同地区经济发展水平加以分类，没有考虑到不同地域在人口基数等方面的差异。因此，本文重点关注地区的分类，探讨城市规模与人均碳排放之间的关系。

三　方法与数据

（一）多元回归模型

首先，考虑到城市规模对城市人均碳排放的影响，将城市规模分解为面积、人口和经济水平三个维度，各自用一个自变量表示。其次，引入一个虚拟变量，即是否有轨道交通来反映城市的综合规模水平。多元回归模型如下：

$$\ln tpf_{it} = \beta_0 + \beta_1 \ln mg_{it} + \beta_2 \ln pop_{it} + \beta_3 \ln gdp_{it} + \beta_4 dt_{it} + \beta_5 \ln pave_{it} + \beta_6 \ln bus_{it} + \varepsilon_{it} \qquad (1)$$

其中，β_0 表示反映城市之间差异的常数项，ε 表示残差。Rosa 和 Dietz（2003）提出了随机 IPAT 等式，并将其模型称为 STIRPAT，认为人口、人均 GDP 和技术水平是影响环境的三大主要因素。Grossman 和 Krueger（1991）也提出污染排放分解公式，认为规模、技术和结构是影响环境的三大主要因素。因此，本文的自变量包括：人口规模（$\ln pop$）、经济规模（$\ln gdp$），以及新引入的城市空间规模（$\ln mg$）和轨道交通的有无（dt）。考虑到公共交通队城市碳排放的影响，本文将单位市辖区人口拥有公共汽车数（$\ln bus$）、城市人均铺装道路面积（$\ln pave$）作为控制变量。

（二）主要指标解释

（1）人均 CO_2 排放量（tpf）。由于 90% 以上的碳排放来自煤炭、石油、天然气等化石能源消耗，所以可以根据化石能源消耗量及 CO_2 转换因子来估算城市碳排放量，计算公式如下：

$$tpf = CO_2 / pop = \left[\sum e \times cf \times cc \times cof \times (44 \div 12) \right] \div pop \qquad (2)$$

式（2）中，CO_2 指估算的化石能源消耗的 CO_2 排放。E 是能源消费数据，目前城市层面的能源消费数据尚无专门的机构进行统计，主要散布于以下两种数据源中：一是各城市原料煤、燃料煤、燃料油数据，来源于《中国环境年鉴》；二是各城市天然气、人工煤气、液化石油气消费量，来源于中经网统计数据库。cf 是各种能源的净发热值，cc 是碳排放系数，cof 是碳氧化因子。44 是 CO_2 分子量，12 是碳原子量，（$44 \div 12$）指碳原子质量转换为 CO_2 分子质量的系数。本文估算 CO_2 排放量的折算系数与碳排放系数见表 1。

表 1　碳排放估算系数

能源	折标煤系数	CO_2 排放系数
燃料煤	0.714kgce/kg	1.98kg – CO_2/kg
原料煤	0.9000kgce/kg	2.495kg – CO_2/kg

续表

能源	折标煤系数	CO_2 排放系数
燃料油	1.429kgce/kg	3.239kg – CO_2/kg
煤气（人工气、天然气）	5.714kgce/m³	0.743kg – CO_2/m³
液化石油气	1.714kgce/kg	3.169kg – CO_2/kg

注：kgce 为标准煤消耗能源量，kg – CO_2 为标准 CO_2 排放量。

（2）城市经济发展水平。用该城市当年的地区生产总值（gdp）除以当年的城市居民消费价格指数（1978 年 = 100）表示城市经济发展水平。

（3）城市人口。用该城市当年的年末总人口（pop）反映当年的人口规模。

（4）城市空间规模。用该城市当年的市辖区建成区面积（mg）反映该城市空间规模的大小。

（5）基础设施。基础设施水平影响城镇碳排放。本文采用单位市辖区人口拥有公共汽车数（bus）、城市人均铺装道路面积（$pave$）来衡量基础设施水平。每万人拥有的公共汽车数量越多，意味着城市公共交通系统越发达，从而替代和减少部分私家车出行，实现节能减排。人均铺装道路面积越大，表明城市公路交通越发达，郊区化水平可能越高。将过多的土地用于道路交通，可能导致城市"摊大饼"式的郊区化蔓延，造成过多的交通碳排放以及乡村工业化。

（6）城市经济、面积及人口综合水平。城市是否有轨道交通反映了城市的经济水平和面积、人口水平。经济体量越大，人口越多，城市面积越大，越有必要进行轨道交通建设。因此，一个城市是否有轨道交通综合反映城市规模。dt 作为虚拟变量反映城市是否有地铁。1 表示是，0 表示否。

（三）数据来源及计算

本文选取的样本区间为 2005～2014 年全国 114 个地级市的相关数据。由于 2011 年前后反映城市能源消耗量的指标发生了变化，为了保证数据的连贯性，故 2011 年以后，用焦炭消耗量和其他燃料消耗量（万吨标煤）的加总替代原有的原料煤消耗量，数据来源于历年《中国环境年鉴》。各地区年末总人口、生产总值、单位市辖区人口拥有公共汽车数和城市人均铺装道路面积的历年数据均来自中经网统计数据库，其中地区生产总值换算为实际值（基年为1978年）；各地区市辖区建成区面积、供气（人工、天然气）总量、液化石油气供气总量来自历年《中国城市年鉴》；虚拟变量数据来自中国城市轨道交通网。

四　实证结果

（一）人均碳排放

本文选择天津、荆州及金昌分别作为中国东部、中部和西部城市的代表。通过数据可以发现，我国东、中、西部地区普遍呈现人均碳排放逐年增加的趋势（见图1）。

图1　2005～2014年天津、金昌及荆州人均碳排放

资料来源：根据《中国城市统计年鉴》《中国环境年鉴》整理所得。

（二）城市面积

我国东部的经济发达城市、中西部的省会城市在2005～2014年迅速建成新城区，建成区面积扩张速度快。武汉、苏州和西安10年间城市面积扩张1倍以上，远高于城镇人口的增长速度（见图2）。

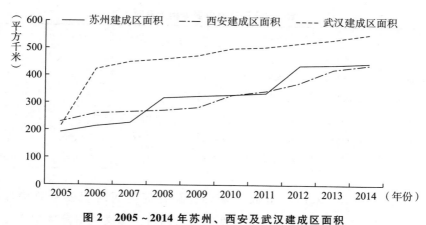

图2　2005～2014年苏州、西安及武汉建成区面积

资料来源：根据《中国城市统计年鉴》《中国环境年鉴》整理所得。

（三）实证分析及结果

为了判定各解释变量之间是否存在多重共线性问题，需要计算各变量之间的相关系数，结果如表2所示。

表2　自变量相关系数

	lnpop	lngdp	lnmg	ln$pave$	lnbus	dt
lnpop	1.0000					
lngdp	0.8881	1.0000				
lnmg	0.8446	0.9323	1.0000			
ln$pave$	0.0319	0.3429	0.4113	1.0000		
lnbus	0.2764	0.5398	0.5525	0.5486	1.0000	
dt	0.5744	0.6311	0.6192	0.1774	0.3691	1.0000

如表2所示，关键变量 lnpop、lngdp 和 lnmg 之间的相关系数在0.8以上。因此，本文的原有模型中存在严重的多重共线性问题。为解决这一问题，本文将采取整合解释变量的方法，采用相对数变量。对表示实际人均GDP的新增变量 $pgdp$ 取对数得到 ln$pgdp$ 作为解释变量，对表示人均建成区面积的新增变量 pmg 取对数得到 lnpmg 作为解释变量，得到新的相关系数表（见表3）。

表 3　修正后的自变量相关系数

	ln*pop*	ln*pgdp*	ln*pmg*	ln*pave*	ln*bus*	*dt*
ln*pop*	1.0000					
ln*pgdp*	0.2521	1.0000				
ln*pmg*	−0.0941	0.6891	1.0000			
ln*pave*	0.0319	0.7018	0.6768	1.0000		
ln*bus*	0.2764	0.6473	0.6127	0.5486	1.0000	
dt	0.5744	0.3874	0.2085	0.1774	0.3691	1.0000

由表 3 所示，采用相对数变量后各解释变量间的相关系数均低于 0.71，因此不存在严重的多重共线性问题。同时，本文将对除虚拟变量外的所有变量取自然对数以达到降低方差的目的，从根源上缓解异方差对模型的干扰，因此回归结果较为可靠。

经过对于短面板数据的豪斯曼检验和最小二乘虚拟变量（LSDV）法检验，本文认为应该使用固定效应模型而非随机效应模型或混合回归模型。98 个城市的样本回归结果如表 4 所示。

调整后的回归模型如下：

$$\ln tpf = \beta_0 + \beta_1 \ln pop_{it} + \beta_2 \ln pgdp_{it} + \beta_3 \ln pmg_{it} + \beta_4 \ln pave_{it} + \beta_5 \ln bus_{it} + \beta_6 dt_{it} + \varepsilon \qquad (3)$$

表 4　样本回归结果

解释变量	模型（1）	模型（2）	模型（3）	模型（4）	模型（5）	模型（6）	模型（7）
ln*pop*	−0.204 *** (−6.31)	−0.264 *** (−8.67)	−0.275 *** (−8.03)	−0.275 *** (−8.04)	−0.267 *** (−7.64)	−0.256 *** (−7.29)	
ln*pgdp*		0.172 *** (11.92)	0.181 *** (9.04)	0.173 *** (7.71)	0.167 *** (7.22)	0.173 *** (7.49)	
ln*pmg*			−0.023 (−0.71)	−0.030 (0.375)	−0.028 (−0.84)	−0.025 (−0.73)	
ln*pave*				0.023 (0.90)	0.017 (0.63)	0.017 (0.026)	0.122 *** (5.49)
ln*bus*					0.026 (1.15)	0.026 (1.15)	0.092 *** (4.07)
dt						0.082 *** (−2.69)	−0.075 ** (−2.36)

续表

解释变量	模型（1）	模型（2）	模型（3）	模型（4）	模型（5）	模型（6）	模型（7）
常数项	2.185*** (13.38)	1.709*** (10.91)	1.717*** (10.93)	1.703*** (10.78)	1.650*** (10.04)	1.571*** (9.44)	0.675*** (12.4)
R^2	0.043	0.176	0.319	0.178	0.179	0.186	0.085
F	39.76*** (0.00)	94.17 (0.00)	137.19 (0.00)	47.39 (0.00)	38.06 (0.00)	33.15 (0.00)	27.23 (0.00)
模型	固定效应	固定效应	固定效应	固定效应	固定效应	固定效应	固定效应
城市数量	98	98	98	98	98	98	98

注：***、**、*分别代表1%、5%、10%的显著性水平；系数值括号里为 t 值，被解释变量均为 $\ln tpf$。

从模型（1）至模型（6）的回归结果可以发现，总人口数量都在1%的显著性水平下为负，回归系数在 -0.28 ~ -0.20，即城市总人口数量提高10%时，城市人均碳排放下降2.0% ~ 2.8%。这表明城市人口数量的增加对城市人均碳排放起到负向作用，即人口规模大的城市有较小的人均碳排放。其次，在模型（2）至模型（6）中，衡量城市经济发展水平的实际人均 GDP 的变量 $\ln pgdp$ 的回归系数均显著为正，这意味着随着经济发展水平的提升，城市人均碳排放增加。这一点与我国的实际状况相符。我国正处于库兹涅茨倒 U 形曲线的左侧，城市经济发展水平、人民生活水平的提高带来人均能源消耗的增加是合理的。再次，从模型（3）至模型（6）可以看出代表城市人均建成区面积的变量 $\ln pmg$ 的回归系数在10%的显著性水平下不显著。这说明城市人均建成区面积的增加对人均碳排放的影响不显著。单位市辖区人口拥有公共汽车数（$\ln bus$）、城市人均铺装道路面积（$\ln pave$）作为控制变量，其回归系数没有意义。但引入控制变量能够更准确地衡量除去公共交通便利程度的影响，以及城市规模对城市人均碳排放的作用。引入单位市辖区人口拥有公共汽车数（$\ln bus$）、城市人均铺装道路面积（$\ln pave$）作为控制变量，可以发现，城市经济发展水平对城市人均碳排放的正向作用减弱，以及城市总人口对城市人均碳排放的负向作用减弱。最后，引入地铁作为衡量城市公共交通的变量，由模型（6）可以发现，地铁在1%的显著性水平下为正，回归系数约为0.082。说明地铁的运营效率偏低，作为公共交通设施利用率总体偏低，不能显著减少城市人均碳排放。另外，将地铁作为衡量城市综合规模的变量，由模型（7）可以发现，反映城市有无地铁的虚拟变量在5%的显著性水平下为负，说明地铁在总体上能够减少城市碳排放。同时，也必须考虑到地铁对人均碳排放的影响在各个城市不同。地铁的规划不仅考虑到城市规模的因素，还有城市政治地位、地形等其他因素的考量。例如，一些东部城市规模较大，但非省会城市，财政支持的力度不够，因此修建地铁的时间晚于中西部地区的部分总体规模较小的省会城市。同时，各个城市地铁运营效率的差异较大，可能导致地铁节能减排的效果不同的地区存在偏差。

将城市是否有地铁作为城市规模的衡量因素，本文将样本分为有地铁的19座大型城市和目前还没有地铁的79座中小型城市。将两组样本分别进行回归之后可以发现，反映城市人均建成区面积的变量 lnpmg 在1%的显著性水平下为正（见表5）。

表5 分类样本统计结果

解释变量	模型（8）	模型（9）	模型（10）
lnpmg	0.077 ***	0.202 ***	0.215 ***
	（3.35）	（4.14）	（7.78）
常数项	0.777 ***	0.887 ***	1.255 ***
	（6.88）	（107.42）	（186.67）
R^2	0.026	0.092	0.079
F	11.23	17.16	60.50
	（0.0008）	（0.0001）	（0.00）
模型	固定效应	固定效应	固定效应
城市数量	98	19	79

注：*** 、** 、* 分别代表1%、5%、10%的显著性水平。

从模型（9）和模型（10）的回归结果中可以发现，当城市人均建成区面积提高10%时，城镇人均碳排放上升2%左右，说明城市扩张对于节能减排是不利的。这种情况在我国急速扩张的新城区可以得到广泛验证。例如，新规划的住宅区、商务区等新城区往往离主城区较远，且学校、商店等配套便利设施的完善需要较长的时间。这种情况下迁居于新城区的居民和商户往往需要频繁往返于新城区和主城区之间。因此，城市扩张增加了居民的通勤距离，从而对于碳排放的增加起到加剧的作用。此外，模型（10）中 $\ln pmg$ 的回归系数大于模型（9）中 $\ln pmg$ 的回归系数，说明在无地铁情况下的城市人均建成区面积增加对二氧化碳排放的正向作用更强烈。因此，建立紧凑型城市，完善轨道交通，对于节能减排具有重要的意义。

五 结论与讨论

本文通过对 98 个地级及地级以上城市 2005～2014 年 10 年间的城市样本数据进行回归分析后得到以下结论：第一，城市人口规模对城市人均碳排放具有显著的负向作用；第二，城市经济发展对城市人均碳排放有正向作用；第三，城市人均建成区面积的增加对城市人均碳排放具有正向作用；第四，总体来说，地铁的修建能够提高交通效率，促进低碳城市的发展；第五，我国城市化的进程普遍伴随城市空间的过度延伸，城市人均建成区面积的增加远远大于城市人口的增加。

关于中国城市化过程中普遍出现的"摊大饼"式扩张问题，有研究认为原因是政府对土地财政收入的需求（王桂新、武俊奎，2012）。然而，王元京（2006）的研究指出，空间的节约能够实现能源的最大节约。因此，地方政府应当减少土地财政收入需求与城市扩张的关联效应，提高城市空间的利用效率，实现城市空间结构的优化，提高城市单位土地的人口承载量。与英、美等发达国家不同，中国在过去 40 年经历了城市化和工业化的巨大浪潮。当第一代城市化进程结束时，对于中国来说，挑战将是结束最初的扩张模式，重塑城市的发展模式，让人们在可持续发展的低碳城市中更好地工作和生活。具体来说，我国要实现高质量的城市化，需要调整城市政策，寻求建立紧凑型城市即密度更高的城市，为居民提供高质量的交通设施、市政服务和更多的公共空间。[1] 此外，政府应当注重城市功能区规划，鼓励土地立体化利用，实现城市功能区模块化发展、城市集约

---

[1] 《中国应寻求建立"紧凑型城市"》，http://www.xinhuanet.com//globe/2018 - 04/06/c_137087450.htm，最后访问日期：2019 年 5 月 22 日。

化紧凑型扩张。正在经历第二代城市化的西方国家能够为我国的新型城市化提供参考。目前，西方城市发展有两种模式：一种是以欧盟为代表的紧凑型模式，在有限的城市空间布置较高密度的产业和人口，节约城市建设用地，提高土地的配置效率；另一种是以美国为代表的松散型模式，人口密度偏低，但消耗的能源要比紧凑型模式多很多。[①] 借鉴欧盟的紧凑型城市化模式不仅能够减轻城市内部的能源消耗问题，也能够在城市近郊留下更多的农用土地和发展空间。

因此，根据本文的研究，提出以下政策建议。第一，规划新城区后，政府应当迅速建立完善的配套设施，包括医院、学校、大型超市等，避免迁入新城区的居民频繁往返于主城区和新城区之间，造成长距离通勤带来的碳排放。第二，在人口、空间规模较大的城市发展完善的公共交通，减少私家车的使用带来的石油消耗，提高交通效率，减少拥堵带来的碳排放。第三，政府修建地铁等大规模的公共设施应当首先考虑建成后的运营效率，优先规划对公共交通需求量较大的地区的轨道交通建设。第四，政府应适当控制城镇化的速度，提高城镇化的质量，着力推进以人为本的城镇化体系，遏制城市的无序蔓延，增强城市综合发展实力，减少城镇化过程中的碳排放。第五，充分发挥政府的宏观调控作用，引导投资方向。严格控制高污染行业的准入，改变以 GDP 为核心的地方政府考核机制，倡导绿色经济增长方式，减少单位 GDP 产出的碳排放量。

参考文献

蔡博峰、王金南，2015，《长江三角洲地区城市二氧化碳排放特征研究》，《中国人口·资源与环境》第 25 卷第 10 期。

车通、罗云建、李成，2019，《扬州城市建设用地扩张的时空演变特征及其驱动机制》，《生态学杂志》第 38 卷第 6 期。

陈迅、吴兵，2014，《经济增长、城镇化与碳排放关系实证研究——基于中国、美国的

---

① 《建设部副部长：我国城市化发展不能沿用美国模式》，http://qingdaonews.com/content/2006-06/16/content_7076867.htm，最后访问日期：2019 年 5 月 22 日。

经验》,《经济问题探索》第 1 期。

陈占明等,2018,《中国地级以上城市二氧化碳排放的影响因素分析:基于扩展的
    STIRPAT 模型》,《中国人口·资源与环境》第 28 卷第 10 期。

杜立民,2010,《我国二氧化碳排放的影响因素:基于省级面板数据的研究》,《南方经
    济》第 11 期。

马晓钰、李强谊、郭莹莹,2013,《我国人口因素对二氧化碳排放的影响——基于
    STIRPAT 模型的分析》,《人口与经济》第 1 期。

彭水军、包群,2006,《经济增长与环境污染——环境库兹涅茨曲线假说的中国检验》,
    《财经问题研究》第 8 期。

汤苍松,2015,《中国超大城市外来人口流入与空间分布研究》,博士学位论文,天津
    大学。

田成诗、郝艳、李文静、曲本亮,2015,《中国人口年龄结构对碳排放的影响》,《资源
    科学》第 37 卷第 12 期。

王芳、周兴,2012,《人口结构、城镇化与碳排放——基于跨国面板数据的实证研究》,
    《中国人口科学》第 2 期。

王桂新、武俊奎,2012,《城市规模与空间结构对碳排放的影响》,《城市发展研究》
    第 3 期。

王元京,2006,《走"空间节约"之路——不同资源配置、能源消耗模式的差异给我们
    的启示》,《经济理论与经济管理》第 12 期。

易艳春、高爽、关卫军,2019,《产业集聚、城市人口规模与二氧化碳排放》,《西北人
    口》第 1 期。

易艳春、马思思、关卫军,2018,《紧凑的城市是低碳的吗?》,《城市规划》第 5 期。

赵明玲,2015,《中国碳排放库兹涅茨曲线实证研究》,硕士学位论文,华中科技大学。

Ahmad, N. 2013. "CO$_2$ Emissions, Population and Industrial Growth Linkages in Selected
    South Asian Countries: A Co-integration Analysis." *World Applied Sciences Journal*, 21
    (4): 615 – 622.

Fragkias, M., Lobo, J., Strumsky, D., & Seto, K. 2013. "Does Size Matter Scaling of
    CO$_2$ Emissions and US Urban Areas." *Plos One*, 8 (6): e64727.

Grossman, G. M., & Krueger, A. B. 1991. "Environmental Impacts of a North American Free
    Trade Agreement." *The National Bureau of Economic Research*, No. 3914.

Hankey, S., & Marshall, J. 2010. "Impacts of Urban form on Future US Passenger-vehicle
    greenhouse Gas Emissions." *Energy Policy*, 38 (9): 4880 – 4887.

Jorgenson, A., & Clark, B. 2013. "The Relationship between National-level Carbon Dioxide

Emissions and Population Size: An Assessment of Regional and Temporal Variation, 1960 – 2005. " *Plos One*, 8 (2): 57 – 107.

Marcotullio, P. , Sarzynski, A. , Albrecht, J. , Schulz, N. , & Garcia, J. 2013. " The Geography of Global Urban Greenhouse Gas Emissions: An Exploratory Analysis. " *Climatic Change*, 121 (4): 621 – 634.

Martínez-Zarzoso, I. , & Maruotti, A. 2011. "The Impact of Urbanization on CO$_2$ Emissions: Evidence from Developing Countries. " *Ecological Economics*, 70 (7): 1344 – 1353.

O'Neil, B. C. , Liddle, B. , Jiang, L. , Smith, K. R. , Pachauri, S. , Dalton, M. , & Fuchs, R. 2012. " Demographic Change and Carbon Dioxide Emissions. " *The Lancet*, 380 (9387): 157 – 164.

Rosa, E. , & Dietz, T. 2003. "STIRPAT, IPAT and ImPACT: Analytic Tools for Unpacking the Driving Forces of Environmental Impacts. " *Ecological Economics*, 46 (3): 351 – 365.

Sanglimsuwa, K. 2012. "The Impact of Population Pressure on Carbon Dioxide Emissions: Evidence from a Panel-econometric Analysis. " *International Research Journal of Finance and Economics*, 82: 84 – 94.

FDI 对碳排放的影响途径研究

——基于中国省级数据的联立方程模型

一　背景介绍

近年来，伴随经济全球化的快速发展以及"一带一路"等政策的实施，我国市场规模巨大、劳动力资源丰富，凭借这些优势吸引了大量外商直接投资（Foreign Direct Investment，FDI）。商务部统计数据显示，中国实际利用外资从 1983 年的 9.2 亿美元增长到 2018 年的 1349.7 亿美元，创历史新高。[①] 目前中国已经成为一个外商直接投资的东道国和对外贸易国。吸引和使用外资的规模与程度是表征一国综合国力的重要维度，也是实现经济高质量增长的途径。

与此同时，温室气体的排放特别是 CO_2 引发的气候变暖成为全球人民热议的话题。依据世界银行的统计数据，中国已经超过美国成为世界上 CO_2 排放量最高的国家。据全球碳项目（Global Carbon Project，GCP）统计，2018 年我国的碳排放总量占世界总量的 27%。我国现行的经济结构、经济增长方式、环境保护力度以及日趋自由化的国际资本流动都与碳排放量的急剧增长密不可分。随着人类对环境污染、气候变化等问题的日渐重视，我国对大力发展低碳型经济、实现可持续发展的意识提到了新的高度。作为世界上最大的发展中国家，我国积极参与全球环境治理，促成《巴黎协定》以及《联合国气候变化框架公约》等签署。习近平总书记屡

---

① 《2018 年 1 - 12 月全国吸收外商直接投资快讯》，http://www. mofcom. gov. cn/article/tongjiziliao/v/201901/20190102832209. shtml，最后访问日期：2019 年 5 月 21 日。

次强调，"金山银山不如绿水青山"，发展低碳经济是我国将来经济发展的必经之路。

我国快速发展的经济有多少是以牺牲环境为代价的？外商投资规模的不断扩张在为经济增长带来强大动力的同时是否也恶化了生态环境？综观已有文献，探讨 FDI 和环境之间关系的文章有很多。一方面，大量研究在衡量环境污染时主要选用二氧化硫排放量、工业粉尘排放量、工业烟尘排放量等指标，未能对接现今全世界热议的温室效应主题；另一方面，很多学者主要研究 FDI 和碳排放之间的相关性或单方向的影响，且少有研究从不同角度研究 FDI 对于碳排放的作用。基于已有研究并结合哥本哈根世界气候大会对碳排放的重视，本文选用我国 30 个省份作为研究对象，通过估算 2005～2016 年省级层面的碳排放数据，从经济规模、产业结构、技术进步、环境管制四个方面实证研究 FDI 对碳排放的影响效应，提出促进经济增长与生态环境不断优化同步进行的政策建议，同时为其他地区提供参考。

二　文献综述

（一）FDI 与环境污染的关系

有关 FDI 与碳排放关系的研究可以追溯到 FDI 与环境污染关系的研究。FDI 在促进东道国经济发展的同时，是否也对其环境产生了一些影响，综观已有文献，长时间以来学术圈形成了两种不同的观点。一种观点认为 FDI 对东道国环境的改善起到了促进作用。Grey 和 Brank（2002）提出了"污染光环效应"，研究表明跨国企业广泛开设和推广全球控制（TNCs），在对外投资时外溢先进绿色技术和高效环境管理体系，为东道国企业采用相似的管理技术提供了学习机会，从而对环境发展起到正面作用。许和连和邓玉萍（2012）认为，FDI 有利于改善我国的环境，因为 FDI 倾向于利用较为先进的技术和污染排放系统，其对区域产业机构优化和升级作用有助于降低单位产出的资源消耗量和污染排放量。另一种观念则表示 FDI 加重了东道国的环境污染，即"污染天堂"假说。Baumol 和 Oates（1988）

的研究指出发展中国家往往注重经济增长而疏忽了环境保护，其主动降低环保标准来吸引外商直接投资，导致其成为污染型跨国公司的"避难所"。龚梦琪和刘海云（2018）利用中国 34 个工业行业 2004～2015 年的数据，采用差分 GMM 和系统 GMM 方法研究发现，FDI 增加了中国工业的污染排放量。另外，陈凌佳（2008）、张成（2011）以及刘飞宇、赵爱清（2016）等相关学者从不同角度对我国的 FDI 和环境污染的关系进行探究，在一定程度上证实了我国存在"污染天堂"。

（二）FDI 与碳排放的关系

近年来，随着低碳经济的推广，很多人将研究重点转移到了 FDI 对碳排放的影响上。从现有研究来看，成果基本分为两类：FDI 的碳排放正向效应和负向效应。

FDI 的碳排放正向效应是指 FDI 的大规模流入减少东道国的碳排放量，提升其环境质量。Merican 等（2007）经过研究 1970～2001 年泰国、菲律宾、新加坡和印尼等东南亚五国的相关数据，实证检验 FDI 对东道国碳排放量的影响，其结果显示 FDI 能够减少碳排放量。Perkins 和 Neumayer（2012）研究了 1982～2005 年 77 个国家和地区，发现 FDI 通过提高东道国的碳排放技术来减少碳排放量。宋德勇、易艳春（2011）选用我国 1978～2008 年的 FDI 和碳排放数据进行回归分析，发现 FDI 通过技术溢出效应促使碳排放减少，对环境起到改善作用。熊彬和王梦娇（2017）运用元回归分析探究 FDI 对我国碳排放的影响，结果表明技术含量高的 FDI 有利于降低我国碳排放强度，因此中国应加大对高质量 FDI 项目的引进力度。周杰琦和汪同三（2017）认为 FDI 有利于碳排放绩效的提高，因为其对环境积极的技术效应、规模效应抵消了消极的结构效应与要素市场扭曲效应。

FDI 的碳排放负向效应则是指 FDI 的大量流入主要集中在污染密集型的第二产业，在迅速扩大东道国的经济规模时，也加剧了污染物和碳排放量。Grimes 和 Kentor（2003）认为东道国宽松的环境管制力度会使 FDI 对碳排放产生负面影响。Jorgenson（2007）通过研究 39 个国家 1975～2000 年的数据，发现 FDI 明显增加了欠发达国家的碳排放量。Acharkyya（2009）构建碳库兹涅茨曲线模型，对 1980～2003 年印度全国各行业的数据进行考察，发现 FDI 在促进当地经济发展的同时，明显增加了碳排放量。国内也有许多学者得出了相似的结论。牛海霞、胡佳雨（2011）选用我国 28 个省份的面板数据，研究发现我国 FDI 与碳排放量呈正相关，即 FDI 增加 1%，人均碳排放量大约增加 0.09%。FDI 通过规模效应显著增加了二氧化碳排放量。在双重环境规制视角下研究 FDI 与碳排放的关系，江心英和赵爽（2019）发现将双重环境规制因素作为门槛变量纳入研究时，除京津沪外，其他地区 FDI 均提高了碳排放强度，这主要与京津沪的功能定位、引资政策和发展阶段等有关。

（三）评述

综上所述，自"污染天堂"假说问世至今，国内外关于 FDI 和碳排放关系的科研成果已非常丰富。FDI 对于东道国的影响是多重的，且这些影响是复杂的、多变的，FDI 到底是加速二氧化碳的排放，还是减少二氧化碳的排放，不同的学者因为研究视角、方法、范围的不同，得到的结论也不同。现有成果主要集中于探究 FDI 和碳排放之间的相关程度以及 FDI 对碳排放单方面的影响，全面考察 FDI 从不同途径对碳排放产生的影响或者碳排放对于经济的影响的研究较少。因此，本文将 FDI 和碳排放量作为内生变量，构造多方程的联立模型，基于 2005～2016 年中国省级层面的数据从经济规模、产业结构、技术进步、环境管制四个方面探讨 FDI 与碳排放的关系。

三　方法与数据

（一）模型构建

He（2006）、李子豪和代迪尔（2011）等人通过构建包含碳排放方程、FDI 方程、规模效应方程、结构效应方程、技术效应方程和管制效应方程的联立方程模型，从上述四个方面探究 FDI 与碳排放之间的关系。因此，本文基于已有研究构建了以下的联立方程模型。

1. 碳排放方程

Crossman 和 Krueger（1991）提出分解效应模型，认为 FDI 通过规模效应（Y）、技术效应（T）和结构效应（S）影响环境。Panayotou（1997）在此研究基础上加入了管制效应（R）。结合本文研究内容，FDI 碳排放总效应方程表示为：

$$\ln TCM_{it} = \beta_{10} + \beta_{11}\ln Y_{it} + \beta_{12}\ln S_{it} + \beta_{13}\ln T_{it} + \beta_{14}\ln R_{it} + \mu_{1it} \tag{1}$$

其中，i 表示省份，t 表示年份，TCM 为碳排放量。

2. 规模效应方程

规模效应是指 FDI 的流入导致东道国经济发展规模发生改变，从而引起碳排放量改变。由传统的 C－D 生产函数可知，在封闭经济中，一个国家或地区的总产出取决于劳动力投入（L）和资本投入（K）；而在开放经济中，一国的资本投入还应计算外国资本 FDI。由 EKC 曲线可知，经济规模与环境之间相互影响，一方面，经济规模的扩张让更多资源要素参与到生产性活动中，增加了碳排放，降低环境质量；另一方面，随着环保力度的加大，更多的资金将用于环境治理，进而影响经济规模，因而引入碳排放量来表示环境因素。规模效应方程为：

$$\ln Y_{it} = \beta_{20} + \beta_{21}\ln L_{it} + \beta_{22}\ln K_{it} + \beta_{23}\ln FDI_{it} + \beta_{24}\ln TCM_{it} + \mu_{2it} \tag{2}$$

3. 结构效应方程

结构效应是指 FDI 的流入会改变东道国的产业结构，进而影响碳排放量。第二产业，尤其是制造业，是二氧化碳排放量最多的行业。同时，统计资料显示，我国超过 50% 的 FDI 进入了第二产业，即 FDI 的不断流入显著提高了第二产业的比重，从而增加了二氧化碳的排放量。要素禀赋、技术水平以及环境管制政策也会影响地区的产业结构。因此，结构效应方程为：

$$\ln S_{it} = \beta_{30} + \beta_{31}\ln KL_{it} + \beta_{32}\ln T_{it} + \beta_{33}\ln FDI_{it} + \beta_{34}\ln R_{it} + \mu_{3it} \tag{3}$$

其中，KL 为资本劳动比。

4. 技术效应方程

技术效应是指 FDI 的流入给东道国带来先进的科学技术，显著提高能源利用效率，从而减少碳排放量。一国生产技术的进步主要包括两个原因：一是本国企业自主创新，通过研发新技术，减少污染排放，缓解生态环境压力；二是跨国公司通过技术溢出或者科研资金输入，带动东道国改进技术，且提高能源利用水平，以改善环境质量。鉴于此，技术效应方程为：

$$\ln T_{it} = \beta_{40} + \beta_{41} \ln RD_{it-1} + \beta_{42} \ln Y_{it} + \beta_{43} \ln FDI_{it-1} + \mu_{4it} \tag{4}$$

其中，RD 为各省份 R & D 内部支出额。

5. 管制效应方程

管制效应是指东道国政府通过制定环保政策或加大管制力度，控制不同地区的 FDI 规模，从而起到减轻环境污染的目的。东道国环境管制力度的强弱大致有两个原因：一是与经济发展有关，经济发展水平越高，对于高质量的环境需求越强烈，环保资金投入量取决于前期的经济规模；二是与该国目前的生态状况有关，即取决于前期污染水平，严峻的环境污染问题将迫使政府加大环境管制力度。因此，管制效应方程为：

$$\ln R_{it} = \beta_{50} + \beta_{51} \ln Y_{it-1} + \beta_{52} \ln TCM_{it-1} + \beta_{53} \ln FDI_{it-1} + \mu_{5it} \tag{5}$$

6. FDI 方程

据传统的外商直接投资区位选择理论，FDI 可分为水平型和垂直型。水平型 FDI 以市场为导向，本文采用滞后一期的经济产出来表示市场容量。市场容量越大，FDI 的流入规模越大；垂直型 FDI 以要素为导向，本文选取工资水平（W）来代表 FDI 的投资成本，劳动力的工资越高，越难吸引外资流入。另外，FDI 的进入受制于地区前期的环境管制力度。因此，管制效应方程为：

$$\ln FDI_{it} = \beta_{60} + \beta_{61} \ln Y_{it-1} + \beta_{62} \ln R_{it-1} + \beta_{63} \ln W_{it} + \mu_{6it} \tag{6}$$

（二）数据来源与变量说明

基于上述模型，综合考虑数据的可获得性，本文选取 2005～2016 年中国省级（除港澳台、西藏地区）层面的数据考察 FDI 对碳排放的影响，原始数据的来源主要有：《中国统计年鉴》、《中国环境统计年鉴》、《中国能源统计年鉴》、《中国科技统计年鉴》以及中经网统计数据库。

碳排放方程中，参考《2006 年 IPCC 国家温室气体清单指南》，选用如下公式计算能源消耗的碳排放量：

$$TCM = \sum C_i = \sum_{i=1}^{8} E_i F_i \tag{7}$$

其中，C_i、E_i、F_i 分别代表第 i 种能源的碳排放量、能源消耗量以及碳排放系数。由于 95% 以上的二氧化碳都来源于化石燃料的燃烧，所以本文选取煤炭、焦炭、原油、汽油、煤油、柴油、燃料油和天然气这八类能源来测定各地区碳排放量，单位为万吨。碳排放系数和标准量转换系数如表 1 所示。

表 1　标准量转换系数与碳排放系数

	煤炭	焦炭	原油	汽油	煤油	柴油	燃料油	天然气
标准量转换系数	0.7143	0.9714	1.4286	1.4714	1.4714	1.4571	1.4286	13.3
碳排放系数	0.7559	0.855	0.5857	0.5538	0.5714	0.5921	0.6185	0.4483

注：前 7 类能源的标准量转换系数的单位为吨标煤/吨，天然气的标准量转换系数的单位为吨标煤/万立方米，碳排放系数的单位为吨碳/吨标煤。

规模效应方程中，选取各省份 GDP 来表示经济规模 Y，为了消除物价因素的影响，以 2005 年的生产总值指数为基期进行平减，单位为亿元；K 表示资本存量，单位为亿元，采用 Goldsmith（1951）的永续盘存法进行计算，公式为：

$$K_t = (1 - \eta)K_{t-1} + I_t \tag{8}$$

式（8）中，η 为折旧率，I 为第 t 年的实际资本投资额。借鉴张军等（2004）的研究成果，I 用固定资产形成额来表示，投资品价格指数采用《中国统计年鉴》中公布的固定资产投资价格指数，折旧率取 9.6%，基期资本存量用基期 10% 的固定资产形成总额作为原始资本存量。L 表示劳动力投入，以各省份年末的就业人数表示，单位为万人。FDI 为外商直接投资额，根据当年度美元对人民币汇率进行换算，单位为百万元。

结构效应方程中，S 表示产业结构，用各省份第二产业产值占 GDP 的比重（第二产业比重）来衡量，单位为%；KL 为要素禀赋，用资本存量与就业人数之比来表示，单位为亿元/万人。技术效应方程中，用能源强度即能源消耗量占各省份 GDP 的比值来表示技术进步，符号为 T，单位为万吨/亿元；选用 R & D 支出额衡量各省份科研投入水平，符号为 RD，单位为万元。管制效应方程中，R 表示地区环境规制水平，借鉴张学刚

（2011）的成果，用各省份环境污染治理投资额来表示，单位为亿元。此外，FDI 方程中的 W 反映平均工资水平，单位为元。

（三）描述性统计

从表 2 中可以看出，各省份碳排放量极差较大，说明各地区的污染情况差异明显，一些省份如北京、上海、浙江等的碳排放量经历了先升后降的变化，说明这些城市正在经历产业结构升级，经济重心逐渐向第三产业转移；从 FDI 的引进规模来看，地区之间的差距也很大，主要表现在东部沿海发达城市 FDI 引进规模较大，而西部地区规模较小。

表 2　变量描述性统计

符号	变量名	样本数	最小值	最大值	平均值	标准差
TCM	碳排放量	360	455.7509	40184.93	10157.58	7186.186
Y	GDP	360	543.32	65415.72	13219.56	11743.02
S	第二产业比重	360	19.2622	61.5	47.0968	7.999013
T	能源强度	360	0.17137	3.944155	1.062424	0.732598
R	污染治理投资额	360	5.3	1416.2	200.2028	186.5639
FDI	外商直接投资额	360	99.30239	225642.8	41821.28	46023.65
L	就业人数	360	42.64	1973.28	485.1327	329.267
K	资本存量	360	3108.4	84084.77	26361.85	18226.37
KL	要素禀赋	360	31.97647	109.7411	55.78336	16.51043
RD	R&D 支出额	360	15950	20351440	2786657	3684784
W	平均工资	360	13688	119935	39625.69	18752.54

四　实证结果

（一）单位根检验

在进行回归分析之前，为了避免出现伪回归的现象，确保结果的准确性和有效性，对面板数据进行单位根检验。由于本文选取的面板是时间维度小于截面维度的短面板，借助 Stata 12.0 采用 IPS 检验和 ADF-Fisher 检验对面板数据各变量的水平序列值和一阶差分序列值进行既有截距项又有趋势项的单位根检验。结果如表 3 所示，变量经一阶差分后都通过检验，即拒绝"存在单位根"的原假设，是平稳序列，可直接进行回归分析。

表 3 单位根检验结果

变量	水平序列值		一阶差分序列值	
	IPS	ADF-Fisher	IPS	ADF-Fisher
$\ln C$	− 3. 7531 *** (0. 0001)	9. 6481 *** (0. 0000)	− 8. 0759 *** (0. 0000)	10. 2466 *** (0. 0000)
$\ln Y$	1. 3402 (0. 9099)	15. 9159 *** (0. 0000)	− 2. 4904 *** (0. 0064)	5. 4458 *** (0. 0000)
$\ln S$	3. 2187 (0. 9994)	2. 3457 *** (0. 0095)	− 4. 8203 *** (0. 0000)	6. 6553 *** (0. 0000)
$\ln T$	− 2. 4944 ** (0. 0063)	1. 2277 (0. 1098)	− 7. 4622 *** (0. 0000)	13. 3619 *** (0. 0000)
$\ln R$	− 1. 0692 (0. 1425)	8. 6265 *** (0. 0000)	− 6. 4297 *** (0. 0000)	12. 3870 *** (0. 0000)
$\ln FDI$	3. 4022 (0. 9997)	7. 0182 *** (0. 0000)	− 6. 4183 *** (0. 0000)	15. 4470 *** (0. 0000)
$\ln L$	1. 1120 (0. 8669)	4. 6745 *** (0. 0000)	− 5. 1484 *** (0. 0000)	7. 5969 *** (0. 0000)
$\ln K$	− 1. 9706 ** (0. 0244)	7. 4810 *** (0. 0000)	− 2. 9182 *** (0. 0018)	13. 7129 *** (0. 0000)
$\ln KL$	1. 0802 (0. 8600)	5. 8142 *** (0. 0000)	− 4. 9753 *** (0. 0000)	8. 0509 *** (0. 0000)
$\ln RD$	− 0. 0271 (0. 4892)	13. 2240 *** (0. 0000)	− 8. 1250 *** (0. 0000)	5. 6056 *** (0. 0000)
$\ln W$	− 0. 3790 (0. 3524)	20. 8067 *** (0. 0000)	− 5. 8787 *** (0. 0000)	9. 6343 *** (0. 0000)

注：括号中的数字代表 p 值，*、**、*** 分别表示在 10% 、5% 、1% 的水平下显著。

（二）计量结果分析

联立方程的估计方法有单方程估计法与系统估计法。前者对联立方程中的每一个方程单独进行估计，而后者将其作为一个整体进行估计。本文采用系统估计法中的"三阶段最小二乘法"即 3SLS，其考虑了不同方程的随机误差项间可能存在的相关性，是最有效率的估计。本文借助 Stata 12.0 进行计量分析，估计结果如表 4 所示。从表 4 中可以看出，大部分变量的回归结果都是显著的，说明变量的选取和方程的构建是合适的，结果可信度较高。根据表 4 的回归结果，计算出各分解效应和总效应的影响系数，结果如表 5 所示。

表 4　联立方程回归结果

方程式变量	碳排放方程 $\ln C$	规模方程 $\ln Y$	结构方程 $\ln S$	技术方程 $\ln T$	管制方程 $\ln R$	FDI 方程 $\ln FDI$
$\ln C$		0.3144*** (0.000)				
$\ln C_{t-1}$					0.3426*** (0.000)	
$\ln Y$	1.0222*** (0.000)			0.3149*** (0.000)		
$\ln Y_{t-1}$					0.6779*** (0.000)	1.9648*** (0.000)
$\ln S$	0.1848*** (0.000)					
$\ln T$	1.0571*** (0.000)		0.2314*** (0.000)			
$\ln R$	-0.0032 (0.614)		0.0207 (0.176)			
$\ln R_{t-1}$						-0.6456*** (0.000)
$\ln FDI$		0.2601*** (0.000)	0.0648*** (0.000)			
$\ln FDI_{t-1}$				-0.2562*** (0.000)	-0.0355 (0.259)	
$\ln L$		0.4723*** (0.000)				
$\ln K$		0.0491 (0.289)				
$\ln KL$			0.1717*** (0.000)			
$\ln RD_{t-1}$				-0.2277*** (0.000)		

方程式 变量	碳排放方 程 lnC	规模方 程 lnY	结构方 程 lnS	技术方 程 lnT	管制方 程 lnR	FDI 方 程 lnFDI
lnW						0.4394 *** (0.000)
常数项	− 1.2661 *** (0.000)	0.4594 ** (0.022)	2.3649 *** (0.000)	2.9964 *** (0.000)	− 3.8971 *** (0.000)	− 9.4410 *** (0.000)
R^2	0.9969	0.9317	0.5714	0.5213	0.7668	0.6957

注：括号中的数字代表 p 值，*、**、*** 分别表示在 10%、5%、1% 的水平下显著。

表 5　FDI 的碳排放分解效应和总效应

效应种类	影响路径	效应大小
规模效应	$E_{FDI \cdot Y} \times E_{Y \cdot C}$	0.2659
结构效应	$(E_{FDI \cdot S} + E_{FDI \cdot T} \times E_{T \cdot S} + E_{FDI \cdot R} \times E_{R \cdot S}) \times E_{S \cdot C}$	0.0001
技术效应	$(E_{FDI \cdot T} + E_{FDI \cdot Y} \times E_{Y \cdot T}) \times E_{T \cdot C}$	− 0.1842
管制效应	$(E_{FDI \cdot R} + E_{FDI \cdot Y} \times E_{Y \cdot R}) \times E_{R \cdot C}$	− 0.0002
总效应		0.0816

总体而言，各省份的经济规模、技术水平和产业结构均与碳排放显著相关。根据各指标系数的符号，经济规模的增加、第二产业的扩张都促进了碳排放。本文中，技术进步是用能源强度衡量的，回归结果表明，随着技术水平的上升，能源强度会下降，抑制二氧化碳的排放，而环境管制对碳排放的影响并不显著。最终总效应为 0.0816，表明 FDI 会促进碳排放，FDI 每增加 1%，碳排放量增加 0.0816%。从图 1 中也可看出，FDI 与碳排放量之间呈现明显的正向关系。每种效应的具体分析如下。

1. 规模效应

实证结果显示，规模方程中 FDI 的流入会使东道国的经济规模显著扩大，FDI 每增加 1%，总产出增加 0.26%。同时产出每增加 1%，会引起碳排放量增加 1.02%。据此，FDI 产生的规模效应为 0.2659，FDI 流入规模的扩大恶化了环境，加剧了二氧化碳的排放。同时，碳排放量每增加 1%，总产出增加 0.31%，表明目前我国仍然是粗放型经济发展模式，以污染环境、大量消耗资源为代价。就业人数和资本存量的增加也促进了产出的增加，但资本存量对产出的影响却不显著，反映我国仍以劳动密集型产业为主导，劳动投入增加使产出增加，能源消耗变多，碳排放量增加。

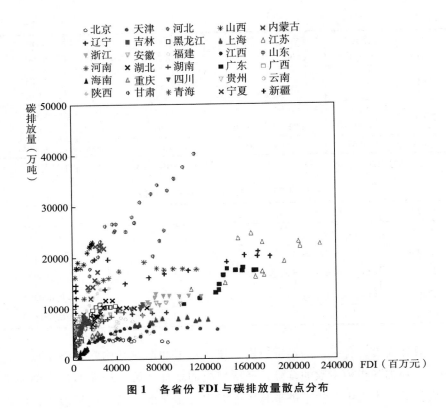

图1　各省份FDI与碳排放量散点分布

2. 结构效应

据上文理论分析可知，FDI可通过引入先进技术、改变要素禀赋以及加大环保力度来改变地区的产业结构。结果表明，FDI与产业结构正向关系显著，FDI每增加1%，第二产业产值占比增长0.06%，FDI通过结构效应对二氧化碳排放产生的直接影响系数为0.012，引进外资没能促成我国产业结构向清洁型方向发展，经济发展在很大程度上仍依靠碳排放量高的第二产业。同时，FDI的结构效应还通过环境管制和技术进步的途径间接影响碳排放，间接的影响系数为−0.0001和−0.011，两者都将改善环境，抑制二氧化碳的排放。但是，总的来说，FDI规模的扩大通过结构效应使碳排放量增加。

3. 技术效应

FDI的技术效应主要通过技术溢出提升一个地区的技术水平，进而降低能耗强度与碳排放量。该效应对碳排放的直接影响系数为−0.2708，其通过经济规模间接影响碳排放的系数为 0.0866，FDI 的技术效应为 - 0.1842。本文用能耗强度来表示技术进步，FDI 每增加 1%，能耗强度降低 0.26%，即 FDI 的进入有助于提高中国的生产技术，缓解能源耗竭的情况。R&D 支出额与能耗强度存在反向关系，通过科研经费的投入提高技术水平和能源利用效率，以此降低碳排放量。

4. 管制效应

在碳排放方程中，环境管制对碳排放量的影响不明显，说明我国的环境管制力度不足，目前还未能有效控制碳排放。原因可能是我国近年来刚提出发展低碳经济、绿色经济的概念，环境管制的效果存在滞后性，尚未表现出来。总的来说，FDI 的管制效应大小为 - 0.0002，尽管系数不显著，但是符号为负，表明管制力度越大，碳排放量越低。在管制效应方程中，FDI 每增加 1%，污染治理投资额降低 0.04%，在一定程度上表明各省份在面对经济发展和环境治理这两大问题时，倾向于选择前者，即降低环保标准，引进更多 FDI，以促进经济增长。此外，总产出的增加使政府有能力去治理污染，碳排放量的增加也将引起环保力度的加大。

五 结论与建议

本文以我国 30 个省份为研究对象，收集 2005 ~ 2016 年的面板数据，构建碳排放的联立方程模型，从经济规模、技术进步、产业结构、环境管制四个方面全面考察 FDI 对碳排放的影响机制。根据实证结果，主要得出以下两点结论。首先，FDI 与碳排放存在正向关系。FDI 对碳排放的整体影响系数为 0.0816，即流入的 FDI 规模每增加 1%，碳排放量就增加 0.0816%，即 FDI 规模的扩大会加剧碳排放，对我国生态环境存在消极影响，证明了我国确实符合 "污染天堂" 假说。其次，FDI 通过规模效应和技术效应加剧碳排放，通过技术效应和环境管制效应减少碳排放，其中技术效应和规模效应起主要作用。除了管制效应不显著之外，其他三种效应均显著，原因可能在于环保治理的时滞性，其效果尚未显现出来。

为了在引进外资的同时促进经济高质量发展，建设美丽中国，本文依据上述结论提出以下几点建议。

第一，重视数量更重视质量。在引进外资时，不能一味地追求其带来的经济飞速增长，也不能为了保护环境而阻止其进入。部分地区为了快速吸引外资，完成经济增长的任务，不断降低外资企业的准入门槛，大量引入化工厂、造纸厂等高污染、高排放量企业，造成严重的环境污染。因此，政府需要践行科学发展观，优化外资引进模式，建立严格而规范的外资引进审核标准，重点考察外资企业的环保制度，加强政策引导和环保审核，可将优惠政策向低碳企业以及高新技术产业倾斜。同时，要加强对现有外资企业的监督，完善相关法律法规，督促其建立科学合理的环保标准，改变当前存在的"污染天堂"现象。

第二，调整 FDI 的产业分布结构。20 世纪 90 年代以来是外资大量涌入的三十年，也恰逢我国工业化飞速发展的阶段，FDI 主要流入了机械制造、金属冶炼等高碳行业。随着我国制造业的转型以及建设美丽中国等概念的提出，应当调整现阶段利用外资的结构。对污染型、能耗密集型外资企业设置更高的准入门槛，积极引导外资更多地进入污染少、能耗低的服务业或新兴科技产业。同时，通过产业间专业和专业内关联效应调整我国的产业结构，转变经济发展形式，淘汰落后产业，努力培育服务业等环境友好、附加值高的第三产业，加快发展现代农业。

第三，引技术、引经验与国内自主创新相结合。本文通过研究发现，技术效应在很大程度上减少了碳排放，改善了环境质量。因此，在引进外资的同时，更要引进外国先进的管理经验和技术，通过技术的溢出效应，提升国内企业的能源利用效率与技术水平。此外，李克强总理提出"大众创业、万众创新"，应大力支持国内企业树立创新意识，一方面，加大在环保方面的科研投入力度，提高清洁生产水平；另一方面，实施创新驱动发展战略，发展技术密集型产业，培育经济发展新动力。

参考文献

陈凌佳，2008，《FDI 环境效应的新检验——基于中国 112 座重点城市的面板数据研究》，《世界经济研究》第 9 期。

龚梦琪、刘海云，2018，《中国工业行业双向 FDI 的环境效应研究》，《中国人口·资源与环境》第 28 卷第 3 期。

江心英、赵爽，2019，《双重环境规制视角下 FDI 是否抑制了碳排放——基于动态系统 GMM 估计和门槛模型的实证研究》，《国际贸易问题》第 3 期。

李子豪、代迪尔，2011，《外商直接投资与中国二氧化碳排放——基于省际经验的实证研究》，《经济问题探索》第 9 期。

刘飞宇、赵爱清，2016，《外商直接投资对城市环境污染的效应检验——基于我国 285 个城市面板数据的实证研究》，《国际贸易问题》第 5 期。

牛海霞、胡佳雨，2011，《FDI 与我国二氧化碳排放相关性实证研究》，《国际贸易问题》第 5 期。

宋德勇、易艳春，2011，《外商直接投资与中国碳排放》，《中国人口·资源与环境》第 21 卷第 1 期。

熊彬、王梦娇，2017，《基于元回归分析的外商直接投资对中国碳排放的影响研究》，《软科学》第 31 卷第 12 期。

许和连、邓玉萍，2012，《外商直接投资导致了中国的环境污染吗？——基于中国省际面板数据的空间计量研究》，《管理世界》第 2 期。

张成，2011，《内资和外资：谁更有利于环境保护——来自我国工业部门面板数据的经验分析》，《国际贸易问题》第 2 期。

张军、吴桂英、张吉鹏，2004，《中国省际物质资本存量估算：1952 – 2000》，《经济研究》第 10 卷第 35 期。

张学刚，2011，《FDI 影响环境的机理与效应——基于中国制造行业的数据研究》，《国际贸易问题》第 6 期。

周杰琦、汪同三，2017，《外商投资、环境监管与环境效率——理论拓展与来自中国的经验证据》，《产业经济研究》第 4 期。

Acharkyya, J. 2009. "FDI, Growth and the Environment: Evidence From India on CO_2 Emission During the Last Two Decades." *Journal of Economic Development*, 34 (1): 43 – 58.

Baumol, W. J., & Oates, W. E. 1988. *The Theory of Environmental Policy*. Cambridge University Press.

Goldsmith, R. W. 1951. "A Perpetual Inventory of National Wealth." *Studies in Income and Wealth*, 14: 5 – 73.

Grey, K., & Brank, D. 2002. "Environmental Issues in Policy-based Competition for Investment: A Literature Review." *Ecological Economics*, 11: 71 – 81.

Grimes, P., & Kentor, J. 2003. "Exporting the Greenhouse: Foreign Capital Penetration and CO? Emissions 1980 – 1996." *Journal of World-systems Research*, 9 (2): 261 – 275.

Grossman, G. M., & Krueger, A. B. 1991. "Environmental Impacts of a North American Free Trade Agreement." *The National Bureau of Economic Research*, No. 3914.

He, J. 2006. "Pollution Haven Hypothesis and Environmental Impacts of Foreign Direct Investment: The Case of Industrial Emission of Sulfur Dioxide (SO_2) in Chinese Provinces." *Ecological Economics*, 60 (1): 228 – 245.

Jorgenson, A. K. 2007. "Does Foreign Investment Harm the Air We Breathe and the Water We Drink? A Cross-national Study of Carbon Dioxide Emissions and Organic Water Pollution in Less-developed Countries, 1975 to 2000." *Organization & Environment*, 20 (2): 137 – 156.

Merican, Y., Yusop, Z., Noor, Z. M., & Hook, L. S. 2007. "Foreign Direct Investment and the Pollution in Five ASEAN Nations." *International Journal of Economics and Management*, 1 (2): 245 – 261.

Panayotou, T. 1997. "Demystifying the Environmental Kuznets Curve: Turning a Black Box into a Policy Tool." *Environment and Development Economics*, 2 (4): 465 – 484.

Perkins, R., & Neumayer, E. 2012. "Do Recipient Country Characteristics Affect International Spillovers of CO_2 Efficiency via Trade and Foreign Direct Investment?" *Climatic Change*, 112 (2): 469 – 491.

第三篇

结构调整

产业集聚对环境污染影响效应的实证关系研究

——基于珠三角地区的面板数据

一 绪论

改革开放以来，我国 GDP 的年均增长率一直保持较高的增速，但粗放型的增长方式带来了巨大的资源消耗和严重的环境污染，资源短缺和环境污染日益成为制约我国经济发展的重要因素。珠三角地区[①]作为对我国经济发展影响较大的区域之一，该地区地域辽阔、资源丰富、人口众多、经济增速较快。截至 2016 年，珠三角地区 9 个地级市的 GDP 总量达到 6.78 万亿元，[②] 约占中国大陆经济总量的 9.83%，仅次于长三角经济圈成为我国第二大区域经济体，同时珠三角地区也是世界知名的加工制造和出口基地，是中国规模最大的高新技术产业带。但是，经济迅速发展、产业高度集聚带来的环境问题也十分突出，环境污染不仅给当地的生产生活带来了很大的影响，也成为制约粤港澳大湾区绿色发展、影响区域经济合作的重要因素。

究其原因，环境污染物导致环境污染加重，而环境污染物主要来自工业活动的排放，除此之外，产业集聚也影响环境污染的治理。对于一个地区而言，产业集聚在推动城市规模扩大和人口集中的过程中，对经济增长和城市环境都会造成一定的影响。地区产业集聚一方面会增加对资源和能

---

① 这里的珠三角地区特指广州、深圳、珠海、佛山、惠州、东莞、江门、中山、肇庆 9 个城市。

② 《2016 年珠三角人均 GDP 达 11.43 万元超过长三角》，http://www.chinanews.com/cj/2017/10 – 11/8350024.shtml，最后访问时间：2019 年 4 月 5 日。

源的消耗，排放更多的污染物；另一方面又会对环境产生正外部性而减少污染排放。这两种不同方向的影响导致了产业集聚对城市环境影响的复杂性。

迄今为止，关于产业集聚对环境污染影响方面的研究，不同学者所持观点有所不同。国外学者（Sun & Xie，2014）认为产业集聚具有负外部效应，会导致生态环境的恶化。但同时国内学者（邵帅等，2016）认为产业集聚有正向的外部效应，会改善环境。也有学者（李勇刚、张鹏，2013）认为在城市规模扩张时，产业集聚程度的提升有助于能源效率的提升，减少碳排放。

那么产业集聚对地区环境的影响机制到底是怎样的呢？考虑到珠三角地区重要的经济地位和完备的产业体系等具有代表性的产业特征，对它的研究不仅能帮助我们更深层地了解这种影响机制，而且对全国的产业环境治理具有很强的指导意义。因此，本文将通过分析珠三角九市 2006～2016 年的面板数据，尝试解决以下问题：①环境污染的主要因素有哪些？②珠三角地区产业集聚的特征是什么？③其产业集聚特征对环境污染的影响机制是怎样的？④如何制定相关的环境政策、产业政策进一步推动珠三角、粤港澳的绿色发展？

二　文献综述

产业集聚在促进经济发展和提高人们生活水平的同时，也带来一系列环境污染问题。产业集聚与环境污染之间的关系成为产业经济学和环境经济学等研究领域持续关注的热点。

（一）产业集聚

随着经济全球化的进程，产业集聚作为提高区域竞争力的重要途径得到了学术界的广泛关注，其研究和实践在全球范围内迅速升温。

对于集聚的研究最早可追溯到经济学家马歇尔，按照他的观点，企业集群的目的在于获得外部规模经济的好处，这种好处包括协同创新的环境、共享辅助性工作服务和专业化劳动力市场。阿尔弗雷德·韦伯（2010）

在《工业区位论》一书中提出了"聚集经济"的概念，他认为集聚可分为两个阶段：第一阶段是企业通过壮大自身规模而产生集聚优势，这是产业集聚的低级阶段；第二阶段是各个企业相互联系，形成组织，实现区域工业化，也就是形成产业集聚的高级阶段。迈克尔·波特（2007）则是从竞争经济学的角度研究产业集聚问题，波特在《国家竞争优势》中提到，产业集聚对于企业竞争是至关重要的，因为凭借集聚优势企业可以享受更加完善的公共服务，同时有利于知识流动以促进企业创新。

产业集聚作为企业集中于特定区域的一种现象，其产生的集聚经济效应对区域的产业发展和城市化进程也发挥着重要的作用。Martin 和 Ottaviano（2001）通过构建经济增长和经济活动的空间集聚间自我强化的模型，证明了空间集聚通过降低创新成本从而促进经济增长的假设。陈建军、胡晨光（2008）以长三角区域 1978～2005 年数据为样本，对产业在既定空间中心的集聚效应进行理论实证分析，研究发现，产业集聚在既定空间集聚产生的自我集聚可以提高集聚区域居民生活水平，促进地区技术进步，增强区域竞争力。

关于产业集聚程度的测算也是研究的重点，目前度量产业集聚程度的方法主要有以下四种：①区位熵指数，如魏肖杰、张敏新（2018）利用区位熵来测度林业产业集聚水平；②DO 指数，如袁海红等（2014）基于北京不同行业的数据，采用 DO 指数测算产业集聚程度；③产业集聚指数，如吴传清、邓明亮（2018）采用产业集聚指数测算高耗能产业动态集聚水平；④E-G 指数，如张姗（2018）基于 E-G 指数的构造，对中国先进制造业产业集聚度进行测算。

（二）产业集聚和环境污染的关系

已有研究认为产业集聚与环境污染之间呈线性关系，但是在产业集聚对环境污染的影响机制上尚未形成统一的结论，在产业集聚对环境污染是正向还是负向作用上，学者们的观点有所不同。

环境污染来源于污染物的排放，而污染物是产业发展的产物，它内生于产业集聚的发展过程。因此，有部分学者认为产业集聚带来的经济增长会对环境产生负外部性。Leeuw 等（2001）收集欧盟 200 多个城市的数据开展实证研究，研究结果表明环境质量的下降与产业集聚水平的提高显著相关。Duc（2007）在分析越南河流水质的基础上，发现河流水污染加重来源于其区域产业集聚发展过程中所排放的工业废水；Sun 和 Xie（2014）认为产业集聚具有负外部效应，会导致生态环境的恶化。

而有的学者认为产业集聚可以改善区域环境质量。李勇刚和张鹏（2013）选取中国 1999～2010 年 31 个省份的面板数据为分析样本，实证研究得出产业集聚有利于降低环境污染程度，产业集聚不是环境污染的原因；杨仁发（2015）通过全要素能源效率即产业集聚程度进行测度，实证研究发现产业集聚有利于改善环境；邵帅等（2016）认为，产业集聚有利于改善环境状况，具有正向环境效应；张可和豆建民（2016）采用空间计量模型分析 2002～2011 年中国 285 个城市的数据，结果显示，工业集聚的污染排放规模效应在一定程度上掩盖了其减排效应，相对分散的工业发展模式、供给集聚更有利于环保。

（三）综合评述

在对现有的文献进行梳理总结的过程中，发现目前的研究虽然对产业集聚对于环境污染的作用进行了深入的研究，但是仍然存在些许的不足。

首先，在研究方法上，目前的文献多数将产业集聚看作一个整体进行测量，并未对其加以细分，没有充分挖掘产业集聚的内部特征对环境污染的影响机制。因此，本文将产业集聚分解为产业集聚规模、产业集聚能力及产业集聚效益，考察其对环境污染的影响机制。

其次，在环境污染程度上，现有研究主要选取工业"三废"中的一个或三个排放物指标衡量环境污染程度，这样所得的结论可能有误差。基于数据的可得性，本文收集工业废水排放量、工业固体废弃物排放量、工业废气排放量以及工业烟尘排放量四种环境污染排放指标，使用熵值法计算环境污染综合指数。

最后，在研究样本上，现有研究多集中于省际面板数据和城市间面板数据，较少对粤港澳的重要组成部分珠三角九市进行分析研究，因此本文尽量搜集珠三角九市的相关数据，力求梳理好珠三角九市产业集聚对环境污染的作用，进而为粤港澳地区的绿色发展提出有益的意见。

三　理论分析

（一）熵值法估计环境综合指数

熵在信息论中是对不确定性的一种度量，通过计算熵值可以判断指标的离散程度，常用于社会经济及可持续评价等研究中。其原理是在由 n 个方案、m 项指标所构成的指标数据库 $X = \{x_{ij}\}_{n \times m}$ 中，数据的离散程度越大，信息熵越小，则提供的信息量和对综合评价产生的影响越大。此外，熵值法对解决评价多指标变量间的信息重叠这一问题有较好的效果。

现有的研究主要是引用工业"三废"中的一个或三个指标来衡量各个地区的环境污染程度。考虑到生态环境作为一个整体，环境的优良在很大程度上受到多种因素的影响，因此，若只利用一两个指标来衡量环境质量，所得结论可能存在一定误差。

综上所述，基于数据可得性，借鉴许和连和邓玉萍的方法，本文将利用工业废水排放量、工业固体废弃物产生量、工业废气排放量以及工业烟尘排放量四种环境污染排放指标，采用熵值法计算构建被解释变量——环境污染综合指数（ETP）。

环境污染综合指数测量如下：各项环境污染排放指标的计量单位并不统一，因此计算前，先进行标准化处理，即把指标的绝对值转化为相对值，并令 $X_{ij} = |X_{ij}|$，从而解决各项不同质指标值的同质化问题。而且，正向指标和负向指标代表的含义不同，因此对高低指标用不同的算法进行数据标准化处理。具体方法如下：

正向指标：

$$X'_{ij} = \frac{x_{ij} - \min\{x_{ij}, \cdots, x_{nj}\}}{\max\{x_{ij}, \cdots, x_{nj}\} - \min\{x_{ij}, \cdots, x_{nj}\}} \tag{1}$$

负向指标：

$$X'_{ij} = \frac{\max\{x_{ij}, \cdots, x_{nj}\} - x_{ij}}{\max\{x_{ij}, \cdots, x_{nj}\} - \min\{x_{ij}, \cdots, x_{nj}\}} \tag{2}$$

X'_{ij} 为第 i 个城市的第 j 项环境指标标准化后的数值。

计算第 j 项指标下第 i 个城市占该指标的比重：

$$p_{ij} = \frac{x'_{ij}}{\sum_{i=1}^{n} x_{ij}} \tag{3}$$

计算第 j 项指标的熵值：

$$e_j = -k \sum_{i=1}^{n} p_{ij} \ln(p_{ij}) \tag{4}$$

其中，$k = \dfrac{1}{\ln(n)} > 0$，满足 $e_j \geqslant 0$。

计算信息熵冗余度：

$$d_j = 1 - e_j \tag{5}$$

计算各项指标的权值：

$$\omega_j = \frac{d_j}{\sum_{j=1}^{m} d_j} \tag{6}$$

最后得出城市环境污染综合指数值：

$$ETP_i = \sum_{j=1}^{m} \omega_j \cdot p_{ij} \tag{7}$$

（二）模型的设定

考虑到多重共线性问题，本文分别建立以下模型：

$$\ln(ETP_{it}) = \alpha_3 + \alpha_3 \ln(SCAL_{it}) + \alpha_3 \ln(INDTS_{it}) + \alpha_3 \ln(OPEN_{it}) + \alpha_4 \ln(URBAN) + \mu_{it} \tag{8}$$

$$\ln(ETP_{it}) = \beta_0 + \beta_1 \ln(CAP_{it}) + \beta_2 \ln(INDTS_{it}) + \beta_3 \ln(OPEN_{it}) + \beta_4 \ln(URBAN) + \mu_{it} \tag{9}$$

$$\ln(ETP_{it}) = \gamma_0 + \gamma_1 \ln(PRO_{it}) + \gamma_2 \ln(INDTS_{it}) + \gamma_3 \ln(OPEN_{it}) + \gamma_4 \ln(URBAN) + \mu_{it} \tag{10}$$

其中，下标 i、t 分别是城市和年份；ETP_{it} 表示环境污染综合指数，$SCAL_{it}$、CAP_{it}、PRO_{it} 分别代表产业集聚规模、产业集聚能力、产业集聚效益；$INDTS_{it}$、$OPEN_{it}$ 为控制变量，分别表示产业结构和对外开放水平；α_i、β_i、γ_i（$i = 0, 1, 2, 3$）表示各变量的系数，μ_{it} 为随机误差项。

目前的多数研究将产业集聚看作一个整体进行测量，并未对其加以细分，没有充分挖掘产业集聚的内部特征对环境污染的影响机制。因此，本文将产业集聚分解为产业集聚规模、产业集聚能力及产业集聚效益，考察产业集聚程度对环境污染的影响机制，同时为了防止遗漏重要变量带来显著性缺乏实际意义等后果，本文加入了对外开放水平、产业结构等可能影响环境污染程度的控制变量，使研究结论更加严谨、更具说服力。

（三）变量及数据说明

本文选用 2000 ~ 2017 年的珠三角九市的面板数据进行检验，相关变量指标选取及数据说明如表 1 所示。

表 1 变量说明

变量	内容	衡量标准
ETP	环境污染综合指数	以四大污染物通过熵值法构建环境污染综合指数
SCAL	产业集聚规模	规模以上企业数量/各地土地面积
PRO	产业集聚效益	人均 GDP/各地土地面积；人均 GDP 以 2000 年为基期，价格水平根据居民消费指数计算得出
CAP	产业集聚能力	R&D 人员数量/各地土地面积
OPEN	对外开放水平	实际外商直接投资额/各地区生产总值；汇率水平以年均汇率水平为准
INDTS	产业结构	第三产业总产值/地区生产总值

（1）核心解释变量

由于产业集聚的过程总是伴随技术、资源、人才的集聚，这种集聚规模的扩大和集聚能力的提升提高了环保创新技术和生产效率，在节能环保、污染减排等方面产生重大影响；然而在产业集聚带来绿色发展的同时，往往会因过度的产业集聚和不合理的生产方式导致区域新的恶性竞争，如企业会通过污染环境来降低成本。因此，本文将产业集聚分解为产业集聚规模、产业集聚能力和产业集聚效益三个部分来进行具体而全面的衡量。

产业集聚规模（SCAL）：产业集聚的外部性来自单位面积土地上经济活动的承载量，土地的承载量与规模以上工业企业的数量相关。所以，本文采用单位面积规模以上工业企业的数量来测度产业集聚规模。

产业集聚能力（*CAP*）：R&D 人员的数量代表了一个地区对人才、技术的集聚能力，这种集聚能力包括创新系统在创新活动过程中所具有的吸纳、配置和激发各种潜在的创新资源的能力。所以，本文采用单位面积科技活动人员来衡量产业集聚能力。

产业集聚效益（*PRO*）：人均地区生产总值能够直接反映一个区域的经济状况及其生产能力，以及间接反映人民的生活水平，单位面积人均生产总值能较好地反映各个区域的产业集聚效益。因此，本文选择单位面积人均地区生产总值来测度产业集聚效益，其中人均 GDP 以 2000 年为基期消除价格影响的因素。

（2）控制变量

产业结构（*INDTS*）：产业结构的变动对环境质量有一定的影响。随着经济的发展，产业结构升级，第三产业比重上升，高污染产业淘汰，驱动经济增长的方式由粗放型向集约型转变，在一定程度上缓解了经济发展对环境造成的压力。因此，本文用第三产业产值占地区总产值的比重代表产业结构。

对外开放水平（*OPEN*）：为了降低成本，升级产业结构，我国的产业不断向东部沿海地区集聚，外商投资能够有效地促进产业集聚程度的提升，同时外商投资也是影响环境污染的重要因素。所以本文采用实际外商直接投资额占地区生产总值的比重进行测度，其中外商投资额由当年的平均汇率进行计算转化。

（四）本文的数据来源

本文使用的环境污染、产业集聚等数据来源于广东省产业数据库和珠三角九市 2018 年的统计年鉴。居民消费者价格指数的数据来源于国家统计局，人民币对美元的年平均汇率的数据来源于国研网数据库。由于少数年份的工业固体废弃物的产生量缺失，所以本文依照均值法对其进行补齐。在研究对象上，本文选取的是珠三角九市（广州、深圳、珠海、佛山、东莞、中山、江门、惠州、肇庆），时间范围是 2000 ~ 2017 年。

四 实证分析

（一）熵值法下的环境污染综合指数

由图 1 可以看到 2000～2017 年珠三角九市的环境污染综合指数总体来说是下降的，意味着整个珠三角地区的环境质量在逐渐改善。其中，2005年前后是一个转折点，尤其是九市中的佛山、惠州、江门、珠海、肇庆等市从 2005 年起环境污染综合指数出现较大幅度的下降，这主要与广东省政府的环境政策有关。2005 年后广东省相继出台了《关于建设节约型社会发展循环经济的若干意见》《广东省环境保护规划纲要（2006—2020 年）》等环境保护文件，对环境污染治理起到一定的积极作用。表 2 为各市具体的环境污染综合指数。

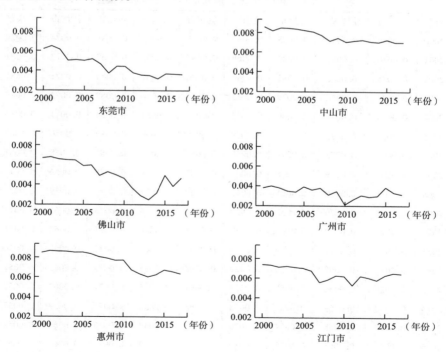

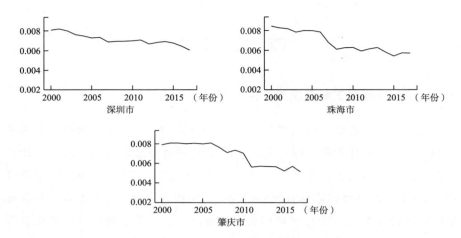

图1 2000～2017年珠三角九市环境污染综合指数变动趋势

资料来源：根据广东省产业数据库整理所得。

表2 2000～2017年珠三角九市环境污染综合指数

年份	广州市	深圳市	珠海市	佛山市	惠州市	东莞市	中山市	江门市	肇庆市
2000	0.0038	0.0081	0.0085	0.0067	0.0085	0.0062	0.0086	0.0074	0.0079
2001	0.0040	0.0082	0.0083	0.0068	0.0087	0.0065	0.0082	0.0073	0.0081
2002	0.0038	0.0080	0.0082	0.0066	0.0086	0.0061	0.0085	0.0071	0.0081
2003	0.0035	0.0076	0.0079	0.0065	0.0086	0.0050	0.0085	0.0072	0.0080
2004	0.0034	0.0075	0.0080	0.0065	0.0085	0.0051	0.0084	0.0071	0.0081
2005	0.0039	0.0073	0.0080	0.0059	0.0086	0.0050	0.0082	0.0070	0.0080
2006	0.0036	0.0073	0.0079	0.0060	0.0084	0.0052	0.0081	0.0068	0.0081
2007	0.0038	0.0069	0.0068	0.0049	0.0081	0.0047	0.0078	0.0056	0.0077
2008	0.0031	0.0069	0.0061	0.0053	0.0080	0.0037	0.0072	0.0059	0.0071
2009	0.0035	0.0070	0.0063	0.0050	0.0077	0.0044	0.0075	0.0063	0.0074
2010	0.0021	0.0070	0.0063	0.0047	0.0078	0.0044	0.0071	0.0062	0.0071
2011	0.0026	0.0071	0.0060	0.0037	0.0068	0.0038	0.0072	0.0053	0.0056
2012	0.0031	0.0067	0.0062	0.0029	0.0064	0.0036	0.0073	0.0062	0.0057
2013	0.0029	0.0068	0.0063	0.0025	0.0061	0.0035	0.0071	0.0061	0.0057
2014	0.0030	0.0069	0.0058	0.0032	0.0063	0.0032	0.0071	0.0058	0.0057
2015	0.0039	0.0068	0.0054	0.0050	0.0068	0.0037	0.0073	0.0063	0.0052
2016	0.0033	0.0065	0.0058	0.0039	0.0066	0.0037	0.0070	0.0065	0.0057
2017	0.0031	0.0061	0.0057	0.0047	0.0064	0.0036	0.0070	0.0065	0.0052

资料来源：根据2000～2017年珠三角九市统计年鉴的四大污染物整理计算所得。

（二）产业集聚

以 2000 年为基准年，依据规模以上企业数量、科研人数、人均 GDP 分别对珠三角九市的产业集聚进行分解，由于篇幅的限制，仅列出三个城市 2000~2017 年的集聚分解结果，分解指标如表 3 所示。

表 3　2000~2017 年产业集聚分解指标

年份	广州市			深圳市			东莞市		
	产业集聚能力	产业集聚规模	产业集聚效益	产业集聚能力	产业集聚规模	产业集聚效益	产业集聚能力	产业集聚规模	产业集聚效益
2000	1. 3390	0. 0038	3. 4472	13. 5041	0. 0081	16. 7948	13. 3647	0. 0067	5. 2575
2001	1. 5574	0. 0040	3. 8115	18. 2683	0. 0082	17. 6971	1. 4363	0. 0068	5. 6653
2002	1. 5975	0. 0038	4. 3535	23. 9452	0. 0080	20. 6709	1. 6061	0. 0066	6. 2481
2003	1. 6199	0. 0035	5. 1073	29. 0941	0. 0076	23. 7836	2. 1179	0. 0065	7. 2338
2004	1. 6628	0. 0034	5. 8759	30. 1656	0. 0075	26. 3853	2. 2778	0. 0065	8. 3215
2005	1. 6871	0. 0039	6. 7694	33. 6142	0. 0073	29. 1157	4. 0644	0. 0059	10. 2237
2006	3. 1729	0. 0036	7. 7459	35. 7312	0. 0073	32. 2897	4. 7217	0. 0060	12. 0669
2007	4. 9618	0. 0038	8. 2396	38. 5499	0. 0069	34. 3395	8. 1221	0. 0049	13. 5539
2008	4. 9149	0. 0031	8. 5362	59. 4514	0. 0069	35. 4691	10. 3446	0. 0053	14. 6764
2009	5. 6645	0. 0035	9. 1085	83. 1517	0. 0070	36. 0257	10. 5766	0. 0050	15. 5746
2010	6. 4909	0. 0021	9. 7145	65. 6521	0. 0070	39. 8638	9. 0989	0. 0047	16. 8039
2011	8. 0841	0. 0026	10. 2843	82. 0077	0. 0071	43. 4586	10. 6249	0. 0037	17. 0898
2012	8. 9146	0. 0031	10. 9350	79. 8386	0. 0067	46. 2720	14. 8661	0. 0029	17. 8936
2013	10. 2096	0. 0029	12. 1054	98. 2592	0. 0068	50. 2800	18. 8478	0. 0025	18. 5006
2014	11. 1222	0. 0030	12. 6756	93. 6733	0. 0069	53. 5431	19. 9730	0. 0032	19. 1360
2015	11. 3941	0. 0039	13. 2506	88. 3147	0. 0068	55. 7890	20. 7843	0. 0050	20. 1126
2016	11. 1059	0. 0033	13. 5382	87. 5961	0. 0065	57. 9584	17. 9576	0. 0039	21. 1006
2017	13. 5041	0. 0031	14. 1460	101. 4805	0. 0061	52. 9876	19. 5978	0. 0047	22. 2795

资料来源：根据 2000~2017 年珠三角九市统计年鉴整理计算所得。

从表 3 可知，珠三角九市的产业集聚能力和产业集聚效益总体来说呈现上升趋势，不难看出随着经济的发展，人均收入稳步提高。同时经济增长方式也伴随着经济的发展发生转变，过去靠人口红利带来的爆发式增长逐渐消失，自 2000 年起，各市对科技人才的需求和投入不断增加，表明各市纷纷转变经济发展方式，也从侧面反映了科技创新能力逐渐成为一个地区的核心增长点。

（三）多重共线性

由表 4 可知，产业集聚规模与产业集聚能力之间的相关系数为 0. 8416，产业效益与产业规模之间的相关系数为 0. 8548，产业集聚能力和产业集聚效益之间的相关系数为 0. 8679，三个自变量之间的相关系数显著。为了防止多重共线性的影响，本文将这三个产业集聚变量分别与因变量做回归，从而更好地考察它们之间的关系。而其他的变量之间的相关系数的绝对值均低于 0. 62，多重共线性不太可能影响回归结果。

表 4　自变量相关系数

变量	ln$SCAL$	lnCAP	lnPRO	ln$INDTS$	ln$URBAN$	ln$OPEN$
ln$SCAL$	1. 0000					
lnCAP	0. 8416	1. 0000				
lnPRO	0. 8548	0. 8679	1. 0000			
ln$INDTS$	0. 3454	0. 5156	0. 3577	1. 0000		
ln$URBAN$	− 0. 1548	− 0. 2708	− 0. 2156	− 0. 2927	1. 0000	
ln$OPEN$	− 0. 3248	− 0. 5217	− 0. 4200	− 0. 6103	0. 3424	1. 0000

（四）回归结果分析

由于该面板数据由 2000 ~ 2017 年 9 个城市组成，$n > t$，所以该面板数据为长面板数据。考虑到长面板数据可能存在截面自相关、组间同期相关以及组内相关性问题，因此对各模型进行统计检验，结果发现三个模型的检验均拒绝原假设，表明均存在组间异方差性、组内相关性、组间相关性（见表 5）。

基于此，为提高估计的有效性，本文决定采用能够解决上述问题的广义最小二乘法进行模型估计。估计结果如表 6 所示。

表5　统计检验

	模型（1）		模型（2）		模型（3）	
	统计量	p 值	统计量	p 值	统计量	p 值
组间异方差检验	1694.96	0.0000	1160.41	0.0000	668.99	0.0000
组内相关性检验	17.883	0.0029	16.185	0.0038	16.185	0.0038
组间相关性检验	123.02	0.0000	117.091	0.0000	113.846	0.0000

表6　珠三角九市产业集聚方程的估计结果

变量	模型（1）	模型（2）	模型（3）
ln$SCAL$	- 0.017625 ** (- 4.51)		
lnCAP		- 0.0190421 ** (- 4.23)	
lnPRO			- 0.0259747 ** (- 3.40)
ln$OPEN$	0.0192593 ** (7.10)	0.020374 ** (7.36)	0.0214 ** (10.14)
ln$URBAN$	0.0310077 ** (9.80)	0.030509 ** (8.93)	0.0277892 ** (7.90)
ln$INDTS$	- 0.21579 ** (- 16.01)	- 0.1862629 ** (- 11.43)	- 0.2285417 ** (- 15.21)
常数项	- 0.2723 ** (- 4.17)	- 0.41174 ** (- 79.3)	- 0.2462 ** (- 4.05)
Wald chi2	78.12	77.33	502.74
样本容量	162	162	162

注：括号内的数字为相应的 t 统计量值，括号外的数字是变量的影响系数；***、**、* 分别表示在 1%、5%、10% 的显著性水平下拒绝系数为 0 的原假设。

　　由模型（1）产业集聚规模方程结果分析可知，由于珠三角九市的样本产业集聚规模对环境污染综合指数的影响在 5% 的水平下显著为负，其符号符合理论预期。由影响系数可知，产业集聚规模每提高 1 个百分点，环境污染综合指数就降低 0.018 个百分点。这意味着产业集聚规模对环境质量有正向作用，产业集聚规模的扩大，推动了专业化进程，促进了规模经济，有助于提高企业的技术效率和生产管理水平，从而进一步降低单位产出的污染物排放量。

由模型（2）产业集聚能力方程结果分析可知，在5%的显著性水平下，产业集聚能力的影响系数显著，即 $p < 0.05$，影响系数为 -0.019，其符号符合理论预期。这意味着产业集聚能力每提高1个百分点，环境污染综合指数便会降低0.019个百分点，表明产业集聚能力的提高对环境质量的改善有一定的积极作用。随着科技人员在区域内的聚集，知识在企业之间自由传播，在一定程度上促进了技术的创新和技术水平的提高，改进了产品的技术方案，降低了成本，使生产过程更加节能环保，最终导致环境污染物排放量减少，环境质量得到改善。

由模型（3）产业集聚效益方程结果分析可知，产业集聚效益的系数在5%的水平下显著为负，影响系数为 -0.026，其符合理论预期。产业集聚效益的提高，代表人均收入的增加，伴随收入的增加，人们的环保意识逐渐增强，对环境质量的要求也逐渐提高，人们的需求从物质性满足向更好更优质的生活环境转变，从而促使对环境保护措施的实施和相应力度的加大，有助于整体环境质量的改善。

三个产业集聚方程中，对外开放水平的影响系数均显著，分别为0.019、0.02、0.0214，其符合"环境避难所"假说。珠三角地区作为我国改革开放的前沿阵地，在发展初期接受了大量从发达国家或地区转移来的劳动密集型产业。承接大量的劳动密集型产业虽然在一定程度上促进了珠三角地区经济的发展，但是不可避免地造成了大量环境污染，给当地环境造成了一定的压力。

另外，城市化的影响系数在5%的水平下显著为正，说明城市化的进程对环境污染有正效应。随着工业化进程推进，珠三角地区的城镇化进入加速发展阶段，农业人口为追求更好的生活质量纷纷涌入城市，导致城市人口密度加大，建设用地面积增加，绿地面积减少，生活垃圾增多，超过环境的承载力，使环境质量遭到严重的破坏。

产业结构的系数为负，说明第三产业的比重增加对环境质量有一定的改善。随着经济的发展，过去粗放式的经济增长方式逐渐向高质量的经济增长方式转变，在这个过程中高新技术和服务业的比重不断提升，人们利用资源的效率得到提高，发展方式更加节能环保，遭到污染的环境得到一定的修复和保护。

（五）稳健性分析

为了验证回归结果的稳健性，更全面更精细地展现环境污染与产业集聚之间的关系，本文分别创建产业集聚规模、产业集聚效益、产业集聚能力的平方项，替换原有的产业集聚变量，从而深层次地考察产业集聚对环境污染的影响机制。

回归结果显示：产业集聚效益（$\beta = -0.007$，$p = 0.003$）和产业集聚能力（$\beta = -0.006$，$p = 0.000$）的平方项依然显著为负，显示出产业集聚效益、集聚能力越强，环境污染程度越低。而相比之前产业集聚规模影响系数显著为负（$\beta = -0.017$，$p = 0.000$），稳健性分析中产业集聚规模的平方项显著为正（$\beta = 0.008$，$p = 0.000$），表明产业规模过度集聚会导致环境污染程度的加大。这也说明当产业集聚规模程度不高的时候，适当扩大产业集聚规模有助于减少环境污染，而当产业集聚规模超过一定的限度时，便会对环境质量产生负向影响。

五　结论和建议

本文基于 2000~2017 年的珠三角九市的面板数据，首先用 Matlab 软件通过熵值法构建环境污染综合指数作为模型的因变量，其次将产业集聚分解为产业集聚规模、产业集聚效益、产业集聚能力三个因素，分别考察它们与环境污染之间的关系，同时加入产业结构、对外开放水平等控制变量，以此构建产业集聚和环境污染的面板模型，从而研究产业集聚和环境污染之间的影响机制，得到以下三点研究结果。

第一，2000~2017 年这 18 年来珠三角九市的环境污染程度呈现总体下降的趋势，说明随着经济的发展和人民生活水平的提高，人们对环境质量的要求逐渐提高，对环境污染治理的程度不断加强。

第二，产业集聚规模对环境污染有负效应，说明随着产业集聚规模的扩大，产业专业化程度提高，规模经济水平提高，有助于提高企业的技术效率和生产管理水平，从而进一步降低单位产出的污染物的排放量。产业集聚能力对环境质量有正效应，产业集聚有利于知识的外溢，带来的技术创新使生产过程更加环保节能，对生态环境更加友善。产业集聚效益对环境污染具有负效应，说明产业集聚带来的专业化分工和规模化经济，通过收入效应对环境污染的减少和环境质量的改善有明显的作用。

第三，对外开放水平对珠三角九市的环境污染有正效应，说明珠三角九市符合"环境避难所"的理论假说，不难理解，珠三角地区作为我国改革开放的前沿阵地，在发展初期接受了大量的来自发达国家或地区的环境污染程度较高的劳动密集型企业。另外，城市化进程加重了环境污染，产业结构的优化带来了环境质量的改善。

基于上述研究，本文提出以下建议。

首先，鼓励企业进行技术创新，积极引导产业集聚向高附加值的高新技术产业领域发展。探索设立绿色发展基金，重点支持新能源汽车、新材料、生态农业、绿色建筑、节能环保等绿色产业发展以及环保基础设施项目。把加强生态环境保护作为推动珠三角九市高质量发展、区域科技创新以及人才、要素集聚的抓手，构建珠三角九市绿色生产生活方式，形成绿色发展内生动力和长效市场机制。避免以牺牲环境换取经济增长，以低成本制造业参与世界产业分工，换取不可持续的国际竞争力。

其次，优化产业布局，推动区域协调发展。在产业结构调整上，基于珠三角九市的比较优势，整合资源、集约发展，保持适度的产业梯度，培育利益共享的特色产业链，构建特色突出、互补协同的产业发展新格局，实现资源有效配置，进一步推动区域的协调发展。

最后，着力完善生态环境政策。尊重珠三角九市的发展水平和发展阶段，制定方向一致、具体分类的生态环境目标。改革现有环境治理体系，倡导政府主导、多方参与；改革生态环境监管体制，创新制度设计和健全法律保障；统筹环境执法、监管、标准和制度，构建经济、环境、社会发展规律相一致的综合生态环境治理系统性政策框架体系。

参考文献

阿尔弗雷德·韦伯，2010，《工业区位论》，商务印书馆。

陈建军、胡晨光，2008，《产业集聚的集聚效应——以长江三角洲次区域为例的理论和实证分析》，《管理世界》第 6 期。

李勇刚、张鹏，2013，《产业集聚加剧了中国的环境污染吗——来自中国省级层面的经验证据》，《华中科技大学学报》（社会科学版）第 27 卷第 5 期。

迈克尔·波特，2007，《国家竞争力》，中信出版社。

邵帅、李欣、曹建华，2016，《中国雾霾污染治理的经济政策选择——基于空间溢出效应的视角》，《经济研究》第 9 期。

魏肖杰、张敏新，2018，《中国林业产业集聚影响因素作用机制的实证研究——基于空间杜宾模型》，《资源开发与市场》第 34 卷第 12 期。

吴传清、邓明亮，2018，《长江经济带高耗能产业集聚特征及影响因素研究》，《科技进步与对策》第 35 卷第 16 期。

许和连、邓玉萍，2012，《外商直接投资导致了中国的环境污染吗？——基于中国省际面板数据的空间计量研究》，《管理世界》第 2 期。

杨仁发，2015，《产业集聚能否改善中国环境污染》，《中国人口·资源与环境》第 2 期。

袁海红、张华、曾洪勇，2014，《产业集聚的测度与其动态变化——基于北京企业微观数据的研究》，《中国工业经济》第 9 期。

张可、豆建民，2016，《工业集聚有利于减排吗》，《华中科技大学学报》（社会科学版）第 30 卷第 4 期。

张姗，2018，《基于 EG 指数中国先进制造业产业集聚度测算》，《财讯》第 30 期。

Duc，T. 2007. "Experimental Investigation and Modeling Approach of the Impact of Urban-wastewater on a Tropical River：A Case Study of the Nhue River，Hanoi Vietnam." *Journal of Hydrology*，122（3）：43 – 61.

Leeuw，F.，Moussiopoulos，N.，& Sahm，P. 2001. "Urban Air Quality in Larger Conurbations in the European Union." *Environment Modeling Software*，16（4）：399 – 414.

Martin，P.，& Ottaviano，G. 2001. "Growth and Agglomeration." *International Economics Review*，42（4）：283 – 304.

Sun，Y.，& Xie，C. 2014. "Study on Internal Driving Force for the Autonomous Professional Development." *Environmental Health Perspectives*，118（6）：588 – 847.

基于 DEA-Malmquist-Tobit 方法的中国
四大工业基地生态效率及其影响因素分析

一 引言

我国的四大工业基地一直占据重要地位，这些城市经济起步早，产业集聚多，经济发展快，但是在追求较快的工业建设和经济增长的同时也付出了不少的环境代价，比如大气污染和水污染等，城市生态系统的损耗比较严重，所以对于这些工业城市来说，环境问题摆在眼前。并且，党的十九大报告也强调了可持续发展的战略和生态文明建设的目标，提出要提高经济发展的质量，实现经济发展由数量和规模扩张向质量和效益提升转变。在 2019 年 3 月的全国"两会"中，供给侧结构性改革的"三去一降一补"仍是重头戏，其中"去产能""降成本""补短板"与工业发展紧密相连，要实现这些目标和将来的长远发展，提高全要素生产率和生态效率必不可少。实现经济发展由数量和规模扩张向质量和效益提升转变，也就是要从粗放式经济转向集约式经济，在粗放式经济下，资源的大量消耗和环境的恶化不仅降低了经济发展的质量而且制约了经济的可持续发展；在供给侧结构性改革下，技术进步对经济增长的作用大，而技术进步用全要素生产率进行衡量，所以有必要以我国四大工业基地为重点分析其全要素生产率和生态效率的状态，并且通过对生态效率增长源泉的探析，为经济发展和资源消耗的协调关系提供启示。

目前对各地区的生态效率的研究尽管很多，但在近期的文章中更多的学者都将研究对象放在较为宏观的省级数据上（齐亚伟、陶长琪，2012；张悟移等，2013；徐祯、吴海滨，2018）。虽然学者有对我国三大经济区域（长三角、珠三角、环渤海地区）的全要素能源效率的研究（马海良等，2011）和中国城市能源效率的分析（宋一弘，2012），但是其数据只截至 2010 年以前。随着技术等发展，这些工业基地城市的生产方法、产业结构等都发生了很大变化，所以需要最新的发展数据进行分析比较。其研究结果对这些城市中发展落后或效率低下的城市来说有着借鉴意义，对较为发达的城市则可以进一步提高发展的质量，提高生态文明水平，也可以为四大工业基地以外的其他城市提供参考，从而有利于我国经济转型并提高人民福祉。

在对生态效率的测算方法上，数据包络分析（DEA）方法由于在计算时无须设定参数而具有一定的优越性。因此，本文首先利用 DEA 方法测算全要素生产率即本文的生态效率，并构建 Malmquist 指数对各城市的效率进一步分析。其中，投入指标包含资源投入和环境污染，前者包含投入的土地资源、水资源、能源、人资资源和资本等，后者包含工业污染中"三废"（工业废水、工业废气、工业固体废物）的排放量；产出则以当地的经济水平即地区生产总值作为指标。然后在上一环节测算的生态效率的基础上利用 Tobit 模型研究其影响因素，这些影响因素包括经济方面的经济规模和经济发展质量，也包括制度方面的对外开放程度和政府管制，以及地区因素的差异，最终得出结论和发展建议。

二　文献综述

目前，学界对生态效率还尚未形成统一的定义。Schaltegger 和 Sturm（1990）把生态效率定义为产品或服务增加的价值与增加的环境影响的比值。而后各大国际组织也出现了不同的定义，但各大组织由于立场不同而对生态效率的定义有所差别。盖美和聂晨（2019）从更加全面的角度认为"生态效率指的是产出与投入的比值，其中产出是指企业生产或经济体提供的产品和服务的价值；投入是指企业生产或经济体的投资、资源和能源的消耗及它们所造成的环境负荷"。生态效率一经提出就受到了各国学者的关注和重视，我国学者在对生态效率的研究上也有丰富成果。

（一）生态效率测算

对于生态效率的测算，随机前沿分析（SFA）方法、数据包络分析（DEA）方法、建立在 DEA 理论基础上的指数分析方法都是学者们常用来测算生态效率的方法。而从我国的生态效率的研究对象来看，主要集中于省际数据、区域（城市）数据以及行业数据。

在省际生态效率的测算上，李燕和李应博（2015）用贝叶斯 SFA 方法测算了我国 2003～2012 年各省（区、市）的生态效率演化趋势；齐红倩和陈苗（2018）基于综合指数法和 DEA-Malmquist 模型测算了我国 30 个省（区、市）2006～2015 年的生态效率；吴义根等（2019）用超效率 DEA 模型对 2004～2015 年我国省际面板数据的生态效率进行了测算；钱争鸣和刘晓晨（2013）用 DEA 效率模型中非径向和非角度的 SBM 模型对 1996～2010 年我国各省份绿色经济效率值进行测算；马晓君等（2018）分别采用超效率 SBM 模型和 Malmquist 指数对我国 30 个省份 2011～2015 年的静态和动态生态效率进行了分析。这些研究的结果显示，我国的生态效率基本上呈现不断提升的状态，尽管大部分区域的差异在逐渐缩小，但与此同时我国的不同省份地区的生态效率仍然存在十分明显的差异，大致表现为由东部到西部、由沿海到内陆收敛的状态，经济发达省份的效率居于前列。

从对于具体的区域或城市的生态效率的评价来看，龙亮军（2019）利用考虑松弛变量的非径向 Super-SBM 模型对我国 35 个主要城市 2011～2015 年的生态福利绩效进行了测算，并通过 Malmquist 指数动态地对生态福利进行了评价；周蓉蓉（2018）以 2005～2014 年湖北省 12 个地级市的数据为例，用 Malmquist 生产率指数计算了其生态效率；李青松等（2016）重点对 2007～2012 年河南省的生态效率进行分析，分别用 DEA 模型和 Malmquist 模型来测算河南省各城市的静态和动态的生态效率；宋一弘（2012）通过引入三阶段的 DEA-Malmquist 模型对我国八大区域（东南沿海、东部沿海、北部沿海、东北、长江中游、黄河中游、西南、西北）2000～2010 年各城市市辖区的能源效率进行了分析；盖美和聂晨（2019）也用三阶段 DEA 模型评价了环渤海沿海地区 17 个城市 2006～2015 年的生态效率。这些研究所面向的对象有所不同，因而不同地区和城市的生态效率也有所差异。

另外，还有学者基于行（产）业数据对我国纺织业（吕明元等，2018）、各省份的农业（王留鑫等，2019）等不同行（产）业的生态效率进行了测算。

（二）生态效率的影响因素研究

在对生态效率的影响因素的研究上，学者们主要运用面板回归模型、门限回归模型和 Tobit 模型来进行研究。杨向阳等（2019）用固定效应模型分析了 2004～2016 年中国 230 个地级市的全要素生产率与产业结构的关系；李燕和李应博（2015）则基于省际面板数据用固定效应模型分析了影响生态效率的因素；齐红倩和陈苗（2018）用面板平滑门限回归模型分析了环境规制与生态效率的关系；李青松等（2016）、钱争鸣和刘晓晨（2013）、马晓君等（2018）都用 Tobit 模型对省际基础上影响生态效率的因素进行了分析。从结果上看，环境规制的加强、人均 GDP、城市规模与生态效率之间呈现倒 U 形关系。另外，经济规模、产业结构、市场化程度、对外开放、政府管制等因素对生态效率有着显著的影响，但由于研究使用的模型或数据的差异，这些因素对生态效率有着或正向或负向的影响。

（三）文献总结性评述

从文献的分析来看，关于国内的生态效率的研究呈现以下特点：首先，研究对象各有不同，从宏观到微观，从省级数据到城市、行（产）业数据均有丰富成果；其次，方法不断扩展，随机前沿（SFA）方法和建立在数据包络分析（DEA）方法基础上的各种分析方法都被广泛应用，近年来还有一些其他新方法也逐渐被用于生态效率的分析中；最后，学者们对影响效率的因素也进行了深入分析，其中 Tobit 模型是最常用的方法，不同的研究结果得出的影响因素则因数据的不同而显示出不同的作用。但从研究的对象来看，目前的研究在省际数据上已经比较新颖和丰富了，使用的模型方法也各有优点，但在对于区域生态效率的研究中，只有少部分学者研究了我国三大区域或城市群，还没有学者对近年来我国四大工业基地的生态效率进行评价，目前还有待新的研究进行补充。由于目前生态效率的定义还存在分歧，而生态关系到整个社会运作的方方面面，所以本文认为应该从资源、环境和经济发展的综合角度来探讨生态效率。

三　研究方法和数据来源

（一）研究方法

本文首先采用 DEA 方法对各城市的静态生态效率进行测算，然后构建 Malmquist 指数对我国四大工业基地主要城市的生态效率的动态变化进行分析，最后用 Tobit 回归模型分析影响生态效率的因素，从而对这些城市的生态效率有更加全面的认识。

1. DEA-BCC 模型

数据包络分析法（Data Envelopment Analysis，DEA）最初由 Charnes 等（1978）提出，是根据已知数据使用 DEA 模型得到相应的生产前沿，用于在多"投入—产出"的模式下，评价投入和产出决策单元（DMU）之间相对有效性的一种方法。本文主要运用以产出为导向、规模报酬可变的 DEA-BCC 模型对静态的生态效率进行评价（李美娟、陈国宏，2003）。

假设有 n 个决策单元，每个决策单元都有 m 种投入和 s 种产出，每个决策单元 j 对应一个投入向量 $X_j = (x_{1j}, x_{2j}, \cdots, x_{mj})^T$ 和一个产出向量 $Y_j = (y_{1j}, y_{2j}, \cdots, y_{sj})^T$，$x_{ij}$ 表示第 j 个决策单元的 i 种类型投入量，y_{rj} 表示第 j 个决策单元的 r 种类型投入量，x_{ij} 与 y_{rj} 均大于 0，X_{j0} 表示第 $j0$ 个决策单元的投入向量，Y_{j0} 表示第 $j0$ 个决策单元的产出向量，γ 表示决策单元线性组合的系数，α 表示扩大比率，在 BCC 模型下：

$$\max\{\alpha\},$$

$$\text{s. t. } \sum_{j=1}^{n} X_j Y_j \leqslant X_{j0},$$

$$\sum_{j=1}^{n} Y_j \gamma_j \geqslant \alpha Y_{j0},$$

$$\sum_{j=1}^{n} \gamma_j = 1,$$

$$\gamma_j \geqslant 0$$

当 $\alpha = 1$ 时，表示决策单元的产出效率是 DEA 有效的；当 $\alpha < 1$ 时，表示其产出效率是非 DEA 有效的。

2. Malmquist 全要素生产力指数

由于上文中的投入产出评价方法是建立在静态维度上的，无法分析各决策单元跨时期的动态效率变化，于是有学者提出了 Malmquist 指数。Malmquist 指数最早由瑞典经济学家 Malmquist（1953）提出，Caves（1982）将该方法用于生态效率的测算，直到 1994 年，Rolfare 和 Urosskopf 等提出将该理论的一种非参数线性规划法与 DEA 模型相结合，才使该指数分析法得以广泛应用（马占新等，2013）。

Malmquist 指数表示了从 t 期到 $t+1$ 期的生产率变化，其原理可以表述为：假设存在 $i = 1$，2，$\cdots$，I 个决策单元，每个据测单元在 $t = 1$，2，$\cdots$，T 期使用 $n = 1$，2，$\cdots$，N 种投入 $x_n^{i,t}$，并得到 $m = 1$，2，$\cdots$，M 种产出 $y_m^{i,t}$，也就是全要素生产率变化（$Tpfch$）。即：

$$Tpfch = M(x^t, y^t, x^{t+1}, y^{t+1}) = (M_t \times M_{t+1})^{1/2} = \left[\frac{D_0^t(x^{t+1}, y^{t+1})}{D_0^t(x^t, y^t)} \times \frac{D_0^{t+1}(x^{t+1}, y^{t+1})}{D_0^{t+1}(x^t, y^t)} \right]^{1/2}$$

当规模报酬不变时，可以将上式分解成两部分：

$$M(x^t, y^t, x^{t+1}, y^{t+1}) = \frac{D_0^{t+1}(x^{t+1}, y^{t+1})}{D_0^t(x^t, y^t)} \times \left[\frac{D_0^t(x^{t+1}, y^{t+1})}{D_0^{t+1}(x^{t+1}, y^{t+1})} \times \frac{D_0^t(x^t, y^t)}{D_0^{t+1}(x^t, y^t)} \right]^{1/2}$$

$$= Effch \times Techch$$

其中，$Effch$ 表示技术效率变化，$Techch$ 表示技术进步变化。

当规模报酬可变时，$Effch$ 可以再次分解为纯技术效率变化（$Pech$）和规模效率变化（$Sech$），即：

$$Effch = \frac{D_0^{t+1}(x^{t+1}, y^{t+1})}{D_0^t(x^t, y^t)} = \frac{D_0^{t+1}(x^{t+1}, y^{t+1} | V)}{D_0^t(x^t, y^t | V)} \times \frac{D_0^{t+1}(x^{t+1}, y^{t+1} | C) / D_0^{t+1}(x^{t+1}, y^{t+1} | V)}{D_0^t(x^t, y^t | C) / D_0^t(x^t, y^t | V)}$$

$$= Pech \times Sech$$

综上所述，Malmquist 指数可以认为由技术进步变化（$Techch$）、纯技术效率变化（$Pech$）和规模效率变化（$Sech$）组成。可表示为：$Tpfch = Pech \times Sech \times Techch$，当 $Tpfch > 1$ 表示全要素生产率有提高，反之表示全要素生产率退步，$Effch$ 和 $Techch$ 与此类似。

3. Tobit 回归分析

Tobit 模型因能有效解决因变量存在限制的情形而被广泛运用于因素分析中。为了测量相关因素对生态效率的影响，本文将上文计算得到的生态效率值作为因变量建立 Tobit 回归模型，由于其最低值为 0，所以将模型设定为：

$$Tpfch_i = \alpha_i x_i' + \mu_i \quad i = 1, 2, \cdots, n$$

其中，μ_i 服从正态分布，$x_i' = (x_1, x_2, \cdots, x_n)$ 是自变量集，$Tpfch_i$ 被截断点 0 分为两个部分，即：

$$Tpfch_i = \begin{cases} Tpfch_i^* = \alpha_i x_i' + \mu_i & Tpfch_i^* > 0 \\ 0 & Tpfch_i^* \leq 0 \end{cases}$$

（二）指标体系构建和数据来源

首先是在对生态效率的测算上，生态效率主要衡量投入和产出之间的关系，于是本文从投入和产出两个层面出发来构建指标，主要包括资源的投入、环境的影响和由这些活动带来的经济效益，一方面考虑到本文研究的对象，另一方面借鉴已有研究成果，并根据数据的可获得性和科学性，选择的投入和产出指标有：产出以地区生产总值（GDP）来衡量经济发展水平；投入主要分为资源投入和环境影响两部分。其中，资源投入包含：①建成区土地面积代表土地资源（由于上海数据的缺失，所以用城市建设用地面积代替），②供水总量代表水资源投入，③全社会用电总量代表能源投入，④就业人数代表人力资源投入，⑤固定资产投资额（不含农户）代表资本投入。环境影响包含：①工业废水排放量，②工业 SO_2 排放量，③借鉴盖美和聂晨（2019）的方法用工业烟尘排放量取代工业固体废弃物排放量。具体指标见表 1。

在用 Tobit 回归模型研究影响因素时，本文根据研究的重点选取了以下指标：①经济规模，用人均 GDP 来衡量；②用第二产业增加值占地区 GDP 的比重表示经济结构；③用实际利用外资金额占 GDP 的比重表示对外开放程度；④用政府财政支出占 GDP 的比重表示政府管制；⑤用人口密度表示地区因素。具体指标见表 2。

本文采用四大工业基地的主要城市作为决策单元,包含:京津冀工业基地的北京市、天津市和唐山市,辽中南工业基地的沈阳市、大连市、鞍山市、本溪市和辽阳市,沪宁杭工业基地的上海市、南京市、无锡市、常州市、苏州市、南通市、杭州市和宁波市,珠江三角洲工业基地的广州市、深圳市、珠海市、佛山市和惠州市。数据的时间序列为 10 年(2007 ~ 2016 年),数据主要来源于 2008 ~ 2017 年的《中国城市统计年鉴》以及相应地区和年份的统计年鉴。对于个别年份的缺失值在 SPSS 25.0 软件中进行缺失值的替换。同时为了消除物价的影响,对文中以货币来计量的变量统一以 2007 年为基期,使用全国居民消费价格指数统一进行调整。

表 1　生态效率评价指标体系

类别	一级指标	二级指标	三级指标
投入	资源投入	土地资源	建成区土地面积(平方公里)
		水资源	城市供水总量(万立方米)
		能源	全社会用电总量(万千瓦时)
		人力资源	城镇从业人员数(万人)
		资本	固定资产投资额(万元)
	环境污染	废水	工业废水排放量(万吨)
		废气	工业 SO_2 排放量(吨)
		固体废物	工业烟(粉)尘排放量(吨)
产出	经济发展水平		地区 GDP(万元)

表 2　生态效率影响因素分析指标体系

被解释变量	生态效率	由 DEA 方法测算得出
解释变量	经济规模	人均 GDP(元)
	产业结构	第二产业增加值占地区 GDP 的比重(%)
	对外开放程度	实际利用外资金额占 GDP 的比重(%)
	政府管制	政府财政支出占 GDP 的比重(%)
	地区因素	人口密度(人/平方公里)

四 实证分析

（一）静态生态效率

利用生态效率评价指标体系中各城市对应的数据，在规模报酬可变的情形下运用 DEAP 2.1 软件对各个城市的静态生态效率进行计算，计算结果如表 3 所示。从整体来看，在 2007~2016 年这 10 年间，四大工业基地主要城市的生态效率平均值为 0.954，其中只有北京市、辽阳市、上海市、广州市、深圳市、珠海市和佛山市的静态生态效率的平均值为 1，生态效率处于领先状态，是 DEA 有效的，其余城市均有生态效率上的落后，鞍山市为生态效率值最低的城市，生态效率平均值仅为 0.809，这说明鞍山市在生态效率方面还有很大的提高空间，提高其生态效率应该引起当地政府部门的注意。

表 3　2007~2016 年各城市静态生态效率评价结果

城市	2007 年	2008 年	2009 年	2010 年	2011 年	2012 年	2013 年	2014 年	2015 年	2016 年	平均值
北京市	1.000	1.000	1.000	1.000	1.000	1.000	1.000	1.000	1.000	1.000	1.000
天津市	1.000	0.965	1.000	1.000	1.000	1.000	1.000	1.000	1.000	1.000	0.996
唐山市	1.000	0.901	0.883	1.000	1.000	0.837	0.835	1.000	1.000	1.000	0.943
沈阳市	1.000	1.000	1.000	1.000	1.000	1.000	1.000	1.000	1.000	0.949	0.995
大连市	1.000	1.000	1.000	1.000	0.976	1.000	1.000	0.794	0.780	0.896	0.941
鞍山市	0.867	0.849	0.940	0.855	0.845	0.772	0.789	0.711	0.688	0.804	0.809
本溪市	0.909	0.905	0.960	0.940	0.994	0.973	0.975	0.978	0.983	0.970	0.958
辽阳市	1.000	1.000	1.000	1.000	1.000	1.000	1.000	1.000	1.000	1.000	1.000
上海市	1.000	1.000	1.000	1.000	1.000	1.000	1.000	1.000	1.000	1.000	1.000
南京市	0.845	0.814	0.786	0.792	0.830	0.893	0.821	0.819	0.887	0.901	0.838
无锡市	1.000	0.948	1.000	0.897	0.930	0.970	1.000	0.940	0.957	0.973	0.961
常州市	1.000	1.000	1.000	1.000	0.905	1.000	1.000	1.000	1.000	1.000	0.990
苏州市	0.930	0.982	0.977	0.930	0.938	0.850	0.943	0.810	0.902	0.944	0.919
南通市	1.000	1.000	1.000	1.000	1.000	1.000	1.000	0.997	0.972	1.000	0.997

续表

城市	2007年	2008年	2009年	2010年	2011年	2012年	2013年	2014年	2015年	2016年	平均值
杭州市	0.917	0.888	0.845	0.872	0.880	0.900	0.925	0.849	0.945	0.966	0.898
宁波市	0.854	0.847	0.871	0.898	0.898	0.880	0.977	0.889	0.906	0.902	0.892
广州市	1.000	1.000	1.000	1.000	1.000	1.000	1.000	1.000	1.000	1.000	1.000
深圳市	1.000	1.000	1.000	1.000	1.000	1.000	1.000	1.000	1.000	1.000	1.000
珠海市	1.000	1.000	1.000	1.000	1.000	1.000	1.000	1.000	1.000	1.000	1.000
佛山市	1.000	1.000	1.000	1.000	1.000	1.000	1.000	1.000	1.000	1.000	1.000
惠州市	0.917	0.929	0.994	0.945	0.967	0.905	0.922	0.788	0.753	0.702	0.877
平均值	0.964	0.958	0.965	0.953	0.960	0.959	0.961	0.924	0.942	0.953	0.954

注：平均值均为几何平均值。

从图 1 中可以看到，这 21 个工业城市在这 10 年间每一年都没有达到
DEA 有效，每一年的平均值均小于 1，静态生态效率的大致变化趋势是：
2007～2013 年，城市的静态生态效率基本上在 0.960 上下波动，2014 年下
降到了 0.924，可能是这一年中国的经济增长速度放缓，经济环境不乐观
引起的，经济状况不断好转后静态生态效率又处于回升状态。

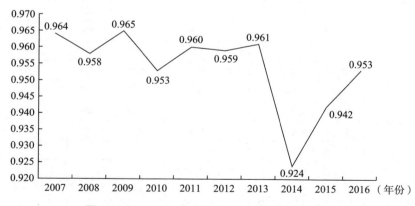

图 1　2007～2016 年各城市的平均静态生态效率

（二）动态生态效率——Malmquist 指数

为了更好地测算这些城市生态效率的动态变化，此处运用 Malmquist
指数来对四大工业基地主要城市的动态生态效率进行评价。表 4 是四个工
业基地的 Malmquist 指数分解结果。

表 4 Malmquist 指数分解结果

年份	工业基地	Effch	Techch	Pech	Sech	Malmquist 指数
2007~2008	京津冀工业基地	0.920	1.305	1.000	0.920	1.200
	辽中南工业基地	0.987	1.076	0.982	1.005	1.061
	沪宁杭工业基地	0.946	1.114	0.980	0.965	1.054
	珠三角工业基地	0.967	1.068	1.000	0.967	1.033
2008~2009	京津冀工业基地	0.928	1.070	0.966	0.960	0.992
	辽中南工业基地	0.934	1.018	1.007	0.928	0.951
	沪宁杭工业基地	1.028	1.077	0.997	1.031	1.107
	珠三角工业基地	0.992	1.108	1.000	0.992	1.099
2009~2010	京津冀工业基地	0.986	1.138	0.993	0.993	1.122
	辽中南工业基地	1.041	1.035	0.993	1.048	1.077
	沪宁杭工业基地	0.982	1.052	0.988	0.994	1.034
	珠三角工业基地	0.996	1.168	1.000	0.996	1.163
2010~2011	京津冀工业基地	1.107	1.021	1.043	1.061	1.130
	辽中南工业基地	0.876	1.058	0.991	0.884	0.926
	沪宁杭工业基地	1.000	1.034	1.013	0.988	1.034
	珠三角工业基地	0.986	1.265	1.000	0.986	1.248
2011~2012	京津冀工业基地	1.009	1.017	1.000	1.009	1.026
	辽中南工业基地	0.996	0.986	0.998	0.998	0.982
	沪宁杭工业基地	1.075	0.982	1.014	1.061	1.056
	珠三角工业基地	1.004	0.982	1.000	1.004	0.986
2012~2013	京津冀工业基地	0.968	0.974	0.942	1.027	0.942
	辽中南工业基地	1.228	0.806	0.993	1.236	0.990
	沪宁杭工业基地	0.993	0.882	1.011	0.982	0.876
	珠三角工业基地	1.026	0.950	1.000	1.026	0.975
2013~2014	京津冀工业基地	1.020	1.102	0.999	1.021	1.124
	辽中南工业基地	0.813	1.075	0.943	0.863	0.874
	沪宁杭工业基地	0.942	1.094	0.979	0.963	1.031
	珠三角工业基地	0.962	1.101	1.000	0.962	1.059
2014~2015	京津冀工业基地	1.079	1.074	1.062	1.016	1.159
	辽中南工业基地	1.107	1.003	1.052	1.052	1.111
	沪宁杭工业基地	1.041	1.003	1.026	1.015	1.044
	珠三角工业基地	1.017	1.048	1.000	1.017	1.066

续表

年份	工业基地	*Effch*	*Techch*	*Pech*	*Sech*	Malmquist 指数
2015~2016	京津冀工业基地	0.986	1.202	1.000	0.986	1.186
	辽中南工业基地	1.112	1.025	1.021	1.089	1.140
	沪宁杭工业基地	1.016	1.066	1.014	1.002	1.083
	珠三角工业基地	0.976	1.113	0.964	1.012	1.086
平均值	京津冀工业基地	0.998	1.096	1.000	0.998	1.095
	辽中南工业基地	1.003	1.006	0.997	1.006	1.009
	沪宁杭工业基地	1.002	1.032	1.002	1.000	1.034
	珠三角工业基地	0.992	1.086	0.996	0.996	1.077
	全部城市	0.999	1.054	0.999	1.000	1.053

注：平均值均为几何平均值。

从表 4 中可以看出，在这 10 年间，这些城市整体的生态效率为 1.053，生态效率年均上升 5.3%，表明这些城市的生态效率总体上呈现上升趋势。若从每年的生态效率的变动来看，如图 2 所示，四大工业基地主要城市整体的每年的 Malmquist 指数在 0.874 和 1.248 之间波动，在整个时间段内京津冀、辽中南和沪宁杭工业基地基本呈现先下降后上升的趋势，京津冀工业基地和辽中南工业基地的变动趋势基本上是一致的，说明可能存在区域的协同效应，而珠三角工业基地则呈现 N 字形的变化形态。每个工业区各时期的波动幅度都有所差异。

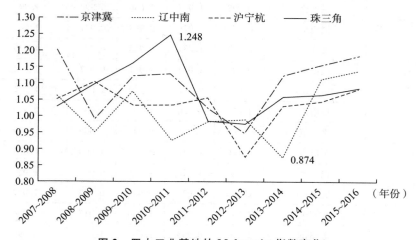

图 2　四大工业基地的 Malmquist 指数变化

其中，京津冀工业基地在 2007~2008 年达到最高值，Malmquist 指数为 1.200，生态效率的增幅高达 20%；辽中南工业基地在 2015~2016 年增幅最大，为 14%，而在这期间有 5 段时间（2008~2009 年、2010~2011 年、2011~2012 年、2012~2013 年、2013~2014 年）的生态效率在 1 以下；沪宁杭工业基地在 2008~2009 年的生态效率的增幅为 10.7%；珠三角工业基地在 2010~2011 年的生态效率最高，Malmquist 指数高达 1.248，增幅为 24.8%，是所有工业基地和各年间的最高值。

从表 4 中还可以看出，只有沪宁杭工业基地在这 10 年间的技术效率变化指数、技术进步变化指数、纯技术效率变化指数、规模效率变化指数和 Malmquist 指数是在上升的，上升幅度分别为 0.2%、3.2%、0.2%、0 和 3.4%，而其他三个工业基地的各项指数均有着不同的增加或下降。但整体来看，京津冀工业基地的 Malmquist 指数是最高的，生态效率的增幅高达 9.5%，其中主要是技术进步起推动作用。

具体的各城市在这 10 年间的 Malmquist 指数如表 5 所示。

表 5　各城市的 Malmquist 指数

工业基地	城市	Effch	Techch	Pech	Sech	Malmquist 指数
京津冀工业基地	北京市	1.000	1.118	1.000	1.000	1.118
	天津市	1.000	1.102	1.000	1.000	1.102
	唐山市	0.995	1.070	1.000	0.995	1.065
	平均值	0.998	1.096	1.000	0.998	1.095
辽中南工业基地	沈阳市	0.979	1.028	0.998	0.981	1.006
	大连市	0.983	1.037	0.988	0.996	1.020
	鞍山市	0.998	1.014	1.001	0.997	1.012
	本溪市	1.020	0.992	1.000	1.020	1.012
	辽阳市	1.037	0.960	1.000	1.037	0.995
	平均值	1.003	1.006	0.997	1.006	1.009
沪宁杭工业基地	上海市	1.000	1.053	1.000	1.000	1.053
	南京市	1.002	1.028	1.005	0.997	1.030
	无锡市	0.990	1.029	0.997	0.993	1.019
	常州市	1.017	1.037	1.000	1.017	1.054
	苏州市	1.004	0.995	1.002	1.002	0.999

续表

工业基地	城市	*Effch*	*Techch*	*Pech*	*Sech*	Malmquist 指数
沪宁杭 工业基地	南通市	0.985	1.036	1.000	0.985	1.021
	杭州市	1.008	1.038	1.010	0.998	1.046
	宁波市	1.011	1.037	1.004	1.007	1.048
	平均值	1.002	1.032	1.002	1.000	1.034
珠三角 工业基地	广州市	1.000	1.055	1.000	1.000	1.055
	深圳市	1.000	1.233	1.000	1.000	1.233
	珠海市	0.983	1.041	1.000	0.983	1.023
	佛山市	1.000	1.072	1.000	1.000	1.072
	惠州市	0.976	1.039	0.980	0.995	1.014
	平均值	0.992	1.086	0.996	0.996	1.077

注：平均值均为几何平均值。

四大工业基地从总体上看在这 10 年间的生态效率都是大于 1 的，处于提升状态，但是各个城市的生态效率有高有低。具体可以将这些城市分为七类。第一类包括辽阳市和苏州市，这两个城市的 Malmquist 指数小于 1，生态效率下降，下降的原因主要是技术进步缓慢。第二类包括鞍山市，Malmquist 指数大于 1，生态效率的提高主要是由技术进步和纯技术效率的提高带来的。第三类包括本溪市，Malmquist 指数大于 1，主要是由技术效率和规模效率的提高带来的。第四类包括常州市，该城市生态效率处于提升状态，Malmquist 指数大于 1，而这主要是技术效率、技术进步和规模效率作用的结果。第五类包括杭州市，Malmquist 指数大于 1，主要是由技术效率、技术进步和纯技术效率的提高带来的。第六类包括宁波市，Malmquist 指数大于 1，在技术效率、技术进步、纯技术效率和规模效率四者的共同作用下促成了生态效率的提高。第七类包括前六类以外的其他所有城市，这些城市的 Malmquist 指数大于 1，生态效率的提高主要由技术进步带来。总的来看，技术进步在这些城市的生态效率的提高或下降中发挥着非常重要的作用，绝大多数城市生态效率的提高都源于技术进步，而第一类城市中生态效率的下降也是源于技术进步缓慢。

进一步分析，从四大工业基地整体来看，辽中南工业基地的生态效率在四大工业基地中是最低的（Malmquist 指数的平均值为 1.009），生态效率的前三名分别是京津冀工业基地（Malmquist 指数的平均值为 1.095）、珠三角工业基地（Malmquist 指数的平均值为 1.077）和沪宁杭工业基地（Malmquist 指数的平均值为 1.034）。而单独从各个城市来看，深圳市的生态效率最高，Malmquist 指数为 1.233，而北京市和天津市的 Malmquist 指数分别为 1.118 和 1.102，生态效率排在第二、第三名；辽阳市、苏州市的生态效率排在倒数第一、第二名，Malmquist 指数分别为 0.995 和 0.999，并没有达到 DEA 有效，鞍山市和本溪市并列生态效率的倒数第三名，Malmquist 指数为 1.012。可以看出，尽管鞍山市和本溪市的生态效率排在 21 个城市的倒数第三名，但是其 Malmquist 指数亦是大于 1 的，这些工业基地城市的生态效率基本上是在提升的。

从每个工业基地城市间的差距来看，京津冀工业基地 3 个城市的 Malmquist 指数的极差为 0.053，标准差为 0.0272；辽中南工业基地 5 个城市的 Malmquist 指数的极差为 0.025，标准差为 0.0093；沪宁杭工业基地 8 个城市的 Malmquist 指数的极差为 0.055，标准差为 0.0198；珠三角工业基地 5 个城市的 Malmquist 指数的极差为 0.219，标准差为 0.0890。可以看出，各个区域内部生态效率增长的差距并不大，基本上是一致的，其中辽中南工业基地城市间的差距最小，但其 Malmquist 指数的平均值也是最低的；珠三角工业基地城市间的差距是最大的，这主要是由于深圳市的生态效率处于较高水平而其他城市处于一般水平。这提示各个区域间应该协调发展，京津冀工业基地和沪宁杭工业基地主要是继续保持共同进步；辽中南工业基地则是进一步提高其生态效率，努力向其他几个工业基地看齐；而珠三角工业基地发挥好深圳市的"领头羊"作用，提高其他城市的生态效率。

（三）生态效率的影响因素分析

前文测量的生态效率只是衡量了投入与产出的有效性问题，但是生态效率也受到其他因素的影响。为了进一步探讨这些城市生态效率的影响因素，在 DEA 分析的基础上，本文将第三部分中的生态效率作为被解释变量，选取人均 GDP（将其取对数处理）、第二产业增加值占地区 GDP 的比重、实际利用外资金额占 GDP 的比重、政府财政支出占 GDP 的比重和人口密度（将其取对数处理）作为经济规模（$\ln GDPP$）、产业结构（IS）、对外开放程度（$FORE$）、政府管制（GOV）和地区因素（$\ln POP$）的衡量指标，并建立面板 Tobit 模型对生态效率的影响因素进行分析。回归结果如表 6 所示。

表6　生态效率影响因素的 Tobit 回归结果

变量	京津冀 工业基地	辽中南 工业基地	沪宁杭 工业基地	珠三角 工业基地	全部城市
常数	0.857965 ** (0.4336443)	1.846105 *** (0.4858025)	− 0.5903498 * (0.35723)	− 0.4994227 (0.49361)	0.8022144 *** (0.1856629)
$\ln GDPP$	− 0.013616 (0.0336206)	0.012107 (0.0345022)	0.0852757 *** (0.0223942)	0.0206237 (0.0194057)	0.0146605 (0.0132051)
IS	− 0.001478 (0.001081)	− 0.001766 (0.0014243)	0.0011142 (0.001653)	0.0014375 (0.0016517)	− 0.0022924 *** (0.0008034)
$FORE$	0.048137 ** (0.0215142)	0.022347 * (0.0123039)	− 0.0289382 (0.0327193)	0.1956097 *** (0.0361403)	0.0268937 *** (0.0097571)
GOV	0.001328 (0.0035574)	− 0.012004 *** (0.0024193)	0.0002605 (0.0035728)	− 0.0043713 ** (0.0019859)	− 0.0065659 *** (0.0013648)
$\ln POP$	0.040742 * (0.021728)	− 0.111027 ** (0.0455845)	0.0729131 *** (0.0265335)	0.1604933 *** (0.048996)	0.0235798 (0.0146092)

注：***、**、*分别表示在1%、5%、10%的水平下显著。

从表 6 的回归分析结果来看，各个工业基地的生态效率受到的影响因素是各有差异的。其中，只有沪宁杭工业基地的生态效率与人均 GDP 之间在 1% 的显著性水平下呈正向的关系。这说明其经济发展水平的提高能够带来技术效率的提升，从而促进城市绿色经济效率提升，也说明沪宁杭工业基地在发展中兼顾了经济增长和生态效率的关系，属于高质量的、协调的发展。

从全部城市整体上看，第二产业增加值占地区 GDP 的比重与生态效率呈负相关关系，并通过了 1% 的显著性检验，第二产业增加值占比每提高 1 个百分点，生态效率降低 0.0023 个百分点。一般而言，第二产业对资源的消耗比较多，从而带来的环境污染问题也会比较严重，因此这些工业城市应该加快产业转型，提高资源利用效率，促进建立环境友好型社会。

对外开放程度对于京津冀、辽中南和珠三角工业基地的生态效率均有显著的正向影响，分别通过了 5%、10% 和 1% 的显著性检验，对外开放程度每提高 1 个百分点，京津冀、辽中南和珠三角工业基地的生态效率分别提高 0.0481 个百分点、0.0223 个百分点和 0.1956 个百分点。可以看出，珠三角工业基地的生态效率受到对外开放水平的影响是比较大的，这可能与珠三角工业基地地处重要对外开放地区和对外贸易的传统有关。同时从全部城市来看，对外开放程度对生态效率也有显著的正向促进作用。

政府管制对辽中南工业基地和珠三角工业基地都有显著的负向影响，在 1% 的显著性水平下，政府财政支出占比每提高 1 个百分点，对于辽中南工业基地的生态效率而言就会降低 0.0120 个百分点，而珠三角工业基地将在 5% 的显著性水平下降低 0.0044 个百分点。另外，全部城市的回归结果也表明政府财政支出占 GDP 的比重对生态效率是有显著的负向作用的。可见政府管制对生态效率的负向作用尽管没有很高，但是政府过高的管制仍然是不利于生态效率提高的，政府应该控制好自身的财政开支，进一步发挥市场在资源配置中的决定性作用。

人口密度（地区因素）对四个工业基地均有显著影响，且对京津冀、沪宁杭和珠三角工业基地均是正向影响，而对辽中南工业基地却是负向影响，人口密度每提高 1 个百分点，京津冀、沪宁杭、珠三角工业基地的生态效率将分别提高 0.0407、0.0729 和 0.1605 个百分点，辽中南工业基地的生态效率则会降低 0.1110 个百分点。可见人口密度对珠三角工业基地和辽中南工业基地的影响是比较大的，所以这两个工业基地的城市应着重关注人口密度对生态效率的影响。有的观点认为，过多的人口会使环境污染加剧，辽中南工业基地的数据也验证了这一观点，但是，与社会发展相匹配的合理的人口结构和数量也会带来经济高质量增长，从而提高生态效率。京津冀、沪宁杭和珠三角工业基地的回归结果表明人口密度的增加也是能够带来生态效率的提高的。

五 结论与建议

本文对中国四大工业基地主要城市 2007~2016 年的生态效率进行了分析，并在生态效率评价的基础上建立面板 Tobit 模型对其影响因素进行了分析，主要结论如下。首先，在规模报酬可变的情况下运用 DEA 模型对这些城市的生态效率进行静态评价，在这 10 年间全部城市的生态效率均值为 0.954，其中北京市、辽阳市、上海市、广州市、深圳市、珠海市和佛山市的生态效率值为 1，达到 DEA 有效，其余城市的生态效率值小于 1，投入产出还有改进空间。其次，运用 Malmquist 指数对样本城市的动态生态效率进行计算，从结果可以看出，整体上这些城市的生态效率年均上升 5.3%。另外，从指数分解结果来看，每年的 Malmquist 指数在 0.874 和 1.248 之间波动，京津冀、辽中南和沪宁杭工业基地基本呈现先下降后上升的趋势，珠三角工业基地则呈现 N 字形的变化形态。只有沪宁杭工业基地在这 10 年间的技术效率变化指数、技术进步变化指数、纯技术效率变化指数、规模效率变化指数和 Malmquist 指数是在上升的，但京津冀工业基地的生态效率增幅以 9.5% 成为四个工业基地中最高的。从各个城市来看，可以把这些城市分为七类，其中只有辽阳市和苏州市的 Malmquist 指数小于 1，其余城市的生态效率均处于提升状态。最后，从影响生态效率的因素来看，经济规模对生态效率产生正向影响，但在京津冀工业基地的回归中表现出不显著的负向影响；产业结构，尤其是第二产业增加值占比，对生态效率起负向作用，但在沪宁杭和珠三角工业基地中有不显著的正向影响；对外开放程度的提高会带来生态效率的提高，但在沪宁杭工业基地中的负向作用不显著；政府管制对生态效率有负向影响，但在京津冀和沪宁杭工业基地呈现并不显著的正向作用；地区因素，即人口密度对生态效率起着显著的正向作用，但对辽中南工业基地有显著的负向作用。

　　基于上述结论，本文认为提升生态效率可以从以下几个方面入手。第一，发挥生态效率值高的城市的带头作用，落后城市应该向投入产出更具效率的城市学习、借鉴，不断对各自的技术效率、技术进步、纯技术效率和规模效率落后的方面进行调整。第二，由于有时第二产业增加值占比对生态效率有负向作用，所以各个城市应该注意产业结构的优化，注意高耗能产业和环境污染严重产业对生态的破坏；但又由于产业结构对不同地区的作用有异质性，所以各个地区应该结合自身的实际情况，因地制宜推进产业结构向高质量、高效率的方向发展，加快供给侧结构性改革，提高全要素生产率。第三，进一步提高对外开放水平，充分发挥市场在资源配置中的决定性作用，提高利用外资的水平，并积极引进外国先进技术，促进技术转移，推进节能环保产业、新能源技术和绿色产业技术的国际合作和交流。第四，在人口密度阻碍生态效率提高的地区，应注意过度的城镇化，控制好人口规模，优化人口结构，提高人口质量，使人力资本与社会发展相协调；其他地区则应发挥好人力资本的优势作用，进一步优化城市规模和城镇体系。第五，政府应加大环境保护力度，发挥好宏观调控作用，使"无形的手"与"有形的手"有效配合，大力发展生态文明，完善可持续发展的整体框架，建设以人为本的生态文明城市。

参考文献

盖美、聂晨，2019，《环渤海地区生态效率评价及空间演化规律》，《自然资源学报》第 34 卷第 1 期。

李美娟、陈国宏，2003，《数据包络分析法（DEA）的研究与应用》，《中国工程科学》第 5 卷第 6 期。

李青松、徐国劲、邓素君、孙江伟、孟庆香，2016，《基于 DEA-Malmquist-Tobit 模型的河南省生态效率研究》，《环境科学与技术》第 39 卷第 4 期。

李燕、李应博，2015，《我国生态效率演化及影响因素的实证分析》，《统计与决策》第 15 期。

龙亮军，2019，《中国主要城市生态福利绩效评价研究——基于 PCA-DEA 方法和 Malmquist 指数的实证分析》，《经济问题探索》第 2 期。

吕明元、孙献贞、陈维宣，2018，《供给侧结构性因素对产业生态效率影响的实证研究——基于中国纺织业的 DEA-Tobit 分析》，《科技管理研究》第 38 卷第 6 期。

马海良、黄德春、姚惠泽，2011，《中国三大经济区域全要素能源效率研究——基于超效率 DEA 模型和 Malmquist 指数》，《中国人口·资源与环境》第 21 卷第 11 期。

马晓君、李煜东、王常欣、于渊博，2018，《约束条件下中国循环经济发展中的生态效率——基于优化的超效率 SBM-Malmquist-Tobit 模型》，《中国环境科学》第 38 卷第 9 期。

马占新、马生昀、包斯琴高娃，2013，《数据包络分析及其应用案例》，科学出版社。

齐红倩、陈苗，2018，《环境规制对我国绿色经济效率影响的非线性特征》，《数量经济研究》第 9 卷第 2 期。

齐亚伟、陶长琪，2012，《我国区域环境全要素生产率增长的测度与分解——基于 Global Malmquist-Luenberger 指数》，《上海经济研究》第 24 卷第 10 期。

钱争鸣、刘晓晨，2013，《中国绿色经济效率的区域差异与影响因素分析》，《中国人口·资源与环境》第 23 卷第 7 期。

宋一弘，2012，《环境约束下城市能源效率及其影响因素分析——基于三阶段 DEA-Malmquist 指数的实证分析》，《暨南学报》（哲学社会科学版）第 34 卷第 11 期。

王留鑫、姚慧琴、韩先锋，2019，《碳排放、绿色全要素生产率与农业经济增长》，《经济问题探索》第 2 期。

吴义根、冯开文、曾珍，2019，《我国省际区域生态效率的空间收敛性研究》，《中国农业大学学报》第 24 卷第 2 期。

徐祯、吴海滨，2018，《全要素生产率与环境污染：基于省级面板数据的实证研究》，《生态经济》第 34 卷第 4 期。

杨向阳、潘妍、童馨乐，2019，《因地制宜：产业结构变迁与全要素生产率——基于 230 个城市的经验证据》，《北京工商大学学报》（社会科学版）第 34 卷第 2 期。

张悟移、陈天明、王铁旦，2013，《基于 DEA 和 Malmquist 指数的中国区域环境治理效率研究》，《华东经济管理》第 27 卷第 2 期。

周蓉蓉，2018，《生态文明视角下生态效率评价分析——以湖北省为例》，《生态经济》第 34 卷第 3 期。

Caves, R. E. 1982. *Multinational Enterprise and Economic Analysis.* Cambridge University Press.

Charnes, A. , Cooper, W. W. , & Rhodes, E. 1978. "Measuring the Efficiency of Decision Making Units." *European Journal of Operational Research*, 2 (6): 429 – 444.

Malmquist, S. 1953. "Index Numbers and Indifference Surfaces." *Trabajos de Estadistica*, 4 (2): 209 – 242.

Schaltegger, S. , & Sturm, A. 1990. "Okologische Rationlitat." *Die Unternehmung*, 44 (4): 273 – 290.

江苏省产业结构调整与水污染关系的实证研究

一 引言

近些年，我国在经济腾飞的同时，也面临严重的环境污染，全国各地都存在不同程度的空气污染、水体污染、固体废弃物污染等问题。作为中国经济实力最强的省份之一，江苏省统计局的数据表明，2000~2018年江苏省人均地区生产总值由11765元增长至115168元，人民在生活水平得到大幅提升的同时，也承受着环境污染带来的负面影响。江苏省地处长江流域下游地带，区域内河网密布、湖泊众多，水资源丰富。但是随着经济社会的快速发展，大量工业和生活污水的肆意排放导致了严重的水体污染。虽然改革开放以来我国经济增长取得了巨大的进步，但其本质上是依托增加廉价劳动力等生产要素投入实现的粗放型增长，经济效益低且不可持续。为提升经济发展质量和效益，我国提出要加快转变经济发展方式，促进产业结构调整和升级，走可持续发展道路。江苏省积极响应国家号召，加快产业转型升级步伐，取得了一系列显著成效。依据《江苏统计年鉴2016》的数据，2015年江苏省三次产业比例为5.6∶46.3∶48.1，第三产业比重首次超过第二产业，成为江苏省第一大产业，制造业与信息技术、服务经济加快融合，为经济发展注入新动力。同时，江苏省加快淘汰低水平落后产能，《2018年江苏省国民经济和社会发展统计公报》指出，江苏省2018年"关闭高耗能高污染及'散乱污'规模以上企业3600多家；关停低端落后化工企业1200家以上"。全省节能减排效果显著，产业层次明显提升。

根据环境库兹涅茨倒 U 形曲线理论，当一个国家处于经济发展的初期时，随着经济的增长，环境污染问题日趋严重，但是当经济发展达到一定程度之后，环境污染问题会逐渐缓解。基于该理论，学术界对产业结构调整与环境污染间的关系问题展开了研究，主要有两种不同的结论。大多数学者认为，产业结构的升级优化会使环境污染问题得到缓解。如马骏、胡博文（2019）的研究指出，我国东部沿海地区的环境问题将随着产业结构的升级而逐步解决。但是，也有学者认为产业结构调整无法有效解决环境污染问题。如胡飞（2011）的研究表明，受经济发展阶段的限制，产业结构升级对减少我国东部和中部地区环境污染所起的作用有限。此外，较多这类研究着重于探究产业结构对环境污染的单向影响，而忽视了环境污染对于产业结构调整的反向作用。王佳（2016）的研究曾指出，环境污染也是推进产业结构升级的原因之一，但其作用有限。总之，学术界对环境污染对于产业结构调整的作用没有一个定论，而且对于二者之间双向关系研究的文献较少，这方面存在一定的缺陷。

因此，本文将重点研究江苏省产业结构调整与区域内水污染问题之间的双向关系，通过构建 VAR 模型，一方面验证产业结构调整对于水污染的作用，另一方面进一步探究水污染问题是否会对产业结构的升级优化产生影响。本文将进一步丰富该领域的研究，弥补空白，同时对于后来者具有一定的借鉴意义，并引发更多的研究。《2019 年国务院政府工作报告》指出，"绿色发展是构建现代化经济体系的必然要求，是解决污染问题的根本之策"。在经济新常态下，推进产业结构升级优化，加快转变经济发展方式是实现绿色发展的必然选择。江苏省作为全国产业结构升级的领头兵和示范省，近年来在产业结构调整方面取得了一定的成效。本文的研究有助于人们深层次了解产业结构调整与环境污染之间的双向关系，同时，对于进一步推进江苏省产业结构升级优化，以及区域内水污染等环境问题治理也具有重要意义。

二　文献综述

关于产业结构调整与环境污染之间关系的研究始于 20 世纪 90 年代。

Grossman 和 Krueger（1995）的研究指出，产业结构与环境污染之间呈倒 U 形关系，即在经济发展早期阶段，在产业结构由以第一产业为主导转向以第二产业为主导的过程中环境污染会日益严重，后期当产业结构开始转向以第三产业为主导时，环境质量将得到改善。随后，国内外学者就此展开了大量的研究，大部分研究结果证实了这一结论，认为产业结构的变化与环境污染之间存在倒 U 形关系。Dinda（2004）的研究认为，当农业经济向工业经济转型时，工业经济本身释放更多的污染物，环境污染问题会日益严重；当经济结构由工业经济向服务经济转型时，过往污染较为严重的部门将被挤出，不仅经济水平可以得到进一步的提升，环境污染问题也会得到一定缓解。Bildirici 和 Gokmenoglu（2017）利用 1961～2013 年不同制度下 G7 国家的数据，分析环境污染、经济增长和水电能源消耗之间的关系，验证了经济增长与环境污染之间的倒 U 形关系。也有学者提出异议，认为如果改变样本或计量方法环境库兹涅茨曲线将不再成立，如 Brajer 等（2011）的研究认为，产业结构调整与环境污染之间不存在倒 U 形关系。但是大多数学者还是认同并证实了产业结构调整与环境污染之间存在倒 U 形关系。

近年来，中国政府加快转变经济发展方式要求的提出，大大加快了中国部分地区的产业结构由以第二产业为主导转向以第三产业为主导的演化进程，实现了产业结构升级优化。对此，学术界也展开了探讨：产业结构调整与环境污染的倒 U 形关系是否适用于中国环境，中国的产业结构升级是否有效减轻了环境污染问题？大多数研究结论表明，中国的产业结构升级优化改善了其环境污染问题。赵海霞、董雅文（2010）研究了产业结构调整与水环境污染控制的协调问题，结论指出，在经济发展的同时进行产业结构调整，既能保障经济的快速发展又能减轻水污染。Zhang 和 Ren（2011）的研究认为，调整和优化经济结构，尤其是建筑业和运输业，对降低中国碳排放量至关重要。张亚斌等（2014）研究表明，在产业结构高级化，特别是信息化的背景下，原有各个部门的环境效率也会提高，从而在整体上有利于减少环境污染。韩楠、于维洋（2015）通过建立 VAR 模型，研究中国产业结构调整对环境污染的长期动态影响，结果表明产业结构与环境污染之间存在长期、稳定的协整关系，且产业结构的变化是环境污染的格兰杰原因。何慧爽（2015）以 SO_2 排放量作为环境污染指标来研究环境污染与产业结构的关系，验证了环境库兹涅茨曲线的存在。Yu 等（2018）的研究指出，通过优化产业结构来降低高污染、高耗能企业的比重，可以实现节能减排的目标从而改善环境质量。但是，也有部分学者研究得出相反的结论。肖挺、刘华（2014）的实证结果发现，产业结构优化并不能对防污减排工作产生积极的影响，反而加剧了污染排放的问题。李鹏（2015）利用中国 2004～2012 年的省际面板数据进行了实证检验，结果表明，产业结构的优化并不能改善我国的环境污染状况。

此外，大多数研究认为经济体的产业结构调整是经济发展的产物，在研究中仅侧重于产业结构调整对环境污染的影响，而忽略了环境污染对产业结构也有可能造成一定影响。王佳（2016）的研究曾指出，环境污染也是推进产业结构升级的原因之一，但其作用有限。吕政宝、杨艳琼（2018）的研究认为，环境污染和产业结构的关系不仅仅局限于产业结构调整可以改善环境质量，同时环境污染还可以倒逼政府增强环境规制，从而迫使本地产业结构发生改变。产业结构调整是一个动态的概念，不同时期产业结构调整的特征与方向是有区别的，当研究选取的时间序列数据具有阶段性特征时，可能无法反映整个产业结构动态演化的过程，所导致的研究结论也就会产生差异。而且，不同地区产业结构调整的进度与成效不同，具体研究区域的选择差异也可能会导致结论的不同。李鹏（2015）的研究结果显示，在东部地区，产业结构的调整显著加剧我国的环境污染状况，而在中部地区和西部地区，产业结构的调整并没有显著加剧我国的环境污染状况。

因此，本文的研究利用江苏省近年来产业结构调整及水污染的相关数据，通过构建 VAR 模型检验江苏省产业结构调整与水污染之间是否存在长期的均衡关系，判断二者之间是否存在双向的因果关系，以及分析产业结构变化对水污染的冲击所带来的影响。本文将具体考察江苏省产业结构调整与水污染之间关系的区域特征并分析相应结论的原因，最终提出一些切合实际的地区发展建议，推动江苏省协调好经济发展与环境质量的关系，实现经济可持续发展。

三　方法与数据

（一）指标选取

产业结构通常是指一国经济中各产业部门间的比例关系，而产业结构调整指的是各产业之间相互关系的转变，主要包含产业结构合理化与产业结构高级化两个维度。产业结构合理化，是指各产业之间互相协调，可以根据市场需求结构的变动合理配置生产要素以实现最优效益。产业结构高级化，是指产业结构整体上从低层次转向高级化水平的演化过程，是衡量产业结构升级的重要工具，表现为产业结构遵循一、二、三产业优势地位的变化依次递进等。本文的研究更侧重于研究产业结构升级所带来的影响，所以主要从产业结构高级化角度来表现产业结构调整。

对于产业结构高级化系数的构造，我国学者主要侧重于从数量即产业比例关系上表现产业结构升级，如祝丽云等（2018）用第三产业与第二产业的产值比来衡量产业结构高级化程度。也有学者如王佳（2016）利用下列公式来度量产业结构高级化程度：

$$R = \sum_{i=1}^{3} C_i \times i \qquad (1)$$

其中，R 为产业结构高级化系数，C_i 表示某一个产业 i 的收入比重。R 的取值范围为 $1 \sim 3$，数值越接近 1 表明该地区产业结构层次越低，数值越接近 3 表明该地区产业结构层次越高。综合前人研究，为更加全面地反映江苏省产业结构调整的情况，本文将利用公式（1）来衡量产业结构高级化系数 R。

而对于水污染变量的衡量，较多研究以废水中的各类元素排放量综合计算水污染指数。如许立祥（2018）的研究综合了化学需氧量（COD）排放量、氨氮排放量、总磷排放量等四个指标计算污染指数。在考虑数据可得性以及前人研究的基础上，本文直接采用工业废水排放量来衡量水污染变量 P。

（二）研究数据

本文选取了江苏省 2000～2017 年的时间序列数据，样本容量为 18。其中，产业结构高级化系数（R）是通过各产业产值比重的数据计算得到，原始数据来自相应年份的《江苏统计年鉴》。水污染（P）用当年的工业废水排放量（单位：亿吨）来衡量，数据源于江苏省生态环境厅的相应年份的《环境状况年度公报》，2017 年的工业废水数值缺失，通过模型模拟补齐。数据计算结果如表 1 所示。可以看出，产业结构高级化系数均在 2 以上且数值逐年增加，表明江苏省产业结构以第二产业为主导但是产业结构不断升级，而工业废水排放总体上呈现先增加后减少的趋势。

表 1　江苏省 2000～2017 年产业结构及水污染指标

年份	产业结构高级化系数 R	水污染 P	年份	产业结构高级化系数 R	水污染 P
2000	2.237	20.20	2009	2.328	25.62
2001	2.249	27.10	2010	2.352	26.38
2002	2.262	26.30	2011	2.361	24.63
2003	2.268	24.80	2012	2.369	23.61
2004	2.256	26.35	2013	2.394	22.06
2005	2.276	29.63	2014	2.41	20.49
2006	2.29	28.72	2015	2.425	20.64
2007	2.303	26.88	2016	2.447	17.94
2008	2.314	26.00	2017	2.456	17.51

利用 SPSS 24 对表 1 的数据进行描述性统计分析，结果如表 2 所示。

表 2　描述性统计分析

	个案数统计	最小值	最大值	平均值	标准差
第一产业比重（%）	18	4.7	12.2	7.378	2.2273
第二产业比重（%）	18	44.7	56.8	51.944	3.9355
第三产业比重（%）	18	34.6	50.3	40.683	5.3062
产业结构高级化系数 R	18	2.237	2.456	2.33317	0.071344
水污染 P（亿吨）	18	17.51	29.63	24.15889	3.567604

总体来看，在江苏省 2000 ~ 2017 年产业结构中，第二产业比重最大，第一产业比重最小，二、三产业比重的标准差较大，说明江苏省产业结构中二、三产业结构变化较大。产业结构高级化系数 R 的平均值为 2.333，标准差为 0.071，说明 2000 ~ 2017 年江苏省产业结构的变动较小；工业废水排放量的平均值为 24.16，标准差为 3.57，说明水污染在 18 年内变动相对大一些。

（三）研究方法

为了研究江苏省产业结构调整与水体污染间的相互关系，本文采用 VAR 模型进行分析。VAR 模型，即向量自回归模型，由 Christopher Sims 于 1980 年提出，通过将系统中所有当期变量对所有变量的若干滞后变量进行回归，来分析系统中各变量之间的动态影响关系。VAR 模型的数学表达式如下：

$$Y_t = A_1 Y_{t-1} + A_p Y_{t-p} + \cdots + BX_t + \varepsilon_t \qquad t = 1, 2, 3, \cdots, T$$

其中，Y_t 为 k 维内生变量，X_t 是 d 维外生变量，$A_1 \cdots A_p$ 和 B 分别为 $k \times k$ 维、$k \times d$ 维待估计系数矩阵，内生变量有 p 阶滞后期，T 为样本个数，ε_t 为 k 维随机扰动向量。

本文在建立 VAR 模型的基础上，首先，运用协整关系方法检验江苏省产业结构调整与环境污染之间是否存在长期的均衡关系；其次，运用格兰杰因果关系检验二者之间是否存在因果关系；最后，通过脉冲响应函数和方差分解分析江苏省产业结构调整与水污染的互相冲击所带来的影响。

四　实证结果

（一）序列平稳性检验

在建立 VAR 模型之前，首先需要对时间序列数据进行平稳性检验，即检验是否存在单位根。只有在数据平稳的前提下，才能对 VAR 模型进行进一步计量分析，否则会出现伪回归现象。在此之前，我们先对变量 R 和 P 取自然对数得到变量 $\ln R$ 和 $\ln P$。下面，我们采用 ADF（Augmented Dickey-

Fuller Test）方法检验时间序列数据是否平稳，结果如表 3 所示。

表 3　ADF 单位根检验结果

变量	检验类型	ADF 统计量	5% 临界值	p 值	结论
$\ln P$	（c，t，3）	−2.818743	−3.791172	0.2144	不平稳
$\ln R$	（0，0，0）	−1.790629	−3.710482	0.6649	不平稳
$D\ln P$	（c，t，2）	−4.29019	−3.791172	0.0226	平稳
$D\ln R$	（0，t，1）	−4.321127	−3.759743	0.0197	平稳

注：检验类型（c，t，1）分别代表截距项、趋势项和滞后期数，存在截距项或趋势项分别记为 c 和 t，否则为 0；D 表示一阶差分。

从表 3 可以看出，$\ln R$ 和 $\ln P$ 的 ADF 检验的 p 值均大于 0.05 的显著性水平，表明存在单位根，原序列是不平稳的。进一步对两个时间序列都进行一阶差分，对序列 $D\ln P$ 和 $D\ln R$ 进行单位根检验，此时二者的 p 值均小于 0.05，说明变量 $\ln P$ 和 $\ln R$ 的一阶差分序列是平稳的，即两组时间序列在 5% 的显著性水平下均为一阶单整序列 I（1）。对于同阶单整的时间序列数据可以进行协整检验。

（二）VAR 模型的建立

1. 滞后期数的确定

在建立 VAR 模型之前，通常先要确定模型的最优滞后期数，结果如表 4 所示。

表 4　VAR 模型的最优滞后期数

Lag	LogL	LR	FPE	AIC	SC	HQ
0	54.31206	NA	1.10e − 06	−8.04801	−7.961094	−8.065874
1	86.67689	49.79204 *	1.42e − 08 *	−12.4118	−12.15108 *	−12.46542
2	88.82539	2.644316	2.02e − 08	−12.127	−11.69241	−12.21631
3	91.08283	2.083791	3.13e − 08	−11.8589	−11.25049	−11.98395
4	95.26391	2.572968	4.47e − 08	−11.8868	−11.10452	−12.04754
5	104.772	2.925553	4.93e − 08	−12.73415 *	−11.77808	−12.93066 *

注：带 * 号的即为该行检验标准推荐的最优滞后期数。

根据 AIC 和 SC 信息量准则，对应的 AIC 和 SC 取值最小的一组确定为

VAR 模型的最优滞后期数。通过表 4 可得，SC 值在滞后 1 期的情况下最小，但 AIC 值在滞后 5 期的情况下最小。但是，再结合其他指标综合考虑，本文最终确定 VAR 模型的最优滞后期数为 3 期，即建立 VAR（3）模型。

2. VAR 模型的估计

利用 Eviews 6.0 软件对 VAR 模型进行估计，得到以下 VAR（3）模型的矩阵形式：

$$\begin{bmatrix} \ln P \\ \ln R \end{bmatrix} = \begin{bmatrix} 4.086888 \\ -0.360392 \end{bmatrix} + \begin{bmatrix} 0.554046 & -4.805208 \\ 0.039464 & 0.459623 \end{bmatrix} \begin{bmatrix} \ln P_{t-1} \\ \ln R_{t-1} \end{bmatrix} + \begin{bmatrix} -0.260902 & 1.817188 \\ 0.006531 & 0.361551 \end{bmatrix}$$

$$\begin{bmatrix} \ln P_{t-2} \\ \ln R_{t-2} \end{bmatrix} + \begin{bmatrix} 0.307743 & -0.350048 \\ -0.009659 & 0.481839 \end{bmatrix} \begin{bmatrix} \ln P_{t-3} \\ \ln R_{t-3} \end{bmatrix}$$

从上述模型结果可以看出，江苏省产业结构调整 lnR、水污染 lnP 变量均受各自滞后 1 期、滞后 2 期、滞后 3 期的指标值的影响。其中，前一期水污染对当期水污染具有明显的正向作用；前一期产业结构调整比重变化则对当期比重值影响较小。

3. 模型平稳性检验

对于建立的 VAR（3）模型，需要对模型进行平稳性检验。如果 VAR 模型全部特征根的倒数值都落在单位圆内，则表示模型是平稳的，反之表示模型不平稳。不平稳的 VAR 模型不可以做脉冲响应函数分析。对于 LnP 和 LnR 建立的两变量滞后 3 期的 VAR 模型共有 6 个特征根。从图 1 可以看出，全部特征根倒数的模都在单位圆内，因此表明上面建立的 VAR（3）模型是稳定的。

（三）Johansen 协整检验

本文使用 Johansen 协整检验方法对江苏省水污染（lnP）和产业结构调整（lnR）之间的协整关系进行检验。VAR 模型的最优滞后期数为 3，选取 2 期作为 Johansen 协整检验的滞后期数，得到的结果如表 5 所示。

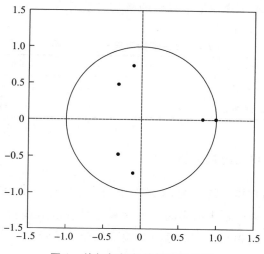

图 1　特征根倒数的模的单位圆

表 5　Johansen 协整检验结果

	原假设	特征值	统计量值	5%临界值	p 值	结论
迹统计量	None	0.760014	32.46648	25.87211	0.0065	拒绝
	At most 1	0.521576	11.05887	12.51798	0.0866	接受

根据迹统计量的检验结果：原假设为 None（不存在协整关系），统计量值大于 5% 显著性水平下的临界值，且 p 值为 0.0065，拒绝原假设，即认为至少存在一个协整关系；原假设为 At most 1（最多存在一个协整关系），统计量值小于临界值且 p 值为 0.0866，则接受原假设，认为最多存在一个协整关系。最大特征根的检验结果与迹统计量的检验结果一致。因此，Johansen 协整检验结果说明产业结构调整和水污染之间存在且仅存在一个协整关系，即江苏省产业结构调整和水污染之间存在长期均衡关系。

（四）Granger 因果检验

Johansen 协整检验结果表明，江苏省产业结构调整和水污染之间存在长期稳定的均衡关系，但二者之间是否存在因果关系还需要进一步进行格兰杰因果关系检验。本文在进行格兰杰因果关系检验时仍选取最优滞后期 3 期，检验结果见表 6。

结果表明，在 5% 的显著性水平下，产业结构调整是水污染的格兰杰原因，但水污染不是产业结构调整的格兰杰原因。

表6　格兰杰因果关系检验结果

原假设	F 统计量	p 值	结论
产业结构调整不是水污染的格兰杰原因	4.71015	0.0354	拒绝
水污染不是产业结构调整的格兰杰原因	2.1147	0.1766	接受

（五）脉冲响应函数分析

脉冲响应函数描述的是 VAR 模型中的一个内生变量的变化，给其他内生变量当前和未来所带来的影响。下面通过脉冲响应函数来分析产业结构调整与水污染之间相互冲击的动态影响，如图 2 所示。

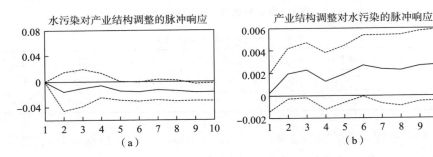

图2　脉冲响应函数

注：横轴表示冲击的滞后期（单位：年），纵轴表示响应数，实线表示脉冲响应函数，虚线表示两倍标准差的偏离线。

由图 2 （a）可得，当给产业结构调整一个单位的正的冲击后，水污染没有立即做出响应，第 1 期响应为 0。前 5 期水污染对产业结构调整冲击的响应不断波动，后 5 期基本趋于稳定，但均为负值。由图 2 （b）可得，水污染对产业结构调整的影响皆为正，呈现波动上升的趋势。但是，产业结构调整对水污染的响应值很小，说明水污染对于产业结构调整的影响很小。

（六）方差分解

方差分解是将 VAR 模型中一个内生变量的变动按其成因分解到方程各

个随机扰动项上，从而了解每个扰动项因素对 VAR 模型中各个内生变量影响的相对程度。根据前面的分析结论，产业结构调整对水污染的影响更为显著，而水污染对产业结构调整的影响很小。因此，这部分主要针对水污染变量进行方差分解，研究产业结构调整及其自身的贡献程度。

由表 7 可知，针对水污染的预测方差分解，初期水污染受自身影响较大，之后水污染对其自身的方差贡献率逐步下降，而产业结构调整对水污染的方差贡献率逐步上升。产业结构调整的冲击对水污染的变动值波动的贡献率存在一定的滞后性，第 1 期并未显现，第 2 期之后贡献率不断增长。产业结构调整对水污染预测方差的贡献率在第 10 期增至 31.03%，表明产业结构调整对水污染有较大的贡献率。

表 7   水污染的方差分解

时期	S. E.	$\ln P$	$\ln R$
1	0.046627	100	0
2	0.055024	91.9545	8.045496
3	0.0564	89.24987	10.75013
4	0.056815	88.35417	11.64583
5	0.058761	83.27547	16.72453
6	0.061129	78.0214	21.9786
7	0.064343	76.35266	23.64734
8	0.067079	73.81124	26.18876
9	0.070159	70.59372	29.40628
10	0.074132	68.96876	31.03124

五   结论与建议

本文运用江苏省 2000~2017 年的产业比重及水污染原始数据，在计算得出产业结构高级化系数的基础上，通过建立 VAR 模型考察产业结构调整与水污染之间的关系。研究结果表明：第一，协整检验结果表明江苏省产业结构调整与水污染之间存在长期均衡关系；第二，与假定不同，产业结构调整和水污染不是互为因果关系，产业结构调整是水污染的格兰杰原因，但水污染不是产业结构调整的格兰杰原因；第三，产业结构调整对水污染存在负向影响，即产业结构的升级减轻了水污染问题。

产业结构高级化是指产业结构的层次提升，产业结构偏向以第三产业为主导，第二产业比重降低，有利于减少由重化工业产生的污水排放量，从而缓解水污染问题。江苏省是我国经济最发达的省份之一，在早期发展的进程中，主要依靠工业的发展来带动经济增长，由此产生的工业污水排放量较大，水污染问题也较为严重。近年来，江苏省加快转变经济发展方式，推进产业结构调整升级，目前第三产业已成为江苏省第一大产业。江苏省大力发展以服务业、高新技术产业为代表的第三产业，推动制造业与信息技术、服务经济加快融合，同时加快淘汰落后产能，关停低端落后化工企业，发展现代化高效工业，产业结构的优化升级使水污染问题也相应地得到了改善。但是，水污染对于产业结构调整的影响并不显著。产业结构主要受经济发展程度、知识技术发展、消费需求结构、产业政策等因素的影响，产业结构的调整一般是随着经济发展而逐渐发生的，很少有地区或国家的产业结构调整是被动地由污染问题引致的。江苏省的产业结构调整也是随着经济发展程度的提升以及政策制定而发生的，水污染对其产业升级几乎没有影响。

根据研究结论，对于江苏省今后的经济发展和环境保护，本文主要提出以下三点建议。第一，坚持走新型工业化道路，提升第二产业内部的层次。加强对高能耗、高污染的低端工业企业的整改，发展集约高效绿色的现代化工业，也为实现更高层次的第三产业奠定坚实的制造业基础。第二，坚持调整优化产业结构，提升第三产业比重，利用本省的资金、人才资源大力发展高新技术产业等，走创新型发展道路，为经济发展增添新动力。提升产业层次，发展以高新技术产业、金融业、服务业等为代表的第三产业，不仅能够带来高附加值，也能减轻环境污染，还能促进就业。第三，加强对水污染的治理，推进环境保护立法工作。严格把控污水排放标准，加大对乱排污的企业的处罚力度。发展废水处理技术，提高废水回收治理效率，实现绿色协调可持续发展。总之，在经济发展的过程中，要坚持可持续发展理念，实现产业结构升级、经济效益提升和环境友好的共赢局面。

参考文献

韩楠、于维洋，2015，《中国产业结构对环境污染影响的计量分析》，《统计与决策》第 20 期。

何慧爽，2015，《环境质量、环境规制与产业结构优化——基于中国东、中、西部面板数据的实证分析》，《地域研究与开发》第 34 卷第 1 期。

胡飞，2011，《产业结构升级、对外贸易与环境污染的关系研究——以我国东部和中部地区为例》，《经济问题探索》第 7 期。

李鹏，2015，《产业结构调整与环境污染之间存在倒 U 型曲线关系吗?》，《经济问题探索》第 12 期。

吕政宝、杨艳琼，2018，《产业结构调整与环境污染的联动效应——基于中国省际面板数据联立方程组的实证研究》，《科技管理研究》第 38 卷第 21 期。

马骏、胡博文，2019，《东部沿海地区环境污染与产业结构升级的关系——基于环境库兹涅茨曲线假说的检验》，《资源与产业》第 21 卷第 1 期。

王佳，2016，《河北省产业结构升级与环境污染关系研究》，《产业与科技论坛》第 15 卷第 16 期。

肖挺、刘华，2014，《产业结构调整与节能减排问题的实证研究》，《经济学家》第 9 期。

许立祥，2018，《鄂州市水污染模拟评价与总量控制研究》，硕士学位论文，华北水利水电大学。

张亚斌、马晨、金培振，2014，《我国环境治理投资绩效评价及其影响因素——基于面板数据的 SBM-TOBIT 两阶段模型》，《经济管理》第 36 卷第 4 期。

赵海霞、董雅文，2010，《产业结构调整与水环境污染控制的协调研究——以钦州市为例》，《2010 中国环境科学学会学术年会论文集》（第 1 卷）。

祝丽云、李彤、马丽岩、刘志林，2018，《产业结构调整对雾霾污染的影响——基于中国京津冀城市群的实证研究》，《生态经济》第 34 卷第 10 期。

Bildirici, M. E., & Gokmenoglu, S. M. 2017. "Environmental Pollution, Hydropower Energy Consumption and Economic Growth: Evidence from G7 Countries." *Renewable and Sustainable Energy Reviews*, 75: 68 – 85.

Brajer, V., Mead, R. W., & Xiao, F. 2011. "Searching for an Environmental Kuznets Curve in China's Air Pollution." *China Economic Review*, 22 (3): 383 – 397.

Dinda, S. 2004. "Environmental Kuznets Curve Hypothesis: A Survey." *Ecological Economics*,

49（4）：431 – 455.

Grossman，G. M. ，& Krueger，A. B. 1995. "Economic Growth and the Environment. " *Quarterly Journal of Economics*，110：353 – 377.

Yu，S. ，Zheng，S. ，Zhang，X. ，Gong，C. ，& Cheng，J. 2018. "Realizing China's Goals on Energy Saving and Pollution Reduction：Industrial Structure Multi-objective Optimization Approach. " *Energy Policy*，122：300 – 312.

Zhang，X. ，& Ren，J. 2011. "The Relationship between Carbon Dioxide Emissions and Industrial Structure Adjustment for Shandong Province. " *Energy Procedia*，5：1121 – 1125.

第四篇

土地开发

长三角城市群城市建设用地利用效率
及其影响因素探究

一 引言

从公元前 1 万年的农业文明开始人类对脚下的土地就有了认知（李小云等，2018），土地资源不可移动以及不可替代的特征使其始终是稀缺的生产资料。我国城市建设用地扩张速度远快于人口增长速度，国家统计局的数据表明，2004～2017 年，中国设市城市建设用地增加了 79%，而同期人口只增加了 6%。中国城市人均建设用地面积为 142.7 平方米，大大超出国家标准及相同经济发展水平国家的人均建设用地面积。1994 年的分税制改革，促使地方政府开始追求制造业溢出效应的"竞次式"发展；1998年福利分房政策取消和对外出口政策转变；"向地方分权的威权制度"与地方官员的晋升体制嵌套导致了在城市建设用地方面地方政府"公地悲剧"式多占多用建设用地指标。土地资源的可持续管理和利用对城市可持续发展至关重要，城市无序扩张不仅会降低整个区域的环境质量，也会逼近耕地红线，造成粮食安全问题，如何提高土地利用效率是解决土地供求矛盾的关键。十九大报告首次提出"高质量发展"的新表述，科学合理用地、提高土地利用效率是高质量发展对城市建设的新要求。

土地利用效率会对经济增长产生影响。Nichols（1970）在《土地与经济增长》（*Land and Economic Growth*）一文中在新古典增长模型的基础上考虑了土地要素，由于土地的存在，储蓄和投资函数发生了变化，影响资本积累的速度。Homburg（1991）的研究表明引入土地要素的经济增长理论，原有的一些结论发生变化，土地的存在排除了动态低效，使黄金规则不再成立，利率最终超过增长率。武康平等（2009）在新古典框架下研究土地要素与经济增长的关系，发现土地利用效率增长率对维持较高的稳态经济增长率有正向作用。目前，土地利用效率的概念缺乏明确而统一的定义，但存在一个共性即认为其可以用投入与产出或成果与消耗的比较来衡量。

长三角城市群以上海为中心，包含江苏、浙江、安徽三省25个地级市，土地面积21.17万平方千米，位于北纬29°20′~32°34′，东经115°46′~123°25′，为我国七大城市群之一，2016年长三角城市群GDP达148656亿元，约占全国GDP的20%。但长三角城市群人均耕地只有0.047公顷（0.7亩），由于城市扩张、占用耕地现象严重，其以年均4%~5%的速度递减（夏永祥等，2005）。土地利用效率低问题严重，杨海泉等人（2015）通过DEA模型测算发现2001~2012年长三角城市群土地利用效率下降6.06%；2013年，京津冀、长三角和珠三角三大城市群的土地利用超效率均值依次为1.096、0.604和1.405（段晓艳，2016），长三角城市群土地利用效率最低。土地利用成为长三角地区进一步发展的"拦路虎"。

我国城市的开放历来以沿海港口城市为主，我国目前的长三角、珠三角和环渤海三大经济圈都是围绕港口形成的，这是早期外向型经济发展以及出口加工贸易的繁荣导致的。港口城市作为经济发展的中心，在城市群中的地位举足轻重，其中心辐射作用也带动了周边城市的经济增长。上海港位于长江三角洲前缘，是中国沿海的主要枢纽港，是中国对外开放、参与国际经济大循环的重要口岸。结合地理位置、吞吐量以及停靠船舶特征，选取上海市宝山港作为长三角城市群的距离远点。

本文研究长三角城市群建设用地利用效率以及探究包括城市地理位置差异在内的一些因素是否对城市建设用地利用效率产生影响。因为上海市土地利用面积多有缺失，以及选取了上海市宝山港作为距离远点，所以本文的研究对象为长三角城市群除上海以外的25个城市。本文第二部分回顾了建设用地利用效率的相关研究以及新经济地理学中的"中心－外围"理论；第三部分介绍了研究方法、选取的度量指标以及数据来源；第四部分根据实证结果对长三角城市群城市的建设用地利用效率及影响因素进行了分析；第五部分为文章的结论以及政策建议。

二　文献综述

（一）土地利用效率

国外关于土地利用的研究开始得较早，20 世纪 20 年代生态区位学派兴起，采用描述性的历史形态方法，概述城市土地利用的历史增长趋势并归纳城市空间分异规律，总结出轴向模式、同心圆模式、扇形模式及多核模式等城市土地利用模式。经济区位学派结合"经济人"假设，以市场平衡理论为基础，建构城市土地利用模型，分析和解释城市土地利用的区位决策和空间模式。我国关于土地利用的研究开始于 20 世纪 80 年代，学者们主要从定性的角度分析我国部分省份城市土地利用的特点、存在的问题及提出相关的政策建议。近年来，国外关于土地利用效率的研究多集中于农业生产与城市规划，而国内关于土地利用效率的研究则多集中于土地资源评价与管理。陈荣（1995）认为土地利用效率包括土地配置的结构效率和土地使用的边际效率；罗罡辉、吴次芳（2003）认为城市土地利用效率可用单位建成区面积上的 GDP 产值衡量；吴得文等（2011）认为城市土地利用效率是自然、经济和社会等多种因素共同作用的结果。

关于土地利用效率的研究方法较多，刘传明等（2010）利用加权平均法、主成分分析法和 DEA 方法分别评价了湖南省土地利用综合效率、农用地和城镇建设用地利用效率。鲍嘉（2014）在主成分分析法和随机前沿分析法的基础上，运用 PCA-SFA 复合评价模型评价了安徽省城市土地利用效率。其中，运用 DEA 方法测算土地利用效率的文献较多，从单一指标到多指标衡量，评价角度更为全面，且随着绿色经济观念深入人心，环境指标逐渐被纳入评价体系。

基于土地利用效率的测算结果，梁流涛等（2013）用分组比较法揭示城市土地利用效率的空间分异特征。李永乐等（2014）利用 GIS 空间分析、泰尔指数分解和面板数据模型方法研究土地利用效率的时空特征、地区差距及其影响因素。王良健等（2015）建立了空间滞后计量模型，探究了城市土地利用效率的溢出效应与影响因素的区域差异。金贵等（2018）

运用 Moran's I 指数分析了长江经济带 110 个地级市的土地利用效率的空间相关性及集聚特征。此外，还有学者从新的角度研究土地利用效率问题。孟成和卢新海（2016）从土地税收的视角研究土地利用效率，以期解决土地利用效率计算中指标数据多源异构的问题。韩峰和赖明勇（2016）将空间技术要素融入新经济地理框架构建理论和计量模型，探讨了国内、国际市场及空间技术外溢对城市土地利用效率的影响。崔学刚等（2018）以山东半岛城市群陆域县级城市为研究对象，探究了高速交通建设与土地利用效率的空间关系。

（二）"中心－外围"理论

"中心－外围"格局是城市体系演进的一种结果。"中心－外围"理论最初是由阿根廷经济学家 Prebisch 等（1949）提出的一种理论模式，用"中心"和"外围"来描述发达国家和发展中国家的关系。Friedmann（1966）将此引入区域经济学。Dixit 和 Stiglitz（1977）将垄断竞争形式化，催生了新贸易理论和区位选择理论，建立了规模经济和多样化消费之间的两难冲突模型 D-S 模型。Krugman（1991）在论文《收益递增与经济地理》（*Increasing Returns and Economic Geography*）中改进 D-S 垄断竞争模型，通过 C-D 生产函数构造了一个农业和工业的两区域模型，这篇论文也被视为新经济地理学的开山之作。Krugman 认为"中心－外围"格局的出现与否取决于运输成本、规模经济和制造业在国民收入中的比重。学者们结合不同国家的实际情况对"中心－外围"模型进行了修正，Blanchard 和 Katz（1992）假设美国地区之间增长率的巨大差异是由一个高度随机的过程造成的，他们认为一体化市场导致的区域专业化是任意的，但这种专业化的格局随后被外部经济锁定。Decressin 和 Fatas（1995）调查了欧洲地区的劳动力市场状态，发现与美国相比，欧洲的劳动力流动性不足，导致欧洲国家间以及同一国家地区间的工资差距扩大，根据模型中循环累积的发展机制，这会导致中心地区市场规模扩大，利润增加。Fujita等（1999）将模型拓展为一个多城市、多行业的广义空间均衡模型，发现总体上，城市增长与到中心城市的距离之间呈"∽"形关系。随着与中心城市距离变远，外围城市失去了诸如产业集聚辐射的优势；城市经济增速趋缓，但本地市场被挤压的可能性变小，得到了保护，城市经济有所好转；如果距离仍不断增加，外围城市将同时失去中心城市的辐射效应与本地市场，城市经济会停滞。Pons 等（2007）基于西班牙的迁徙数据，发现根据"中心－外围"模型修正后的重力模型可以更好地刻画现实情况。

在国内，原新和唐晓平（2008）考察了中国长三角、珠三角、京津唐三大都市圈的发展，认为我国人口与经济向都市圈的集聚仍在进行。孙铁山等（2009）发现京津冀都市圈人口自 20 世纪 80 年代以来持续增长。许政等（2010）利用中国城市级面板数据，研究了城市经济增长与到大港口的距离的关系，结果呈"〜"形，符合"中心－外围"模式。陆铭和向宽虎（2012）发现第三产业劳动生产率与到大港口和区域性核心城市的距离之间也呈"〜"形曲线关系。

三　研究方法与数据来源

（一）数据包络分析

建设用地效率的测算采用数据包络分析（Data Envelopment Analysis，DEA）方法。Charnes 等（1978）提出了 DEA 方法，DEA 方法是一种基于非参数线性规划的前沿分析方法，用于测量多个决策单元（Decision Making Units，DMUs）基于多投入和多产出的相对效率。DEA 的特点是不需要知道投入和产出数据之间的生产函数的先验知识，也不需要为数据设置相对权重。它是一个非参数的数学规划模型，其经济意义表明边界由所有可能的最佳点组成。由于 DEA 的优势，它已被证明在涉及复杂投入产出关系的不同系统中对基准测试是有效的（Zhu，2014）。

1. DEA 模型

DEA 方法目前有五种常用模型：C^2R、BC^2、C^2GS^2、C^2W 和 C^2WH。这五种模型所适用的情况各不相同，C^2R 模型主要用于指标的有效性和贡献率测算。考虑到本文是对长三角城市群（除上海外）25 个地级市 2004～2016 年城市建设用地利用效率的测算，所以采用 C^2R 模型最为合适。

假设有 n 个 DMU，每个 DMU 都有 m 种类型的投入以及 s 种类型的产出，用 x_{qj} 表示第 j 个 DMU 对第 q 种投入的投入总量，用 y_{rj} 表示第 j 个 DMU 对第 r 种产出的产出总量，则 DMU_j 的所有投入向量可用 $x_j = (x_{1j}, x_{2j}, \cdots, x_{mj})^T$ 表示，所有产出向量可用 $y_j = (y_{1j}, y_{2j}, \cdots, y_{sj})^T$ 表示，$j = 1, 2, \cdots, n$。投入和产出向量对应的权系数向量分别为 $v = (v_1, v_2, \cdots, v_m)^T$，$u = (u_1, u_2, \cdots, u_s)^T$。

则 DMU_j 的效率评价指数可以表示为：

$$h_j = \frac{\sum_{r=1}^{s} u_r y_{rj}}{\sum_{q=1}^{m} v_q x_{qj}} \tag{1}$$

现对 DMU_j 进行效率评价，建立如下 C^2R 模型：

$$C^2R \begin{cases} \max \dfrac{u_r y_{r0}}{v_i x_{i0}} \\ \text{s. t.} \quad \dfrac{\sum_{r=1}^{s} u_r y_{rs}}{\sum_{q=1}^{m} v_q x_{qm}} \leqslant 1 \\ v = (v_1, v_2, \cdots, v_m)^T \geqslant 0 \\ u = (u_1, u_2, \cdots, u_s)^T \geqslant 0 \end{cases} \tag{2}$$

对式（2）做 Charnes-Cooper 变换，引入松弛变量 s^+、s^- 和非阿基米德无穷小量，可将 C^2R 模型转化为等价的对偶规划模型 D：

$$\begin{cases} \min \theta \\ \text{s. t.} \quad \sum_{j=1}^{n} x_j \lambda_j + s^- = \theta x_0 \\ \sum_{j=1}^{n} y_j \lambda_j - s^+ = y_0 \\ \lambda_j \geqslant 0, (j = 1, 2, \cdots, n) \\ s^+ \geqslant 0, s^- \geqslant 0 \end{cases} \tag{3}$$

通过线性规划求解模型 D 的最优解并进行有效性检验，得到三个变量：θ、s^+ 和 s^-。其中，θ 为 DMU 在规模报酬不变时的综合效率值；s^+ 和 s^- 为松弛变量，表示与某种相对有效状态之间的差值。如果某 DMU 对应的 $s^+ \neq 0$ 且 $s^- \neq 0$，表示此 DMU 投入和产出结构不合理，可以通过投影公式（4）将其变换到 DEA 有效的状态。(x^*, y^*) 投入产出组合

(x_0, y_0) 在最佳生产前沿面上的投影，代表经过调整后的 DMU 是 DEA 有效的。

$$(x^{*}, y^{*}) = (\theta x_0 - s^{-}, \theta y_0 + s^{+}) \tag{4}$$

2. 指标选择与数据来源

生产要素通常被分为四种——土地、资本、劳动力和企业家才能，结合建设用地利用效率测算的实际情况，分别从土地、资本和劳动力的角度选择了刻画投入的指标。以往的很多文献测度土地利用效率只关注土地的经济效益（杜官印、蔡运龙，2010；陈伟、吴群，2014；钟成林、胡雪萍，2015）；出于可持续发展的考虑，因综合考察土地的经济及环境效益，所以本文将城市公园绿地面积作为环境指标纳入建设用地利用效率的产出指标评价。具体的建设用地利用效率评价指标体系如表 1 所示。

表 1　建设用地利用效率评价指标体系

目标层	准则层	指标层
建设用地利用效率	投入	城市建设用地面积
		城市固定资产投资额
		城市非农（二、三产业）从业人员
	产出	城市非农（二、三产业）产值
		城市财政收入
		城市公园绿地面积

资料来源：历年《中国城市统计年鉴》、《中国城市建设统计年鉴》以及 25 个地级市 2004 ~ 2016 年的统计年鉴。结合从各地级市年度国民经济和社会发展统计公报中获得的 CPI 数据对城市固定资产投资额、非农产值以及财政收入进行了数据处理，消除了价格因素的影响，提高数据的可比性。

（二）Tobit 模型分析

因为作为因变量的城市建设用地利用效率是用 DEA 方法测得的，所以因变量的值都在 [0，1] 内。分析变量间线性关系的主要统计方法是普通最小二乘法（OLS）。OLS 的一个重要假设是残差的期望值为 0，由于分析数据的特殊性，可能违反这个假设，不能保证残差的期望值一定为 0。此时，OLS 估计量是有偏的。Tobin（1958）提出的 Tobit 模型适用于有限因变量问题的求解。Tobit 模型采用最大似然估计方法对模型中的参数进行估计。

1. Tobit 模型

因为本文主要想考察城市建设用地利用效率与港口之间的距离是否也呈 "⌣" 形曲线关系，所以添加了一些解释变量，使模型的考虑更为周全。本文建立了如下的 Tobit 回归模型：

$$TE_{it} = c + \sum_{k=1}^{3} \alpha_k \cdot dis_i^k + \beta \cdot X_{it} + \gamma \cdot Z_i + \varepsilon_{it} \tag{5}$$

公式（5）中，TE_{it} 为第 i 个决策单元第 t 期的城市建设用地的综合利用效率，其中，$i = 1, 2, \cdots, 25$，而 $t = 1, 2, \cdots, 13$；dis_i 为第 i 个决策单元与宝山港的距离；X_i 为除距离外的其他解释变量，作为控制变量；Z_i 表示第 i 个决策单元的城市特征，为虚拟变量。α，β，γ 为回归系数，c 为常数项，ε 为残差项。

2. 指标选择与数据来源

控制变量的选取参考了陆铭（2011）的研究，增加了城镇化、产业结构高级化以及反映城市对外经济联系与信息交流的指标。廖进中等（2010）以长株潭城市群为研究对象，发现长期内城镇化是影响土地利用综合指数的主导因素，有利于提高土地利用效率；杨勇和郎永建（2011）比较分析了在经济开放条件下，内陆地区与沿海地区城镇化对土地利用效率的影响及机制的差异性，发现城镇化显著地促进了土地利用效率的提高，但其作用机制在内陆与沿海地区存在明显差异。吴贤良等（2017）分析了湖南省城市土地利用全要素生产率的时空演变及影响因素，结论表明产业结构对土地利用全要素生产率有正向促进作用；何好俊和彭冲（2017）的研究发现产业结构高级化和土地利用效率提高存在动态依赖性。根据配第 - 克拉克定理，我们把产业结构高级化指标定义为：tsi = 第三产业产值/第二产业产值。tsi 的值越大，产业结构越高级。本文希望探究城市对外经济联系与信息交流对城市建设用地利用效率的影响，选取了客运总量占比和国际互联网用户数占比来刻画城市对外经济联系与信息交流的情况。为了刻画城市相对于宝山港的地理位置特征，用是不是海港城市、是不是河港城市以及是不是经济开放城市这三个虚拟变量来表示。Tobit 回归模型解释变量指标选择与数据来源详见表 2。

表 2　Tobit 回归模型解释变量指标选择

变量	符号表示	指标解释	单位	数据来源
dis	dis	城市与上海市宝山港的距离	百公里	百度地图测距工具
X	landchange	城市建成区面积的变化率	%	《中国城市建设统计年鉴》
	urbanization	城镇化（辖区非农人口/辖区户籍人口）	%	各省份统计年鉴
	inv	固定资产投资额/GDP	%	《中国城市统计年鉴》
	gov	政府收入/GDP	%	《中国城市统计年鉴》
	edu	教育事业支出/财政支出	%	《中国城市统计年鉴》
	tsi	产业结构高级化（第三产业产值/第二产业产值）	%	《中国城市统计年鉴》
	ties	对外社会连带（市区客运总量/辖区非农人口）	%	《中国城市统计年鉴》
	net	信息传递（国际互联网用户/辖区非农人口）	%	《中国城市统计年鉴》
Z	seaport	是不是海港城市		"首届中国港口城市市长会议高峰论坛"
	riverport	是不是河港城市		"首届中国港口城市市长会议高峰论坛"
	open	是不是经济开放城市		经济特区名单

四　实证结果与分析

（一）　城市建设用地利用效率评价结果

采用 DEAP 2.1 分析了 25 个地级市 2004～2016 年的城市建设用地利用效率，结果详见表 3。南京、苏州、杭州这三个城市每年的城市建设用地利用效率值都为 1，说明这些城市的建设用地投入产出更为合理，城市建设规划更为科学。长三角城市群 25 个地级市建设用地利用效率值在所研究的 13 年间有以下三个特点。

首先，建设用地利用效率值普遍较高，大多数城市的建设用地利用效率值在 0.7 以上。滁州和宣城两个城市的建设用地利用效率最低。尤其是

表3 2004~2016年长三角城市群25个地级市城市建设用地利用效率值

	2004年	2005年	2006年	2007年	2008年	2009年	2010年	2011年	2012年	2013年	2014年	2015年	2016年	平均
南京	1.000	1.000	1.000	1.000	1.000	1.000	1.000	1.000	1.000	1.000	1.000	1.000	1.000	1.000
无锡	0.985	1.000	1.000	1.000	1.000	1.000	1.000	1.000	1.000	1.000	1.000	1.000	1.000	0.999
常州	1.000	1.000	0.871	0.820	0.808	0.769	0.837	0.852	0.861	0.844	0.874	0.909	0.913	0.874
苏州	1.000	1.000	1.000	1.000	1.000	1.000	1.000	1.000	1.000	1.000	1.000	1.000	1.000	1.000
南通	1.000	1.000	0.619	0.628	0.716	0.679	0.661	0.670	0.800	0.817	0.883	0.874	0.885	0.845
盐城	0.795	0.757	0.619	0.958	0.674	0.745	0.818	0.910	1.000	1.000	1.000	0.982	0.891	0.832
扬州	0.989	1.000	0.957	1.000	1.000	1.000	1.000	1.000	1.000	1.000	1.000	1.000	1.000	0.993
镇江	1.000	1.000	0.919	1.000	0.973	0.912	0.854	0.927	0.909	0.926	0.936	0.916	0.905	0.937
泰州	0.850	0.858	0.750	0.677	0.791	0.815	0.785	0.763	0.822	0.722	0.743	0.755	0.757	0.776
杭州	1.000	1.000	1.000	1.000	1.000	1.000	1.000	1.000	1.000	1.000	1.000	1.000	1.000	1.000
宁波	1.000	1.000	0.864	0.892	0.882	0.860	0.972	1.000	1.000	1.000	0.905	0.989	0.902	0.944
嘉兴	0.695	0.724	0.744	0.680	0.715	0.681	0.776	0.811	0.903	0.903	0.887	0.877	0.969	0.797
湖州	0.649	0.649	0.632	0.823	0.802	0.867	0.895	0.907	1.000	0.953	0.932	0.891	0.919	0.840
绍兴	0.865	0.953	0.927	0.939	0.919	0.860	1.000	1.000	1.000	0.911	0.843	0.753	0.744	0.918
金华	0.868	0.929	1.000	1.000	1.000	1.000	1.000	1.000	1.000	1.000	1.000	1.000	1.000	0.984
舟山	0.697	0.718	0.886	1.000	1.000	1.000	1.000	1.000	1.000	1.000	0.988	0.871	0.918	0.929
台州	0.908	0.997	0.934	0.879	0.919	0.918	0.973	0.999	0.970	0.908	0.825	0.832	0.866	0.918
合肥	0.889	0.779	0.600	0.733	0.740	0.860	0.869	0.864	0.749	0.787	0.932	0.789	0.821	0.801
芜湖	0.886	0.821	0.720	0.647	0.604	0.664	0.733	0.816	0.797	0.801	0.792	0.752	0.750	0.753

续表

	2004 年	2005 年	2006 年	2007 年	2008 年	2009 年	2010 年	2011 年	2012 年	2013 年	2014 年	2015 年	2016 年	平均
马鞍山	0.981	0.978	0.970	1.000	1.000	1.000	1.000	0.855	0.856	1.000	0.875	0.991	0.798	0.946
铜陵	1.000	1.000	1.000	1.000	0.968	0.838	0.903	0.997	0.986	0.941	0.887	0.622	0.751	0.915
安庆	1.000	0.987	0.778	0.695	0.655	0.562	0.518	0.556	0.555	0.612	0.649	0.603	0.621	0.676
滁州	1.000	0.948	0.750	0.545	0.448	0.372	0.416	0.434	0.470	0.471	0.446	0.398	0.594	0.561
池州	1.000	1.000	1.000	1.000	0.977	1.000	0.943	1.000	0.948	0.974	0.973	0.892	0.873	0.968
宣城	0.676	0.685	0.527	0.428	0.438	0.409	0.562	0.551	0.753	0.804	0.718	0.764	0.776	0.622
平均值	0.909	0.911	0.858	0.854	0.844	0.838	0.861	0.876	0.895	0.895	0.884	0.858	0.866	0.873

滁州市 2004 年的效率值为 1，2006～2007 年，效率值从 0.750 陡降至 0.545。回溯滁州市这两年的投入产出指标值，发现滁州市 2006～2007 年建设用地面积大幅增加，但产出增速平稳，并未相应出现大幅增长。宣城市的建设用地利用效率值一直较低，但从 2012 年开始有所好转。

其次，建设用地利用效率值有所波动，大部分城市的建设用地利用效率随着时间先下降后上升再下降。其中两个主要的拐点为 2009 年和 2013 年。此外，从 2015 年起，建设用地利用效率有所回升，但受研究年份的限制，是否能够维持上升趋势仍是未知。2008 年全球金融危机爆发后，中国于当年 11 月推出了"四万亿计划"，到 2011 年投放结束。四万亿主要投向保障性安居工程及基础设施建设，短期内建设用地利用效率有所提升，但由于部分地方政府在"四万亿计划"的背景下，不断盲目扩张、盲目融资、贪大图快，城市建设用地利用效率从 2013 年开始回落。

最后，建设用地利用效率值整体呈现南高北低、东高西低的分布。在 25 个地级市中，江苏省和浙江省城市建设用地利用效率较高，安徽省城市建设用地利用效率较低。江苏省 9 个地级市 2004～2016 年的城市建设用地利用效率平均值为 0.917，浙江省 8 个地级市 2004～2016 年的城市建设用地利用效率平均值为 0.916，而安徽省 8 个地级市 2004～2016 年的城市建设用地利用效率平均值只有 0.780，还是存在一定差距。

（二）城市建设用地利用效率的决定

陆铭（2011）拟合了 2006 年 279 个城市土地利用效率（建成区单位面积二、三产业的平均产出）与到三大港口（香港、上海和天津）的距离，拟合结果为 3 次曲线，R^2 为 0.2316。本文用 3 次曲线拟合了 2016 年长三角城市群 25 个地级市城市建设用地效率及其与宝山港的距离，R^2 为 0.2789，说明地理位置对建设用地利用效率有一定的解释力。

2016 年城市建设用地利用效率与地理位置拟合情况如图 1 所示。用 Stata 12.0 对城市建设用地利用效率与解释变量进行了面板数据的回归，回归结果见表 4。

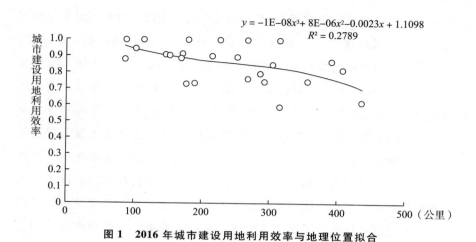

$y = -1E{-}08x^3 + 8E{-}06x^2 - 0.0023x + 1.1098$
$R^2 = 0.2789$

图 1　2016 年城市建设用地利用效率与地理位置拟合

表 4　城市建设用地利用效率的决定

变量	系数和标准误	变量	系数和标准误
dis	-0.319^* (0.201)	tsi	0.266^{***} (0.061)
dis^2	0.168^{**} (0.082)	$ties$	0.002^{***} (0.000)
dis^3	-0.023^{**} (0.010)	net	0.151^{**} (0.072)
$landchange$	-0.157^{**} (0.861)	$seaport$	0.120^{***} (0.039)
$urbanization$	0.837^{***} (0.175)	$riverport$	0.077^{***} (0.023)
inv	-0.547^{***} (0.066)	$open$	0.013 (0.044)
gov	0.408 (0.341)	edu	1.082^{***} (0.289)
常数项	0.544^{**} (0.267)		
观察样本数量	325	对数似然估计	42.189

注：括号中每个解释变量的系数估计值下面的括号里的数字，是系数估计的标准差。
$***$、$**$、$*$ 分别表示在 1%、5%、10% 的水平下显著。

根据回归结果，城市建设用地利用效率的影响因素 dis 的估计值在 10% 的水平下显著，dis^2 和 dis^3 的估计值在 5% 的水平下显著，结合系数的正负号，可以得出长三角城市群 25 个地级市城市建设用地利用效率与到宝山港的距离之间存在 "〰" 形曲线关系。对于 dis 不如 dis^2 和 dis^3 显著，做普通面板数据回归后检验了变量的多重共线性，dis 的方差膨胀系数远高于 dis^2 和 dis^3。建成区面积迅速扩张，滥占耕地，并不能提高城市建设用地利用效率，而土地资源始终是有限的，应向 "土地存量" 寻求 "发展增量"，科学用地，保留足量耕地，确保国家粮食安全。城镇化显著有利于城市建设用地利用效率的提高。城市是现代生活的中心，城镇化的过程是人口向部分中心城市集聚的过程，造成部分中心城市的高人口密度，高人口密度意味着提供基础设施和公共服务的人均成本降低，但对城市建设用地容积率和建筑密度提出了更高的要求，在一定程度上敦促城市建设用地利用效率的提高。盲目的扩张投资是不可取的，对建设用地利用效率的提高非但没有正面影响，反而是负面影响。长三角城市群教育投入占比每上升 1%，区域建设用地利用效率将提高 1.082%。公共财政对教育投入的占比上升是区域重视教育事业的体现，对建设用地利用效率有正向影响。产业结构升级，第三产业产值在经济中的比重相对于第二产业的上升，同样促进建设用地利用效率的提高，因为第三产业的用地相对于其他产业更为集约。城市间的经济联系与港口间的贸易往来有利于物质与信息要素的流通，对提高城市建设用地利用效率有正向作用。

五　结论、建议及讨论

（一）结论

本文首先运用 DEA 模型测算了长三角城市群的建设用地利用效率，然后运用 Tobit 模型探究了影响建设用地利用效率的因素，其中，重点关注了到港口的距离对建设用地利用效率的影响，可以得出以下结论。第一，长三角城市群 25 个地级市 2004～2016 年城市建设用地利用效率有所波动，只有南京市、苏州市和杭州市的建设用地利用效率值一直为 1，江苏省和浙江省的建设用地利用效率平均情况显著优于安徽省。第二，地理位置对城市建设用地利用效率有影响，城市建设用地利用效率和与宝山港之间的距离存在"〰"形曲线关系。第三，盲目扩大城市面积与扩张投资对城市建设用地利用效率的影响是负面的，"土地财政"一时有效，但不会一直有效。在追求高质量经济发展的大背景下，不可一味依靠投资驱动经济增长，提高政府治理能力，优化产业结构，增加教育投入，加快城镇化进程，促进城市间物质与信息的流动都有助于城市建设用地利用效率的提高。

（二）政策建议

根据前文的分析和结论，可以提出以下政策建议。

第一，安徽省需要更为重视土地的集约利用，提高城市建设用地利用效率，制定土地利用规划时，需更为科学合理。不可盲目依靠投资及扩大城市建设用地面积来推动经济发展，不能只追求经济发展的速度与体量，更应追求经济发展的质量与内核。

第二，地理位置客观不可改变，但与港口城市间的经济联系仍有可为空间。地理位置是每座城市发展的要素禀赋，通常情况下不可变更。港口作为贸易的集中地，各城市应注重与港口间的交通通达性，加强与港口城市的经济联系。长三角交通一体化是长三角一体化的重头戏，建设"一小时交通圈"、规划城际铁路建设时均应考虑与港口间的通达性。

第三，加快城镇化进程、加大对科教文化的投入力度、优化产业结构布局以及促进城市对外物质与信息流通是提高土地利用效率的方式。城镇化进程方面，要科学推进城镇化，城镇化与社会经济发展应协调，不能只追求高城镇化率，而忽略城镇化质量，造成"空心村"现象。科教文化方面，在罗默－卢卡斯（Romer-Lucas）模型中，长期经济增长是通过按比例增加回报实现的，而这种回报的来源被确定为知识（Romer，1986；Lucas，1988）。科教文化的投入是知识型经济发展的基石，需要长期坚持投入才能不断积累人力资本。产业结构布局方面，可以根据港口中心城市的产业集聚调整自身的产业结构，实现产业空间集聚优势的最大化；可以承接部分中心城市转移的产业，使区域性整体的产业布局协同化；同时应注重产业结构的高级化，使城市经济更加富有活力。城市对外联系方面，应注重城市间的物质与信息流通，为城市间要素流通提供良好的基础设施，形成城市开放交流的良好氛围。

（三）讨论

本文通过分析得出了城市建设用地利用效率和与宝山港之间的距离存在"∽"形曲线关系，长三角城市群的建设用地指标的配置是否也可以此为依据有待进一步研究。建设用地配置方式是"基础配置＋竞争配置＋奖励配置"。在建设用地使用权基础配置以外，土地市场的存在是竞争配置的体现，如果某城市建设用地利用效率很高，相比其他城市可以更合理用地，应给予一定的奖励配置。本文中测度的土地利用效率仅是土地的基础配置效率。

本文中与港口间的距离为城市与港口间的直线距离，港口与城市间的经济联系、贸易往来应受实际交通时间距离的影响，交通时间距离与直线距离可能还是存在一定不统一的，未来可继续探究城市土地利用效率和与港口的交通时间距离的影响。

参考文献

鲍嘉，2014，《基于 PCA-SFA 复合评价模型的安徽省城市土地利用效率研究》，博士学位论文，安徽财经大学。

陈荣，1995，《城市土地利用效率论》，《城市规划汇刊》第 4 期。

陈伟、吴群，2014，《长三角地区城市建设用地经济效率及其影响因素》，《经济地理》第 34 卷第 9 期。

崔学刚、方创琳、张蔷，2018，《山东半岛城市群高速交通优势度与土地利用效率的空间关系》，《地理学报》第 73 卷第 6 期。

杜官印、蔡运龙，2010，《1997－2007 年中国建设用地在经济增长中的利用效率》，《地理科学进展》第 29 卷第 6 期。

段晓艳，2016，《我国三大城市群土地利用综合效率评价》，硕士学位论文，中国地质大学。

韩峰、赖明勇，2016，《市场邻近、技术外溢与城市土地利用效率》，《世界经济》第 1 期。

何好俊、彭冲，2017，《城市产业结构与土地利用效率的时空演变及交互影响》，《地理研究》第 7 期。

金贵、邓祥征、赵晓东、郭柏枢、杨俊，2018，《2005－2014 年长江经济带城市土地利用效率时空格局特征》，《地理学报》第 73 卷第 7 期。

李小云、杨宇、刘毅，2018，《中国人地关系的历史演变过程及影响机制》，《地理研究》第 37 卷第 8 期。

李永乐、舒帮荣、吴群，2014，《中国城市土地利用效率：时空特征、地区差距与影响因素》，《经济地理》第 34 卷第 1 期。

梁流涛、赵庆良、陈聪，2013，《中国城市土地利用效率空间分异特征及优化路径分析——基于 287 个地级以上城市的实证研究》，《中国土地科学》第 7 期。

廖进中、韩峰、张文静、徐获迪，2010，《长株潭地区城镇化对土地利用效率的影响》，《中国人口·资源与环境》第 20 卷第 2 期。

刘传明、李红、贺巧宁，2010，《湖南省土地利用效率空间差异及优化对策》，《经济地理》第 30 卷第 11 期。

陆铭，2011，《建设用地使用权跨区域再配置：中国经济增长的新动力》，《世界经济》第 1 期。

陆铭、向宽虎，2012，《地理与服务业：内需是否会使城市体系分散化？》，《经济学（季刊）》第 11 卷第 3 期。

罗罡辉、吴次芳，2003，《城市用地效益的比较研究》，《经济地理》第 23 卷第 3 期。

孟成、卢新海，2016，《基于土地税收的土地利用效率计算方法研究》，《中国土地科学》第 30 卷第 7 期。

孙铁山、李国平、卢明华，2009，《京津冀都市圈人口集聚与扩散及其影响因素——基于区域密度函数的实证研究》，《地理学报》第 64 卷第 8 期。

王良健、李辉、石川，2015，《中国城市土地利用效率及其溢出效应与影响因素》，《地理学报》第 70 卷第 11 期。

吴得文、毛汉英、张小雷、黄金川，2011，《中国城市土地利用效率评价》，《地理学报》第 66 卷第 8 期。

吴贤良、刘雨婧、熊鹰、赵丹丹，2017，《湖南省城市土地利用全要素生产率时空演变及影响因素》，《经济地理》第 9 期。

武康平、杨万利，2009，《基于新古典理论的土地要素与经济增长的关系》，《系统工程理论与实践》第 29 卷第 8 期。

夏永祥、成涛林、段进军，2005，《西部大开发战略对长江三角洲地区经济发展的影响与对策》，中国商业出版社。

许政、陈钊、陆铭，2010，《中国城市体系的"中心－外围模式"》，《世界经济》第
　　7 期。

杨海泉、胡毅、王秋香，2015，《2001～2012 年中国三大城市群土地利用效率评价研
　　究》，《地理科学》第 35 卷第 9 期。

杨勇、郎永建，2011，《开放条件下内陆地区城镇化对土地利用效率的影响及区位差
　　异》，《中国土地科学》第 30 卷第 10 期。

原新、唐晓平，2008，《都市圈化：日本经验的借鉴和中国三大都市圈的发展》，《求是
　　学刊》第 35 卷第 2 期。

钟成林、胡雪萍，2015，《中国城市建设用地利用效率、配置效率及其影响因素》，《广
　　东财经大学学报》第 30 卷第 4 期。

Blanchard, O., & Katz, L. 1992. "Regional Evolutions. Brookings Papers on Economic Activity."
　　Economic Studies Program, *The Brookings Institution*, 23（1）：76.

Charnes, A., Cooper, W. W., & Rhodes, E. 1978. "Measuring the Efficiency of Decision
　　Making Units." *European Journal of Operational Research*, 2（6）：429 – 444.

Decressin, J., & Fatas, A. 1995. "Regional Labor Market Dynamics in Europe." *European
　　Economic Review*, 39（9）：1627 – 1655.

Dixit, A. K., & Stiglitz, J. E. 1977. "Monopolistic Competition and Optimum Product Diversity."
　　The American Economic Review, 67（3）：297 – 308.

Friedmann, J. 1966. *Regional Development Policy*：*A Case Study of Venezuela*. Cambridge,
　　Mass：M. I. T. Press.

Fujita, M., Krugman, P., & Mori, T. 1999. "On the Evolution of Hierarchical Urban Sys-
　　tems." *European Economic Review*, 43（2）：209 – 251.

Homburg, S. 1991. "Interest and Growth in an Economy with Land." *Canadian Journal of
　　Economics*, 24（2）：450 – 459.

Krugman, P. 1991. "Increasing Returns and Economic Geography." *Journal of Political
　　Economy*, 99（3）：483 – 499.

Lucas Jr, R. E. 1988. "On the Mechanics of Economic Development." *Journal of Monetary
　　Economics*, 22（1）：3 – 42.

Nichols, D. A. 1970. "Land and Economic Growth." *The American Economic Review*, 60（3）：
　　332 – 340.

Pons, J., Paluzie, E., Silvestre, J., & Tirado, D. A. 2007. "Testing the New Economic
　　Geography：Migrations and Industrial Agglomerations in Spain." *Journal of Regional
　　Science*, 47（2）：289 – 313.

Prebisch, R. , & Cabañas, G. M. 1949. "El Desarrolloeconómico de la América Latinay Algunos de Sus Principalesproblemas. " *El Trimestreeconómico*, 63 (3): 347 – 431.

Romer, P. M. 1986. "Increasing Returns and Long-run Growth. " *Journal of Political Economy*, 94 (5): 1002 – 1037.

Tobin, J. 1958. "Estimation of Relationships for Limited Dependent Variables. " *Econometrica: Journal of the Econometric Society*, 26 (1): 24 – 36.

Zhu, J. 2014. *Quantitative Models for Performance Evaluation and Benchmarking: Data Envelopment Analysis with Spreadsheets.* Springer International Publishing.

江苏省经济增长中的土地资源尾效研究

一　研究背景

　　土地资源作为人类生产和生活的物质基础，是一种稀缺且不可替代的自然资源。随着我国进入城市化高速发展的新阶段，城市数量和城市规模日益膨胀，人类对于土地资源的需求也不断增长。《关于深入推进新型城镇化建设的若干意见》显示，2015 年，我国城镇化率达到 56.1%，城市常住人口达到 7.7 亿人。国家卫计委公布的调查数据显示，预计 2030 年我国常住人口城镇化率达到 70%。城镇化进程加快使作为城市载体的土地资源变得更加稀缺。在既要维持耕地总体数量相对稳定，又要保证经济建设用地需求的前提下，土地资源供需矛盾日趋尖锐，在一定程度上制约了我国城市经济的可持续发展。

　　中共中央、国务院《关于加快推进生态文明建设的意见》指出，"要科学确定城镇开发强度，提高城镇土地利用效率、建成区人口密度，划定城镇开发边界，从严供给城市建设用地推动城镇化发展由外延扩张式向内涵提升式转变"。减轻土地资源稀缺性导致的对经济增长的阻力，实现城市土地资源的合理利用，逐渐成为国内外学者、政府部门及社会公众普遍关注的热点问题。

　　总体来看，现行研究主要集中于中国水土等自然资源与区域经济结构之间的关系，而关于土地资源对经济增长的阻力效应的研究还较为空缺。我国各地人口数量分布存在差异，经济发展水平参差不齐，而土地资源对于经济增长的阻力效应更多地体现在经济发展状况良好、城市和人口相对密集的地区，但当前研究更多着眼于全国土地资源对整体经济的作用。

因此，本文主要研究在土地资源限制条件下，江苏省经济增长速度比没有土地资源限制条件下的增长速度降低的程度，即土地资源的尾效（Romer，2001）。众所周知，江苏省是中国传统的人口密集区和经济快速发展区，其土地资源与经济发展的相互作用关系具有良好的代表性。以江苏省为样本测算土地资源对经济发展的阻力，其结果更具有代表性，也是对土地资源和经济发展关系研究的一个补充。另外，在城市化高速发展、土地资源紧缺的现状下，基于省域研究，有助于发现问题并提出兼具地区针对性和可实施性的有效举措。

本文将试图解决以下两个问题：①土地资源对经济增长起到多大的约束作用？②应当提出怎样的政策建议来减少土地资源对经济增长的限制？基于这两个问题，本文以 C－D 生产函数模型为基础，引入土地资源影响因素，推导出土地资源的阻尼系数测算公式，并基于 2007～2016 年江苏省13 个地级市的有关数据搭建计量经济学面板数据模型，以期测算出土地资源对经济增长的尾效，并据此解决中国经济发展过程中的现实问题。

二　文献综述

（一）经济增长与自然资源的关系

威廉·配第在《赋税论》中就曾写道："劳动是财富之父，土地资源是财富之母。"（配第，1662：66）这里的土地资源指的是广义的资源，人与资源的矛盾也可以看成人与地的矛盾。哈罗德·霍林特（1931）发表的《可耗尽资源的经济学》成为资源经济学产生的标志。然而随后几十年，学术界在资源经济学领域并未有突破性的研究。20 世纪 30 年代，西方学者甚少关注资源对国民经济的作用，而是逐渐强调技术进步对经济增长的影响。在美国经济学家 Solow（1956）提出的索洛模型中，资源已经失去了独立因素的地位。1972 年，罗马俱乐部发布的报告《增长的极限》表明，地球作为一个有限的系统，决定了人口和经济的增长必然有一个限度，对增长的盲目追求必然导致世界体系的崩溃。人们开始从全球有限资源的角度探讨资源和经济的关系。

20 世纪 80 年代以后，国外开始注重资源消耗与 GDP 关系的量化研究。Crompton（1999）利用 Bayesian Vector 模型，对东南亚地区的钢铁消耗量进行预测，并证明了钢铁消耗量对 GDP 有很强的敏感性，GDP 快速增长时，对于钢铁的需求也大幅上升。21 世纪后，各国的资源短缺情况引起了学者的广泛关注。Stem（1993）运用计量经济学模型探讨了美国 GDP、资本、劳动力与自然资源的关系。Cocklin 和 Keen（2000）的研究表明，如果继续忽略对资源环境造成的损害，人类的生存安全将受到威胁。

国内学者也针对经济增长与自然资源的关系进行了大量的实证研究，主要围绕土地资源、水资源、能源展开。周少波（2003）建立了自然资源与经济增长模型，通过数学测算和动态分析得出了自然资源最优保存系数、唯一均衡值和唯一可行轨道。王海鹏（2006）的研究表明，中国能源消耗与经济增长之间存在变参数协整关系。韩君（2006）、陈卫东等（2006）、刘耀彬和陈斐（2007）则应用协整分析和误差修正模型对我国能源需求因素进行分析，得出了能源需求的长期均衡关系。

（二）经济增长中的资源尾效研究

对于资源约束导致的增长尾效，国外学者也有一定的研究。Stieglitz（1974）认为，技术进步与规模报酬效应能克服有限资源对经济增长的抑制作用。1992 年，Nordhaus（1992）利用改进的柯布－道格拉斯函数，分别建立了是否考虑自然资源约束的新古典经济增长模型，并将两个模型计算得到的稳态条件下的人均产出增长率之差定义为自然资源的增长尾效（growth drag），该研究表明 1/4 的增长尾效源自土地资源的限制作用。Romer（2001）基于新古典经济学理论建立了资源约束条件下的经济增长模型，考虑了资源和土地对经济增长的限制。

中国作为一个发展中国家，保持经济的持续性增长尤为重要。周海林（2001）认为，资源的有限已经对经济增长产生了一定约束，并且呈现不断加强的趋势。资源供给不足将成为今后经济社会发展的长期制约因素。

度量资源在经济发展中的尾效的大小是一个值得关注的课题。薛俊波等（2004）基于 Romer 的假说，测算出 1978～2002 年土地资源对中国经济产生的尾效约为每年 1.75%；谢书玲等（2005）基于 1978～2002 年的数据，计算出水土资源对中国经济增长的尾效值平均每年约为 1.45%，其中土地资源的尾效约为每年 1.3%。曹中强（2008）测算得到，河南省经济增长中的土地资源尾效约为每年 1.33%。崔云（2007）的研究显示，1978~2005 年中国经济增长中土地资源的尾效约为每年 1.26%。推算可得，到 2050 年中国年经济增长率会因为土地资源尾效而下降到当前经济增长率的 57%。

（三）文献评述

通过以上回顾，我们可以发现国内外学者对经济增长和自然资源进行了大量研究和探讨，但仍存在几点不足。首先，由于大多数西方国家面临的人口、资源与环境的压力较小，土地资源与经济间的相互关系并不是资源经济学的研究重点。而由于我国的特殊性，我们不能完全依托国外学者的研究成果，全盘借鉴西方国家的经验。其次，经济社会发展日新月异，但国内大多数研究使用的数据较为陈旧，不能准确反映当下中国经济增长中土地资源尾效。最后，现有的土地资源尾效的研究大多是从整体上研究中国经济增长与土地资源的问题，但中国经济发展与资源分布具有不平衡的特点，关于区域土地资源尾效的研究仍较为缺乏。因此，本研究将以江苏省为样本，对城市经济增长过程中存在的土地资源尾效进行空间计量经济面板估计测算研究，以增强经济增长中土地尾效测算研究的科学性和准确性，为推动土地资源节约利用和促进我国城市经济持续增长提供决策参考。

三 方法与数据

（一）增长尾效计算

经济学家 Solow（1956）提出了索洛模型，该模型不包括自然资源、污染等环境因素。直到 Malthus（1798）提出其经典论断，才强调了这些因素对长期经济增长的重要性。

在 Romer（2001）的分析中，考虑到了资源和土地对经济增长的限制。

考虑到资源难以衡量，本文对 Romer 的模型进行简化，只基于索洛模型加入土地变量，扩展后的 C – D 生产函数如下：

$$Y = K(t)^{\alpha} T(t)^{\beta} [A(t)L(t)]^{1-\alpha-\beta}, \alpha > 0, \beta > 0, \alpha + \beta < 1 \tag{1}$$

其中，t 表示时间，$K(t)$ 表示资本，$A(t)$ 表示技术进步，$L(t)$ 表示劳动，$T(t)$ 表示土地。

由于土地资源是恒定不变的量，因此假设：

$$T(t) = 0 \tag{2}$$

假设资本、人口增长率和技术进步率不变，则该资本、土地和劳动的动态有效性与索洛模型一致（Romer，2001），由此可得：$K(t) = s \cdot Y(t) - \delta k(t)$，$L(t) = n \cdot L(t)$，$A(t) = g \cdot A(t)$。其中，$s$ 为储蓄率，δ 为资本的折旧率，n 和 g 分别为劳动和技术进步的增长率。

依据假定，A、L 与 T 均以不变的速率增加。因此，在平衡增长路径上，资本和产出均以不变速率增长。那么，K 的增长率为：

$$\frac{\Delta K(t)}{K(t)} = S \frac{K(t)}{Y(t)} - \delta \tag{3}$$

因此，在储蓄率和资本折旧率保持不变的情况下，要使 K 的增长率保持不变，Y/K 就必然不变，则 Y 与 K 的增长率必然相等，即：

$$g_Y = g_k \tag{4}$$

对式（1）两边取对数，即：

$$\ln Y(t) = \alpha \ln K(t) + \beta \ln T(t) + (1 - \alpha - \beta)[\ln A(t) + \ln L(t)] \tag{5}$$

式（3）两边对时间求导数，同时根据一个变量的增长率等于对该变量取对数后再对时间求导，我们可得到：

$$g_Y(t) = \alpha g_k(t) + \beta g_T(t) + (1 - \alpha - \beta)[g_A(t) + g_L(t)] \tag{6}$$

其中，T、A 和 L 的增长率分别为 0、g 和 n，则公式简化为：

$$g_Y(t) = \alpha g_k(t) + (1 - \alpha - \beta)(g + n) \tag{7}$$

在平衡增长路径上，结合式（4）和式（7）可得：

$$g_Y^{bgp} = \frac{(1 - \alpha - \beta)(g + n)}{1 - \alpha} \tag{8}$$

在平衡增长路径上，单位劳动的产出增长率为：

$$g_{Y/L}^{bgp} = g_Y^{bgp} - g_L^{bgp} = \frac{(1-\alpha-\beta)g - \beta n}{1-\alpha} \tag{9}$$

式（9）表明：在平衡增长路径上，单位劳动的产出增长率 $g_{Y/L}^{bgp}$ 可能为正，也可能为负。$g_{Y/L}^{bgp}$ 为负值，即土地资源的约束可能会导致单位劳动的产出增长率下降，从而对经济增长产生阻力。但由于技术进步是经济增长的源泉，如果实际技术进步带来的经济增长动力大于土地资源约束引起的增长尾效，则经济仍然能够实现可持续增长。

土地资源的约束究竟在多大程度上会制约经济增长？本文利用考虑不受土地资源约束条件下单位劳动的产出增长率与有土地资源约束的单位劳动的产出增长率差额来测算土地尾效。

在不受土地资源约束的条件下，单位劳动的平均产出增长率为：

$$\overline{g}_{Y/L}^{bgp} = \frac{(1-\alpha-\beta)g}{1-\alpha} \tag{10}$$

式（10）与式（9）的差额，即为土地约束带来的增长尾效：

$$Drag = \overline{g}_{Y/L}^{bgp} - g_{Y/L}^{bgp} = \frac{(1-\alpha-\beta)g}{1-\alpha} - \frac{(1-\alpha-\beta)g - \beta n}{1-\alpha} = \frac{\beta n}{1-\alpha} \tag{11}$$

从式（11）可以看出，实际土地资源增长尾效随着资本弹性 α、土地产出弹性 β 和劳动力增长率 n 的增加而增加。这表明，一个国家或地区经济的持续增长，不能过度依赖资本、土地资源，否则，随着人口增加，土地资源的尾效会越来越大，这也从侧面说明了经济增长需要依靠技术进步。

（二）计量经济学面板数据模型

本文利用江苏省 13 个地级市的土地资源、经济增长情况，构建经济增长的面板数据模型，展开实证分析和测算研究，可以得到不同城市经济增长尾效，进而通过对比研究，提出更具针对性的推动土地资源促进城市经济持续增长的政策建议。江苏省城市面板数据包括横截面、时间和变量三维信息，利用面板数据模型可以构造比单独用横截面数据或时间序列数据更真实的方程，进行更加深入的分析，面板数据模型如下：

$$\ln Y_{it} = \alpha_0 + \alpha \ln K_{it} + \beta \ln T_{it} + \gamma \ln L_{it} + \eta_{it} \qquad (12)$$

其中，α_0 表示与各市相关的固定截面效应，η_{it} 表示随机误差项，Y_{it} 表示第 t 年 i 城市的产出，K_{it} 表示第 t 年 i 城市的固定资产投资额，T_{it} 表示第 t 年 i 城市的土地资源投入量，L_{it} 表示第 t 年 i 城市的劳动力投入量。

（三）数据来源及处理

本文对江苏省经济增长与土地资源约束进行实证分析，考虑到数据的可得性，选取 2007～2016 年 13 个地级市的有关数据。从以上的理论方法与模型分析来看，需要有关 Y、L 和 T 的数据，这些数据主要来自 2007～2016 年的江苏省统计年鉴以及各个城市 2006～2017 年的统计年鉴。

（1）对于产出 Y，本文选取的是 2007～2016 年江苏省 13 个地级市的地区生产总值。

（2）对于劳动力投入 L，本文用 2007～2016 年江苏城市年末城镇单位从业人数来表示。

（3）对于资本存量 K，由于各统计年鉴中都没有直接的统计数据，需要对各城市的固定资本存量进行估算。本文采取常用的永续盘存法（Goldsmith，1951）。其基本估算公式为：

$$K_{it} = I_{it} + (1 - \partial) K_{it-1}$$

其中，K_{it} 表示 i 市第 t 年的资本存量，I_{it} 表示第 t 年的投资，∂ 表示第 t 年的折旧率，K_{it-1} 表示第 $t-1$ 年的资本存量。对于 I_{it}，本文选取固定资产投资指标，并使用江苏省的固定资产投资价格指数对固定资产投资额进行平减折算成以 2007 年为基期的不变价。基期资本存量的计算公式为：$K_0 = I_0 / (g + \partial)$。其中，$I_0$ 为 2007 年各城市的固定资产投资额，g 为 2007～2016 年各城市固定资产投资的平均增长率，∂ 值取 9.6%。

（4）对于土地资源 T，就江苏省的经济增长行为而言，耕地不是衡量经济增长土地投入的最佳指标，因此本文选取江苏省 13 个地级市城市建成区面积作为城市土地投入的代理指标。

（四）数据平稳性和协整性检验

为避免出现伪回归现象，在进行回归分析之前，需要对数据进行平稳性和协整性检验。

（1）数据平稳性检验。首先采用 ADF 法，对江苏省 13 个地级市的产出 Y、资本存量 K、劳动力投入 L、土地资源 T 的自然对数序列进行单位根检验。检验结果如表 1 所示。

表 1　江苏省 13 个地级市面板数据单位根检验

序列	5% 临界值	ADF	序列	5% 临界值	ADF
$\ln Y$	− 2.886290	− 2.747905	$\Delta \ln Y$	− 3.448681	− 70.09408
$\ln K$	− 2.886290	− 12.39662	$\Delta \ln K$	− 3.448681	− 151.4511
$\ln L$	− 3.448681	− 0.758024	$\Delta \ln L$	− 3.449020	− 4.971374
$\ln T$	− 3.448681	− 2.032276	$\Delta \ln T$	− 3.448681	− 71.70164

通过表 1 可以得到：平稳性检验结果显示 ADF 值大于临界值，则认为 Y、L、T 序列都不是平稳的。因此，需要对数据进行一阶差分，对经过差分后的数据进行检验。不难发现，一阶差分后的序列在 95% 的置信度下是平稳的，说明 $\ln Y$、$\ln K$、$\ln L$、$\ln T$ 是一阶差分平稳序列，即序列为 I（1）类型。这说明只有 $\ln Y$、$\ln K$、$\ln L$、$\ln T$ 存在协整关系，才可以直接用它们来进行回归分析。

（2）数据协整性检验。本文利用 Pedroni 面板数据协整检验法（Pedroni，1995）和 Kao 协整检验法（Kao，1999）来检验 4 个变量之间是否存在长期稳定关系（见表 2）。

表 2　总样本的协整检验

变量	Pedroni 检验统计量		Kao 检验统计量
	Panel ADF	Group ADF	ADF-KAO
$\ln Y$、$\ln K$、$\ln L$、$\ln T$	− 3.4227（0.0061）	− 3.0049（0.0193）	− 4.9553（0.0000）

表 2 的结果显示：3 个统计量在 5% 的水平下显著，拒绝原假设——变量之间不存在协整关系，即变量之间存在协整关系，可以直接进行回归。

四 实证结果

(一) 江苏省土地资源尾效静态分析

由于选取的数据是 2007 ~ 2016 年江苏省面板数据，所以在进行回归分析前通常需要运用 Hausman 检验来决定是选取固定效应模型还是随机效应模型（见表 3）。

表 3 模型选择的 Hausman 检验

江苏省	Chi-Sq. Statisti	p 值
	7.39	0.0606

根据表 3 的结果，p 值在 10% 的显著性水平下拒绝个体效应与回归变量无关的原假设，因此选择个体固定效应模型。对公式 $\ln Y_{it} = \alpha_0 + \alpha \ln K_{it} + \beta \ln T_{it} + \gamma \ln L_{it} + \eta_{it}$ 进行回归。最终回归结果如表 4 所示。

表 4 模型回归结果

模型选择	固定效应模型
α_0	6.160661 ***
LnK	0.457975 ***
LnT	0.362111 ***
LnL	0.175183 ***
R^2	0.9529

注：*** 表示在 1% 的水平下显著。

由回归结果可见，$\alpha = 0.457975$，$\beta = 0.362111$，$\gamma = 0.175183$。α 与 β 的值均大于 γ 的值，表明 2007 ~ 2016 年，江苏省经济增长在很大程度上依赖资本拉动，劳动力投入对江苏省经济增长的贡献率相对较小。

根据回归结果计算土地资源的尾效。由公式 $L_1 (1 + n)^t = L_t$ 可求得劳动力平均增长率。L_1 即 2007 年江苏省城镇从业人数，为 702.68 万人；L_t 即 2016 年江苏省城镇从业人数，为 1497.3 万人；t 为计算的年份数，可知 $t = 10$。解得 2007 ~ 2016 年江苏省劳动力平均增长率为 7.85%。$Drag =$

$\dfrac{\beta n}{1-\alpha}=0.0517$，即 2007 ~ 2016 年，江苏省经济由于土地资源的限制而降低的增长率平均每年约为 58.8%，为强约束型。

江苏省土地人口承载力大，城镇村庄星罗棋布。江苏省统计局公布的数据显示，至 2016 年末，江苏省常住人口达到 7998.6 万人，全省人口密度达 746 人/平方千米。然而，伴随城镇化的发展，人们对土地空间和土地产品的需求势必增加，经济增长对土地利用的依赖性也急剧加强。

如果每年经济增长率都比上一年降低 58.8%，那么据此可得，再过 10 年，江苏省经济年增长率就会下降到现有经济增长率的 62%。由此可见，由于城镇化规模不断扩大，建设用地供需矛盾日益尖锐，土地资源的约束已经在较大程度上限制了江苏省区域经济的发展，并对江苏省经济的长期可持续增长产生不容忽视的影响。

（二）江苏省土地资源尾效动态分析

城市经济增长是一个持续变化的过程。随着城市化规模的不断扩大，土地资源投入量和利用效率也随之改变。因此，经济增长中土地资源对经济的阻碍作用也是一个动态变化的过程。为了更加全面地展示土地资源对区域经济增长的约束作用，本文采用面板数据时间变动方法进一步分析江苏省经济增长过程中土地资源尾效的动态变化（见表 5、图 1）。

表 5　2007 ~ 2016 年江苏省经济增长中土地资源尾效的动态变化

年份	LnK	LnT	LnL	n	$Drag$
2007	0.315069	− 0.36828	0.963214		
2008	0.412576	− 0.05565	0.716413	0.0035	− 0.00033
2009	0.476639	− 0.33466	0.940110	0.0089	− 0.00569
2010	0.440273	− 0.29443	0.957747	0.0211	− 0.01110
2011	0.263746	− 0.15985	1.140080	0.0292	− 0.00634
2012	0.456229	0.067031	0.834162	0.0283	0.003489
2013	0.59615	0.162778	0.671496	0.1148	0.046272
2014	0.570152	0.341722	0.413330	0.1085	0.086256
2015	0.626524	0.319632	0.390873	0.0920	0.078736
2016	0.800671	0.206828	0.373663	0.0786	0.081557

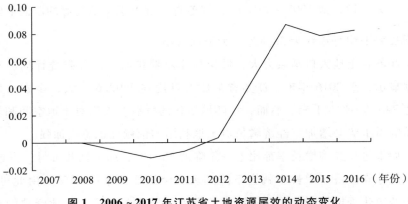

图1 2006~2017年江苏省土地资源尾效的动态变化

由表5以及图1可知，2007~2011年，土地资源尾效值为负，这说明由于拥有相对充足的土地资源，江苏省在2007~2011年还不存在由土地资源约束带来的经济增长限制。然而2012~2016年，江苏省经济增长中的土地资源尾效值 $Drag > 0$，并且总体呈现攀升趋势。结合近年来江苏省资源现状可知，作为一个人口密集和经济保持高速发展的地区，江苏省可供利用的土地资源急剧减少，土地资源供给的紧缺问题和社会经济需求的增长性之间失衡发展的态势将更加凸显。

本文对模型解释变量参数进行进一步分析，以期探究出土地资源尾效变化的深层原因。结合图2可以看出，土地尾效的增加趋势主要体现在劳动产出弹性和土地产出弹性的变化上。2007~2011年江苏省土地产出弹性系数 $\beta < 0$，表明在这段时间内土地资源对经济增长的贡献率相对较低。江苏省的很大一部分土地用于农业生产，土地的粗放利用造成了有限、珍贵的土地资源没有充分参与经济运行活动，整体的利用率和产出回报率比较低。此时江苏省各城市经济发展没有过分依赖土地资源。

2012年，江苏省制定和落实"一市一策"，大力推进经济结构调整，城镇化、工业化发展进入快车道，土地资源投入对经济发展的贡献率显著增加。2012~2016年，江苏省土地产出弹性系数为正，各城市城镇面貌明显改善，房地产行业飞速发展，随之而来的是土地价格的飞涨，土地资源对经济增长的限制作用也日益增强。

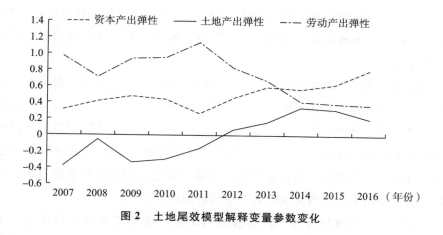

图2　土地尾效模型解释变量参数变化

五　结论与建议

本文基于 Romer（2001）关于经济增长的尾效理论，构建固定效应模型，分别从江苏省整体视角和动态变化视角研究了 2007～2016 年土地资源约束对经济增长的影响。上述计量经济学分析结果主要有以下两点。

第一，江苏省 2007～2016 年经济增长中土地资源尾效为 5.17%，即因为土地资源的约束作用，江苏省经济增长率平均每年降低 5.17%。通过这组数据可以看到，江苏省经济增长已经受到土地资源消耗的极大制约，并且这种约束作用将在未来一段时间内对经济发展产生持续、深远的影响。

第二，由于江苏省经济增长是一个动态过程，所以本文还对 2007～2016 年江苏省土地尾效进行了动态分析。结果显示，2007～2016 年，江苏省经济增长中的土地尾效整体上呈现一个不断增加的趋势，表明随着城镇化的不断发展，江苏省经济增长越来越多地受到有限的土地资源的约束。其中，土地产出系数的大小和方向是土地尾效变化的一个重要影响因素。土地产出弹性由负值变为正值，意味着江苏省经济增长越来越依赖土地资源的投入。同时，土地尾效模型解释变量参数变化显示，江苏省经济增长对固定资产投入的依赖程度也逐年增加。近年来，江苏省不断扩大城市开发边界，增加基础设施投入；同时，相关优惠政策陆续出台，吸引社会力量投资兴业。这样的发展现状也与本文计量分析结果相呼应。

本文通过选取 2007～2016 年江苏省 13 个地级市的面板数据进行分析，以期了解省域土地资源利用现状，力争为江苏省经济发展提出切实可行的政策建议。

通过上文中土地尾效的测算公式我们不难分析出，要减少资源对发展的约束，就要降低土地资源约束对经济的阻力作用。综合上文可得，降低资本、土地产出弹性和劳动力增长率可以显著地提高土地资源限制下的经济增长的上限。也就是说，在江苏省经济发展过程中，切忌过分依赖资本、劳动力，尤其是土地资源投入。土地资源较大的尾效值警醒我们：在自然资源利用上，应当更加注重对土地资源的保护。

在实际的经济增长中，江苏省应当将发展依靠点转移到技术进步上来。政府相关部门应当在产业支持、未来产业发展、产业落地这些方面提供全方位的支持，吸引众多先进企业集聚在江苏，打造科学发展的产业地标。创新型领军企业应当聚焦科技高峰，引进高端创新团队，将建设新型研发机构提上议程。高校作为人才培养的高地，更应当加大创新型领军人才的培养力度，并切实推进"产、学、研"结合，为江苏省打造科技创新平台和成果转化平台注入动力。科技创新驱动和产业结构优化的发展战略，能够为江苏省经济的可持续增长提供指引。

参考文献

曹中强，2008，《河南经济增长的尾效》，硕士学位论文，河南大学。

陈卫东、陆海波、顾培亮，2006，《中国能源需求长期均衡和短期波动的协整分析》，《天津大学学报》第 1 期。

崔云，2007，《中国经济增长中土地资源的"尾效"分析》，《经济理论与经济管理》第 11 期。

哈罗德·霍林特，1931，《可耗尽资源的经济学》，中国人民大学出版社。

韩君，2006，《基于协整与 ECM 模型的中国能源需求计量分析》，《开发研究》第 6 期。

刘耀彬、陈斐，2007，《中国城市化进程中的资源消耗"尾效"分析》，《中国工业经济》第 11 期。

王海鹏，2006，《基于变参数模型的中国能源消费与经济增长关系研究》，《数理统计与管理》第 3 期。

威廉·配第，1662，《赋税论》，商务印书馆。

谢书玲、王铮、薛俊波，2005，《中国经济发展中水土资源的"增长尾效"分析》，《管理世界》第 7 期。

薛俊波、王铮、朱建武、吴兵，2004，《中国经济增长的"尾效"分析》，《财经研究》第 9 期。

周海林，2001，《困惑的判断：目标导向或规则导向》，《中国人口·资源与环境》第 4 期。

周少波，2003，《自然资源与经济增长模型的动态分析》，《武汉大学学报》（理学版）第 5 期。

Cocklin, C. , & Keen, M. 2000. "Urbanization in the Pacific: Environmental Change, Vulnerability and Human Security." *Environmental Conservation*, 27（4）: 392 – 403.

Crompton, P. 1999. "Forecasting Steel Consumption in South-east Asia." *Resource Policy*, （2）: 111 – 123.

Goldsmith, R. W. 1951. "A Perpetual Inventory of National Wealth," NBER Chapters in *Studies in Income and Wealth*, National Bureau of Economic Research, Inc.

Kao, C. 1999. "Spurious Regression and Residual-based Tests for Cointegation in Panel Data," *Journal of Econometrics* 90（1）, pp. 1 – 44.

Malthus, T. R. 1798. "*An Essay on the Principle of Population, as It Affects the Future Improvement of Society.*" London: J. Johnson.

Nordhaus, W. D. 1992. "Lethal Model 2: The Limits to Growth（Revised Bookings）." *Papers on Economic Activity*, （2）: 1 – 59.

Pedroni, P. 1995. "Panel Cointegration: Asymptotic and Finite Sample Properties of Pooled Time Series Tests with an Application to the PPP Hypothesis," *Indiana University Working Papers in Economics*, pp. 96 – 113.

Romer, D. 2001. "*Advanced Macroeconomics（Second Edition）.*" The McGraw-Hill Companies, Inc.

Solow, R. M. 1956. "A Contribution to the Theory of Economic Growth." *The Quarterly Journal of Economics*, （70）: 65 – 94.

Stem, D. L. 1993. "Energy Use and Economic Growth in the USA: A Multivariate Approach." *Energy Economies*, 15（2）: 137 – 150.

Stieglitz, J. 1974. "Growth with Exhaustible National Resource Efficient and Optimal Growth Paths." *Review of Economics Studies*, 41（1）: 123 – 137.

第五篇

海洋经济

环渤海地区海洋产业结构与渤海海洋
资源环境承载力脉冲响应分析

一 背景介绍

（一）渤海海域生态环境基本概况

渤海是中国最北的近海，上承海河、黄河、辽河三大流域，下接黄海、东海生态体系，是中国唯一的半封闭型内海。渤海由辽东湾、渤海湾、莱州湾及中央海盆组成。渤海自然资源丰富，生态条件独特，据《2017 中国土地矿产海洋资源统计公报》统计，环渤海地区海洋生产总值为 24638 亿元，占全国海洋生产总值的比例为 31.7%，是环渤海地区社会经济发展的重要支撑系统。环渤海地区是我国社会经济高度发达的区域之一，沿岸的辽宁、河北、山东、北京和天津等三省两市辖区总面积约为51.5 万平方千米，占全国陆地面积的 5.37%，却集中分布了全国 14% 的总人口，创造了全国 19.8% 的国内生产总值。环渤海地区海洋经济发展迅速，海洋总产值从 1986 年的 64 亿元增长到 2008 年的 10894 亿元，年均增长率高达 26.6%，约占全国海洋生产总值的 36.1%。

渤海是我国海洋环境最为脆弱的海域，其海洋环境变化是气候、水文、水动力等自然条件和沿岸地区社会经济活动长期综合作用的结果。近几十年来，随着环渤海地区经济飞速发展，渤海海洋环境迅速恶化，如表1 所示，渤海劣质水占比远超中国其他海域，成为中国污染最为严重的地区。

如表 2 所示，在环渤海四省市中，河北、天津污染最为严重，辽宁、山东次之，其中，陆源污染物总量大，包括工农业废水、城市生活废水、固体废弃物等。由于渤海海域封闭，年降水量少，水体交换缓慢，不利于海洋自我净化，加剧了污染程度。

表1 2017年入海河流检测面水质类别

单位：%

海域	Ⅰ	Ⅱ	Ⅲ	Ⅳ	Ⅴ	劣Ⅴ	合计
渤海	0	6.39	10.64	23.40	14.89	44.68	100
黄海	0	1.91	35.85	35.85	9.43	16.98	100
东海	0	8	68	16	4	4	100
南海	0	29.40	35.71	20	0	14.89	100

表2 2017年环渤海四省市入海河流水质类别比例及主要超标因子

单位：%

省市	水质状况	Ⅰ	Ⅱ	Ⅲ	Ⅳ	Ⅴ	劣Ⅴ	主要超标因子
辽宁	中度污染	0	15.8	21.1	26.3	15.8	21.1	总磷、化学需氧量、氨氮
河北	重度污染	0	8.3	25.0	25.0	0	41.7	高锰酸盐指数、化学需氧量、五日生化需氧量
天津	重度污染	0	0	0	0	0	100	化学需氧量、高锰酸盐指数、氨氮
山东	中度污染	0	0	13.3	40.0	26.7	20.0	化学需氧量、五日生化需氧量、高锰酸盐指数

资料来源：《2017中国近岸海域生态环境质量公报》。

渤海环境污染严重，降低了海域的承载能力，不利于区域生态、经济等的可持续发展。渤海污染问题成因复杂，主要包括以下几个方面。第一，海域范围大，所跨省市多，各地各级政府不易协调，合作困难。由于涉及地域范围广，权力分散，关系复杂，各地出台治理政策多且乱，责任划分不明确，执行效率低。第二，环渤海地区的社会经济要素高度集聚，经济仍然处在发展阶段，工农业发达且生产结构偏向于重工业，陆源污染物排放量大且减少困难，环保成本较高。第三，相关法律法规仍不健全，公众社会责任感低，环保意识薄弱。

（二）相关政策及治理措施

渤海污染问题成因复杂、历史久远、问题严重，各级政府关注渤海问题已久，近年来有关渤海治理、环境保护的政策不断出台。

2001 年国务院批准实施了"渤海碧海行动计划"（简称"碧海计划"），这是中国在国家层面上首次推出全面治理渤海污染的计划。根据该计划，"至 2005 年初步控制渤海污染，缓减生态破坏；至 2010 年，渤海环境初步改善，生态破坏得到有效控制；至 2015 年，渤海环境好转，生态系统改善"。"碧海计划"的核心是，"关停环渤海区域的不达标排放企业，采取建污水处理厂等环保设施，大力削减陆源污染物排放入海"。但实际上，陆源污染物排放总量并没有得到有效的控制，海洋污染仍在加剧，该计划并没有起到太大的作用。

2006 年，国家发改委联合九个部门下发了《渤海环境保护总体规划》，与"碧海计划"更关注陆地治理不同，该规划的基本思路是海陆统筹，在控制陆源污染物的同时兼顾海洋环境保护。

2018 年 12 月，生态环境部、国家发改委、自然资源部联合印发了《渤海综合治理攻坚战行动计划》，明确了渤海综合治理工作的总体要求、范围与目标、重点任务和保障措施，制定了打好渤海综合治理攻坚战的时间表和路线图。该行动计划"以改善渤海生态环境质量为核心，以突出生态环境问题为主攻方向，坚持陆海统筹、以海定陆，坚持'污染控制、生态保护、风险防范'协同推进，治标与治本相结合，重点突破与全面推进相衔接，科学谋划、多措并举，确保渤海生态环境不再恶化，三年综合治理见到实效"。

二　文献综述

（一）海洋资源环境承载力及其相关概念

"承载力"一词起源于工程地质学领域，指"地基的强度对建筑物负重的能力"，后逐渐被引入生态学中。随着承载力概念的扩展，从人口（种群）承载力、资源承载力、环境承载力向生态承载力方向演进，其演化过程反映出人类对社会发展中遇到的问题不断做出的响应。随着人类社会的发展，陆域环境已经不能满足人类需求，因此，对海洋的大规模开发就此展开。20 世纪 60 年代，日本的濑户内海、美国的纽约湾和长岛海域、欧洲的波罗的海等率先开展了近海环境容量研究。我国从 20 世纪 80 年代开始对近岸海域污染物自净能力和环境容量进行研究，如今已涵盖全部近岸海域。近年来，由于海洋资源环境保护与海洋经济发展的矛盾日趋凸显，迫切需要开展海洋承载力的相关研究工作。

"海洋资源环境承载力"是由环境承载力的概念发展而来的，鉴于海洋是个连续的永不停歇的水体，海洋资源环境承载力的理解与界定有别于陆域环境。

国家在《海洋资源环境承载能力监测预警指标体系和技术方法 (2015)》文件中对"海洋资源环境承载能力"做出了规范性定义：在一定时期和一定区域范围内，在维持区域海洋资源结构符合可持续发展需要，海洋生态环境功能仍具有维持其稳态效应能力的条件下，区域海洋资源环境系统所能承载的人类各种社会经济活动的能力。它包括承载体（海洋资源和生态环境）、承载对象（主要涉海社会经济活动）、承载率（承载状况与承载能力的比值）三大基本要素。

海洋资源环境承载力实际上是海洋对人类活动的最大支持程度，同时又受社会经济状况、国家方针政策、管理水平和社会协调发展机制等因素的制约。

（二）海洋资源环境承载力评价指标体系构建

对于海洋资源环境承载力的研究关键在于承载力测度方法的确定，但到目前为止，国内外并没有提出一个统一的研究方法。参考关于环境承载力的测度方法，关于海洋资源环境承载力的测度方法主要有单要素分析法、资源供需平衡法、指标体系法、系统动力学模型等四大类方法。本文为方便计算主要采用的是构建评价指标体系法。

评价指标体系是能够反映研究对象各个方面的特征以及研究对象间的互相联系的，由多个基础指标所组成的一个有结构性的整体，科学的指标体系应该能够有效地反映研究对象的特征。考虑到各项研究中的研究对象与侧重点不同，各学者在构建评价指标体系的时候往往会依据研究内容对评价指标体系进行自主调整。

近年来，有许多学者对区域资源环境承载力的评价方法进行了相关研究。例如，王丽华、王峰（2012）考虑到辽河口湿地生态系统的脆弱性，以及开发过程中人地矛盾、利用与保护的矛盾突出，在筛选指标时，首先，选用与滨海湿地的生态特征相符的指标；其次，选用能反映辽河口地区发展规划中经济开发活动影响的人文环境指标；再次，考虑基础指标的数据可获得性。王奎峰等（2014）构建了包括自然、生态、人口及污染等四个一级指标的山东半岛的生态环境承载力的评价指标体系，在此基础上，选择了具有代表意义的二级指标，并采用模糊综合评价的方法评价了我国山东半岛 6 个城市的生态环境承载能力。黄敬军等（2015）在充分分析徐州城市规划区各类自然资源赋存及环境状况的基础上，构建了其土地及水资源的承载力和水、土壤及地质环境的承载力的评价指标体系，以及包括前述资源和环境的综合承载力的评价指标体系。

综上所述，评价指标体系的构建首先要确定研究目的，然后要有层次地构建目标层和有代表意义的准则层，在此基础上选择合适的基层指标。

但是，目前关于承载力的相关研究还没有形成成熟的理论和方法体系，基于不同的研究方向和对象出现了不同的概念，各个概念之间的内涵既有交叉的内容也有不同的侧重点，容易引起混淆。关于海洋资源环境承载力的量化与评价大多参照陆域承载力的研究，未能针对海洋的特殊情况构建独特的测度方法。

（三）海洋产业与海洋资源环境承载力的关联性研究

国内关于经济发展系统与资源环境承载系统协调性的研究大多采取计算协调度的方法。耦合是描述两个或两个以上相互影响的系统之间协同关系的一种常用的方法，许多学者利用耦合模型探讨生态与经济系统的协调发展，并取得了较为满意的成果。

关于海洋经济与海域承载力的研究以耦合性分析为主。狄乾斌与郑金花（2017）以沿海省（区、市）为研究对象，利用核密度估计法和 SPSS 系统聚类法，对沿海地区 2000~2013 年海洋经济发展水平和海域承载力耦合度与耦合协调度进行分析。同年，两人采用改进的耦合度、耦合协调度模型以及核密度估计等方法，以环渤海地区为研究对象，对 2000~2014 年环渤海地区海洋经济发展水平和海域承载力进行综合评价，并对两者之间的耦合度与耦合协调度进行时空序列分析。

由于耦合模型及计算方法较为复杂，本文主要采用基于向量自回归模型的脉冲响应分析。国内仅有狄乾斌教授对环境承载力与经济发展进行了脉冲响应分析。狄乾斌与李霞（2018）运用中国沿海 11 省市 1996～2014年的海洋产业结构和海域承载力的相关数据，基于 VAR 模型，综合运用ADF 检验、协整检验、脉冲响应和方差分解，研究其海洋产业结构与海域承载力综合水平之间的相互关系。

另外，本文还参考了其他学者利用脉冲响应分析的方法进行的研究。例如，付秀梅等（2016）利用广义脉冲响应函数，考察了我国 1999～2011年海洋环境污染指标与海洋经济增长之间的长期动态影响特征。

三　方法与数据

（一）数据来源

本文根据研究区域特点及研究需要构建了海洋资源环境承载力的指标体系，选取指标变量共 19 个，选取地域为天津、河北、辽宁、山东共 1 市3 省。各指标所需要的数据由 1997～2016 年（实际统计时间为 1996～2015年）的《中国统计年鉴》、《中国海洋统计年鉴》、《中国城市统计年鉴》和《中国人口统计年鉴》直接或通过计算处理得出。

（二）海洋资源环境承载力

1. 构建评价指标体系

本文探究的是环渤海地区海洋产业结构与渤海海洋资源环境承载力的关系。因此，首先构建海洋资源环境承载力的评价指标体系，依据研究目的，建立目标层"海洋资源环境承载力综合水平"，以字母 A 表示。

狄乾斌、李霞（2018：562）认为海域承载力包括两层基本含义：一是指海洋的自我维持与自我调节能力，以及资源与环境子系统的供给能力，此为海域承载力的承压部分；二是指海洋人地系统内社会经济子系统的发展能力，此为海域承载力的压力部分。海洋的自我维持与自我调节是指海洋系统弹性力的大小；资源与环境子系统的供给能力分别指海洋资源和海洋环境承载力的大小；而社会经济子系统的发展能力则是指海洋所能维持的社会经济规模和具有一定生活水平的人口数量。

因此，建立包含 3 个二级指标的准则层——压力类指标、承压类指标、区际交流类指标，以字母 B 表示。然后，确定 8 个亚准则层，以字母 C 表示。其中：压力类指标包括经济增长、环境污染、人口发展；承压类指标包括资源总量、社会经济发展水平、科技潜力发展水平、环境治理；区际交流类指标包括区际交流。

最后依据代表性、科学性及数据获取难易程度建立指标层，以字母 D 表示。经济增长包括海洋产业产值增长率、海洋产业产值占 GDP 的比重。环境污染包括亿元 GDP 入海废水量、亿元 GDP 入海废弃物量。人口发展包括人口数量、人口自然增长率。资源总量包括人均海洋水产资源量、人均海洋盐田面积、人均海洋原油产量、人均海洋天然气产量。社会经济发展水平包括人均海洋产业产值、海洋第三产业产值比重。科技潜力发展水平包括海洋科技项目数量、海洋产业从业人员比重。环境治理包括工业废水排放达标率、工业固体废弃物综合利用量。区际交流包括海洋货物周转量、海洋客运周转量。

因此，本文所建立的指标层共计 18 个三级指标，如表 3 所示。

表 3　海洋资源环境承载力评价指标体系

目标层（A）	准则层（B）	亚准则层（C）	指标层（D）
海洋资源环境承载力综合水平（A）	压力类指标（B_1）	经济增长（C_1）	海洋产业产值增长率（D_1）
			海洋产业产值占 GDP 的比重（D_2）
		环境污染（C_2）	亿元 GDP 入海废水量（D_3）
			亿元 GDP 入海废弃物量（D_4）
		人口发展（C_3）	人口数量（D_5）
			人口自然增长率（D_6）

目标层（A）	准则层（B）	亚准则层（C）	指标层（D）
海洋资源环境承载力综合水平（A）	承压类指标（B₂）	资源总量（C₄）	人均海洋水产资源量（D₇）
			人均海洋盐田面积（D₈）
			人均海洋原油产量（D₉）
			人均海洋天然气产量（D₁₀）
		社会经济发展水平（C₅）	人均海洋产业产值（D₁₁）
			海洋第三产业产值比重（D₁₂）
		科技潜力发展水平（C₆）	海洋科技项目数量（D₁₃）
			海洋产业从业人员比重（D₁₄）
		环境治理（C₇）	工业废水排放达标率（D₁₅）
			工业固体废弃物综合利用量（D₁₆）
	区际交流类指标（B₃）	区际交流（C₈）	海洋货物周转量（D₁₇）
			海洋客运周转量（D₁₈）

工业废水排放达标量无法获取准确数据，因此，本文统计了工业废水排放总量与直接入海量两组数据，假定未直接排放的废水均为达标废水，所以：

工业废水排放达标率 =（排放总量 – 直接入海量）/排放总量

本文选取 1996 ~ 2015 年天津、河北、辽宁、山东四个省份的统计数据，共计 80 组数据。

2. 海洋资源环境承载力评价分析

根据前文确定的评价指标体系，参考狄乾斌与李霞（2018）的研究，综合运用熵值法与层次分析法（The Analytic Hierarchy Process，AHP）进行定性与定量分析。AHP 是将决策总是有关的元素分解成目标、准则、方案等层次，在此基础上进行定性和定量分析的决策方法。本文通过 yaahp 10.1 完成 AHP 的计算。

（1）层次分析法

第一，确定指标分级标准。

因为评价指标的数值大小和单位各有不同，直接使用可能会影响到渤海海洋资源环境承载力的评价结果，所以首先要处理原始数据，使数值大小都在 0 ~ 1，消除原始数据之间的量纲影响。本文将承压类指标作为正向指标，将压力类指标与区际交流类指标作为负向指标。

指标的标准化公式为：

$$
\begin{cases}
正向指标: Z_{ij} = x_{ij} - x_{ijmin} / X_{ijmax} - X_{ijmin} \\
负向指标: Z_{ij} = x_{ijmax} - x_{ij} / X_{ijmax} - X_{ijmin}
\end{cases}
\tag{1}
$$

式（1）中：X_{ij} 为第 i 个样本第 j 项指标的原始值；Z_{ij} 为标准化后的指标值；X_{ijmin} 和 X_{ijmax} 分别为最小值和最大值。

为根据取值大小评价承载力等级，本文参考了《生态环境状况评价技术规范（HJ 192 – 2015）》、《资源环境承载能力检测预警技术方法（试行）》与《近岸海洋生态健康评价指南（HY/T 087 – 2005）》等相关文件，将海洋资源环境承载力等级划分为优秀、良好、一般和差共 4 个等级，如表 4 所示。

表 4　海洋资源环境承载力数值对应等级

数值范围	等级
(0.70，1]	优秀
(0.55，0.70]	良好
(0.35，0.55]	一般
(0，0.35]	差

第二，构建判断矩阵及确定权重。

依据《海域承载力的理论、方法与实证研究》（狄乾斌，2004）中对各类指标的打分，构建判断矩阵。值得注意的是，对于压力类指标来说，权重越大，表示施加的压力越大，因而指标也就越重要；而承压类指标恰好相反，权重越大，表示提供的潜力越弱，因而指标越不重要。另外，本文在构建 B 层指标时，为保证 yaahp 运行正确，将 D_{17} 与 D_{18} 当作 C_8 与 C_9 进行计算。

经计算，得出各级指标的权重，如表 5 所示。

表5　C判断矩阵（承压类）

A	B		C		D		排序
指标	指标	权重	指标	权重	指标	权重	
海洋资源环境承载力综合水平	B_1	0.2828	C_1	0.0546	D_1	0.0410	12
					D_2	0.0137	17
			C_2	0.2046	D_3	0.1535	1
					D_4	0.0512	7
			C_3	0.0236	D_5	0.0157	15
					D_6	0.0079	18
	B_2	0.6434	C_4	0.2958	D_7	0.1096	3
					D_8	0.0822	5
					D_9	0.0433	10
					D_{10}	0.0607	6
			C_5	0.1752	D_{11}	0.1314	2
					D_{12}	0.0438	9
			C_6	0.0564	D_{13}	0.0141	16
					D_{14}	0.0423	11
			C_7	0.1160	D_{15}	0.0870	4
					D_{16}	0.0290	13
	B_3	0.738			D_{17}	0.0246	14
					D_{18}	0.0492	8

第三，计算环渤海各省份海域承载力。

将四省市的18个原始数据进行标准化处理后，乘以各个指标的权重，再进行求和，最终得到的计算结果就是四省市的承载力指数。计算结果如表6所示。

表6　环渤海四省市海洋资源环境承载力评价结果

	1996年	1997年	1998年	1999年	2000年	2001年	2002年	2003年	2004年	2005年
天津	0.180	0.284	0.291	0.344	0.437	0.825	0.459	0.467	0.464	0.445
河北	0.450	0.467	0.580	0.668	0.393	0.681	0.665	0.507	0.480	0.454
辽宁	0.425	0.506	0.653	0.622	0.626	0.609	0.689	0.627	0.720	0.771

续表

	1996 年	1997 年	1998 年	1999 年	2000 年	2001 年	2002 年	2003 年	2004 年	2005 年
山东	0.454	0.443	0.592	0.662	0.532	0.639	0.794	0.471	0.482	0.516

	2006 年	2007 年	2008 年	2009 年	2010 年	2011 年	2012 年	2013 年	2014 年	2015 年
天津	0.382	0.452	0.510	0.530	0.536	0.559	0.589	0.631	0.656	0.661
河北	0.462	0.469	0.520	0.531	0.523	0.558	0.583	0.594	0.569	0.559
辽宁	0.333	0.350	0.376	0.395	0.402	0.413	0.437	0.455	0.471	0.470
山东	0.401	0.419	0.453	0.447	0.454	0.478	0.498	0.525	0.545	0.541

经层次分析法计算，环渤海四省市海洋资源环境承载力评价结果趋势如图 1 所示。

结果显示，四省市的承载力整体基本在 0.8 以下，最大值差异并不大，但最小值差异较大。就最大值来说，天津市的承载力最高（0.82 左右），其次是辽宁省、山东省，河北省最低（0.68 左右）；就最小值来说，天津市的承载力最低（0.18），其次是辽宁省、河北省，山东省最高（0.44 左右）。另外，天津市的样本标准差最大，其次是辽宁省、山东省，河北省最小（0.79 左右）。

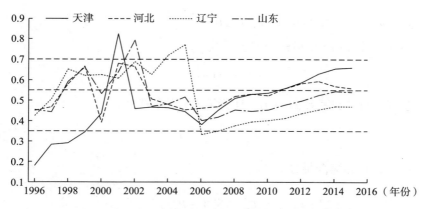

图 1 环渤海四省市海洋资源环境承载力评价结果趋势

注：图中水平虚线为表 4 中的等级分割线。

2015 年，天津市的海洋资源环境承载力为 0.661，评价等级为良好；河北省的海洋资源环境承载力为 0.559，评价等级为良好，但十分接近一般；辽宁省的海洋资源环境承载力为 0.470，评价等级为一般；山东省的海洋资源环境承载力为 0.541，评价等级为一般。

1996～2015 年，四省市基本呈现"上升—下降—上升"趋势，承载力综合水平较之最开始有所提升。

（2）熵值法

第一，对原始数据进行极值标准化。

$$\begin{cases} 正向指标：Z_{ij} = x_{ij} - x_{ijmin} / X_{ijmax} - X_{ijmin} \\ 负向指标：Z_{ij} = x_{ijmax} - x_{ij} / X_{ijmax} - X_{ijmin} \end{cases} \tag{2}$$

式（2）中：X_{ij} 为第 i 个样本第 j 项指标的原始值；Z_{ij} 为标准化后的指标值；X_{ijmin} 和 X_{ijmax} 分别为最小值和最大值。

第二，各指标同量化，计算第 j 项指标下，第 i 地区占该指标的比重。

$$P_{ij} = Z_{ij} / \sum_{i=1}^{n} Z_{ij} (i = 1,2,\cdots,n; j = 1,2,\cdots,m) \tag{3}$$

式（3）中：n 为样本个数；m 为指标个数。

第三，计算第 j 项指标的熵值。

$$e_j = -k \cdot \sum_{i=1}^{n} P_{ij} \cdot \ln(P_{ij}) \tag{4}$$

式（4）中：$k = 1/\ln(n)$，$e_j \geqslant 0$。

第四，计算第 j 项指标的差异系数。

$$g_j = 1 - e_j \tag{5}$$

第五，对差异系数归一化，计算第 j 项指标权重。

$$W_j = g_j / \sum_{j=1}^{m} g_j \tag{6}$$

第六，计算综合得分。

$$U_i = \sum_{i=1}^{n} W_j \cdot P_{ij} \tag{7}$$

式（7）中：U_i 为综合评价值。

最终所得综合评价值即为海洋资源环境承载力，计算结果如表 7 所示。

表 7　综合评价值 *UI*

UI	1996 年	1997 年	1998 年	1999 年	2000 年	2001 年	2002 年	2003 年	2004 年	2005 年
天津	0.060	0.047	0.048	0.043	0.042	− 0.084	0.048	0.038	0.046	0.046
河北	0.061	0.049	0.037	0.023	0.053	0.039	0.028	0.050	0.044	0.041
辽宁	0.057	0.028	0.009	0.017	0.022	0.036	− 0.002	0.024	0.016	0.002
山东	0.987	0.408	0.193	− 0.060	0.188	0.028	− 0.435	0.323	0.204	0.159

UI	2006 年	2007 年	2008 年	2009 年	2010 年	2011 年	2012 年	2013 年	2014 年	2015 年
天津	0.051	0.041	0.030	0.025	0.030	0.034	0.022	0.013	0.006	0.005
河北	0.040	0.040	0.034	0.028	0.034	0.030	0.025	0.024	0.036	0.043
辽宁	0.063	0.061	0.060	0.054	0.055	0.056	0.052	0.050	0.043	0.050
山东	0.147	0.116	0.095	0.085	0.079	0.070	0.064	0.054	0.052	0.058

经熵值法计算，环渤海四省市海洋资源环境承载力评价结果趋势如图 2 所示。

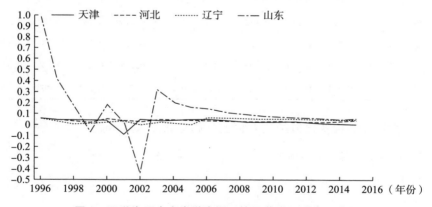

图 2　环渤海四省市海洋资源环境承载力评价结果趋势

由于数据获取等方面的限制，利用熵值法计算所得结果并没有层次分析法所得结果有效。

（三）海洋产业结构

1. 海洋产业结构变化值指数

海洋产业结构变化值指数为描述一国或一个地区海洋产业结构变化大小的指标，其公式如下：

$$K = \sum_{i=1}^{N} | q_n - q |\qquad\qquad (8)$$

式（8）中：K 为海洋产业结构变化值指数；q_n 为报告期第 i 项分产业在海洋产业中所占份额；q 为该产业基期份额；N 为产业总数，$N=3$。本文将 1996 年作为基期。

计算结果如表 8 所示。

表 8　海洋产业结构变化值指数 K 值

K	1996 年	1997 年	1998 年	1999 年	2000 年	2001 年	2002 年	2003 年	2004 年	2005 年
天津	0	0.021	0.090	0.108	0.098	0.126	0.129	0.097	0.058	0.067
河北	0	0.021	0.034	0.053	0.082	0.082	0.093	0.106	0.093	0.108
辽宁	0	0.754	0.045	0.065	0.085	0.088	0.102	0.103	0.096	0.080
山东	0	0.502	0.063	0.084	0.106	0.115	0.139	0.165	0.183	0.205
K	2006 年	2007 年	2008 年	2009 年	2010 年	2011 年	2012 年	2013 年	2014 年	2015 年
天津	0.256	0.228	0.269	0.172	0.250	0.310	0.273	0.286	0.183	0.122
河北	0.361	0.369	0.368	0.326	0.324	0.322	0.319	0.317	0.333	0.370
辽宁	0.102	0.075	0.061	0.123	0.165	0.149	0.221	0.257	0.340	0.344
山东	0.236	0.251	0.259	0.263	0.277	0.268	0.258	0.255	0.303	0.330

海洋产业结构变化值指数 K 值变化趋势如图 3 所示。

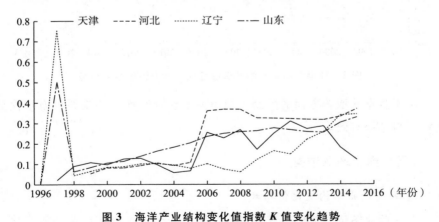

图 3　海洋产业结构变化值指数 K 值变化趋势

忽略初期的奇异值，四省市的海洋产业结构变化值指数较大且差异明显，并且基本呈上升趋势。就 2015 年的数据来说，河北省指数最大，为 0.37；天津市最小，仅为 0.12 左右；其余省份基本在 0.34 左右，说明海洋产业结构的调整较大。

2. 海洋产业结构高度化指数

海洋产业结构高度化也称海洋产业结构高级化，指一国或一个地区海洋经济发展重点或产业结构重心由第一产业向第二产业和第三产业逐次转移的过程，标志着海洋经济发展水平的高低和发展阶段、方向。其公式如下：

$$H = \sum_{i=1}^{3} k_i h_i \tag{9}$$

式（9）中：H 为海洋产业结构高度化指数；k_i 为第 i 个产业的产值占海洋总产值的比重；h_i 为第 i 个产业的产业高度值（根据研究需要，对一、二、三产业分别赋值为 0.1、0.2、0.3）。

经整理，输出结果如表 9 所示。

表 9　海洋产业结构高度化指数 H 值

H	1996 年	1997 年	1998 年	1999 年	2000 年	2001 年	2002 年	2003 年	2004 年	2005 年
天津	0.234	0.236	0.240	0.241	0.241	0.243	0.243	0.242	0.240	0.238
河北	0.211	0.213	0.214	0.216	0.217	0.217	0.219	0.218	0.216	0.218
辽宁	0.221	0.164	0.225	0.227	0.228	0.230	0.231	0.231	0.230	0.229
山东	0.213	0.174	0.218	0.220	0.221	0.222	0.223	0.223	0.221	0.221
H	2006 年	2007 年	2008 年	2009 年	2010 年	2011 年	2012 年	2013 年	2014 年	2015 年
天津	0.234	0.235	0.233	0.238	0.234	0.231	0.233	0.232	0.237	0.243
河北	0.245	0.245	0.245	0.237	0.235	0.236	0.237	0.239	0.244	0.246
辽宁	0.227	0.226	0.224	0.228	0.232	0.231	0.234	0.236	0.243	0.242
山东	0.235	0.237	0.236	0.237	0.237	0.237	0.237	0.238	0.241	0.243

计算所得海洋产业结构高度化指数 H 值变化趋势如图 4 所示。

四省市海洋结构高度化指数的差别随时间变化越来越小，且都有波动上升的趋势。天津市波动幅度最小，其余三省变化幅度差别不大，由此可见，四省市的海洋三次产业的结构、发展方向虽有不同但基本一致。

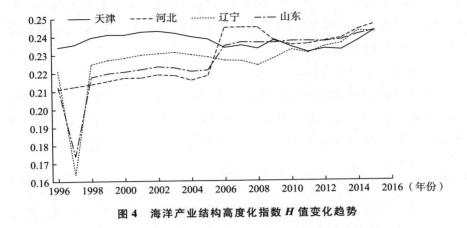

图4 海洋产业结构高度化指数 *H* 值变化趋势

四 实证结果

（一）ADF 检验

ADF 检验是检验序列中是否存在单位根，如果不存在单位根则序列是平稳的，如果存在单位根则序列是不平稳的，如果进行回归分析，就可能存在伪回归。在对变量进行分析之前，首先要检验各变量的时间序列的平稳性。结果如表10所示。

表10 ADF 单位根检验结果

	X／Y	ADF 统计值	*p* 值
天津	海域承载力	− 2.63187	0.1042
	海洋产业结构	− 2.107265	0.244
河北	海域承载力	− 3.944159	0.0079
	海洋产业结构	− 1.094327	0.6956
辽宁	海域承载力	− 2.00452	0.2825
	海洋产业结构	− 4.486129	0.0026
山东	海域承载力	− 2.327133	0.1766
	海洋产业结构	− 4.834593	0.0012

经检验，四省市均需要进行协整检验。

（二）协整检验

协整理论是近年来分析经济时间序列之间长期均衡关系和短期波动的有力工具。输出结果如表 11 所示。

表 11　协整检验结果

	假设（编号）	特征值	迹统计量	5% 临界值	p 值
天津	None*	0.564230	17.92889	15.49471	0.0211
	At most 1	0.200684	3.807991	3.841466	0.0510
河北	None*	0.519093	16.01983	15.49471	0.0417
	At most 1	0.189628	3.574458	3.841466	0.0587
辽宁	None	0.252106	5.512842	15.49471	0.7522
	At most 1	0.033227	0.574451	3.841466	0.4485
山东	None*	0.624392	20.31506	15.49471	0.0087
	At most 1	0.194099	3.668511	3.841466	0.0554

除辽宁省外，其余三省市均协整。

（三）脉冲响应分析

在建立完成 VAR 模型以后，在此基础上进行脉冲响应分析与方差分解。

天津市海洋资源环境承载力对海洋产业结构的脉冲响应，在 1 期为负，之后为正，总体来说波动幅度大，到后期影响逐渐平稳。海洋产业结构对承载力的脉冲响应在 1~3 期为正，3 期以后为负，均接近 0。

河北省海洋资源环境承载力对海洋产业结构的脉冲响应同样在 1~2 期为负向，之后为正，但较之天津市波动幅度更小，整体较为平稳。海洋产业结构对承载力的脉冲响应为负。

辽宁省海洋资源环境承载力对海洋产业结构的脉冲响应为负，接近 0，波动幅度小。海洋产业结构对承载力的脉冲响应在 1~2 期为正，之后为负。

山东省海洋资源环境承载力对海洋产业结构的脉冲响应为负，接近 0，波动幅度小。海洋产业结构对承载力的脉冲响应为正，3 期以后逐渐减少。

输出结果如图 5 所示。

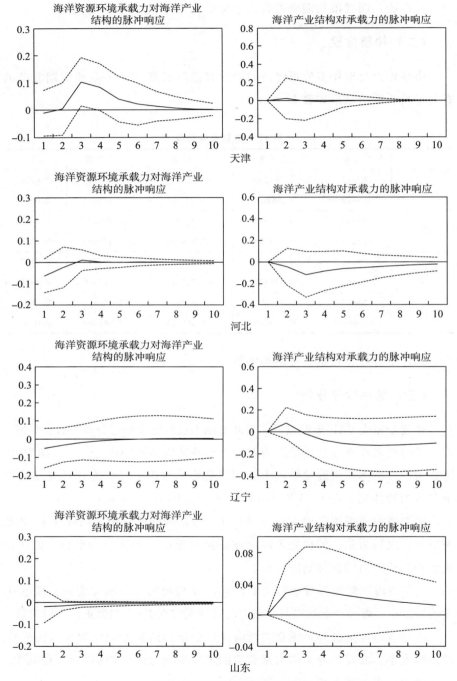

图 5　ADF 脉冲响应分析结果

（四）方差分解

方差分解通过分析每一个结构冲击对内生变量变化的贡献度，可以给出对系统中变量产生影响的每个随机扰动的相对重要性的信息，其结果主要反映的是某一变量变动所导致的另一变量变动对该变量变动的贡献度。

天津市海洋产业结构对海洋资源环境承载力的方差影响很强，3 期以后基本稳定在 40% 左右。但承载力对海洋产业结构基本没有影响。

河北省海洋产业结构对海洋资源环境承载力的方差影响较强，基本稳定在 17% 左右。承载力对海洋产业结构的影响也比较稳定且逐渐加深，3期以后基本稳定在 10% 左右。

辽宁省海洋产业结构对海洋资源环境承载力的影响一般，在 5% 左右，全程变动幅度不明显。承载力对海洋产业结构的影响随时间推进逐渐加深，且变化幅度逐渐变大，在 10 期超过 20%。

山东省海洋产业结构对海洋资源环境承载力的影响最弱，在 3% 左右。全程变动幅度不明显。承载力对海洋产业结构的影响随时间推进逐渐加深，且变化幅度逐渐变小，在 10 期达到 30%。

输出结果如图 6 所示。

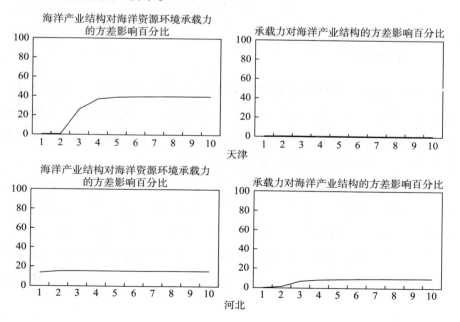

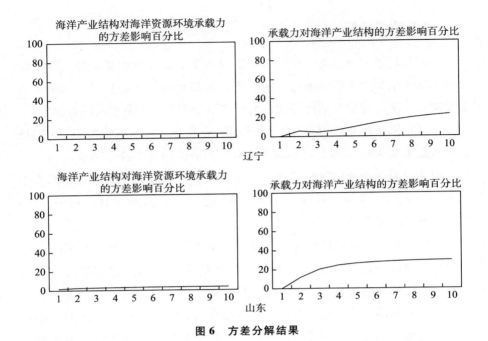

图6　方差分解结果

五　结论与建议

（一）结论

第一，1996～2015年，四省市基本呈现"上升—下降—上升"趋势，承载力综合水平较之最开始有所提升。这说明四省市对海洋资源环境的重视程度加深，不再一味追求经济的发展，而是注重可持续发展，渤海环境有所改善。但四省市之间的差异还是比较大的。

第二，1996～2015年环渤海地区海洋产业结构变化明显，且四省市之间产业结构差异较大。其中，辽宁省的产业结构变化最大，天津市的产业结构变化最小。四省市海洋结构高度化指数的差别随时间变化越来越小，且都有波动上升的趋势。这说明四省市近年来不断进行产业结构调整且有继续优化的趋势，基本以二、三产业为主，第一产业所占的比重越来越小。

第三，在海洋资源环境承载力与海洋产业结构的脉冲响应分析与方差分解中，发现四省市的差异较大。天津市海洋产业结构对海洋资源环境承载力的影响较大，且为正向影响，响应波动剧烈，而承载力对产业结构的影响较小，响应微弱；河北省同样是产业结构对承载力的影响较大，且为正向影响，但响应并不如天津市敏感，而承载力对产业结构的影响较小，响应为负；辽宁省与山东省产业结构对承载力的影响较小，响应虽为负，但十分接近于 0，而承载力对产业结构的影响较大，且方差贡献度随时间的推移不断加大，其中辽宁省的响应正负波动较大，而山东省的响应为正且较为持久。

（二）建议

四省市基本情况不同，在制定发展政策与环保政策的时候要注意与省情相结合，不能照抄照搬其他地区的发展政策。海洋资源对于地区经济社会发展是十分重要的，当今世界沿海地区的经济发展水平普遍高于内陆地区。渤海资源丰富，为环渤海地区经济的腾飞提供了有利的区位条件，但是在发展经济的同时不能透支环境资源，只有人与自然和谐发展，才能做到协调可持续，才能长久保持环渤海地区的区位优势，提高人民的生活水平与幸福感。

除具体问题具体分析外，还有一些共通的实用建议。

第一，优化第二产业结构，削减过剩产能。2008 年金融危机之后，我国的产能已经从潜在的、阶段性的过剩转为实际的和长期的过剩，从低端的、局部的过剩转为高端的、全局性的过剩。产能过剩给经济、社会、环境带来了一系列的问题。环渤海地区作为我国重要的工业基地、产能过剩重点区，为减轻环境污染压力，必须大力削减过剩产能，推进第二产业内部结构高度层次化。可行办法有：完善行业管理，强化环保硬约束监督管理；强化项目用地、岸线管理，对产能严重过剩行业企业使用土地、岸线进行全面检查和清理整顿，取消项目优惠政策；完善和规范价格政策、财政税收支持政策等。

第二，继续大力推进第三产业的发展，从源头上减轻污染压力。

第三，实现环渤海地区的跨界治理，完善污染防治立法。

第四，推进循环工农业的发展；推进清洁生产；建立健全工业污染治理设施运营的市场机制；建立激励型生态补偿机制；拓宽工业污染治理的融资渠道；在污染防治中形成政府引导、市场主导和居民积极参与的多元模式。

（三）总结

渤海是一个极为特殊的海域，渤海沿岸是中国经济社会高度发达的地区之一。以京津冀为核心、以辽宁和山东半岛为两翼的区域经济发展格局日趋成熟，在我国经济社会发展的重要地位日益凸显。但在取得一系列成绩的同时，渤海面临的资源环境问题也十分严重，生态环境恶化、服务功能丧失，已经严重制约渤海区域经济社会的可持续发展。随着京津冀一体化战略的推进实施，环渤海地区将成为国家新一轮基础性、战略性产业布局的重要承载区域，意味着其将承载更加繁重的生态服务功能。因此，践行更加全面、有效、实用的管理模式与环保措施迫在眉睫。

回顾近 20 年渤海整治的经验教训，需冷静分析，客观评价渤海环境管理模式的成败。改变思路，更新理念，创新制度，对渤海实施最严格的环境保护政策。渤海生态文明建设任重道远，要以政策先行、以制度保障，推动生态保护与经济发展相结合，实现人与自然的和谐可持续发展。

参考文献

狄乾斌，2004，《海域承载力的理论方法与实证研究》，硕士学位论文，辽宁师范大学。

狄乾斌、李霞，2018，《中国沿海 11 省市海洋产业结构与海域承载力脉冲响应分析》，《海洋环境科学》第 37 卷第 4 期。

狄乾斌、郑金花，2017，《中国沿海地区海洋经济发展水平与海域承载力耦合分析》，《中国海洋经济》第 1 期。

付秀梅、孔伟、蒋启明，2016，《中国海洋经济增长与海洋环境污染——基于广义脉冲响应函数的实证分析》，《中国渔业经济》第 34 卷第 6 期。

关道明、张志锋、杨正先、索安宁，2016，《海洋资源环境承载能力理论与测度方法的探索》，《中国科学院院刊》第 31 卷第 9 期。

黄敬军、姜素、张丽、魏永耀、缪世贤，2015，《城市规划区资源环境承载力评价指标体系构建》，《中国人口·资源与环境》第25卷第11期。

王奎峰、李娜、于学峰、王岳林、刘洋，2014，《山东半岛生态环境承载力评价指标体系构建及应用研究》，《中国地质》第41卷第3期。

王丽华、王峰，2012，《辽河口湿地资源与环境承载力分析及其可持续利用》，《水资源与水工程学报》第23卷第3期。

我国海洋经济与资源环境的协调发展关系

——以长江三角洲为例

一　背景介绍

可持续发展这个话题近年来备受关注，海洋经济发展和海洋资源开发之间的关系也备受瞩目。根据国家海洋局（1979～2007 年）的统计，1979年我国海洋生产总值为 64 亿元，1989 年达到 245 亿元，年均增长率约为14.4%。进入 20 世纪 90 年代，我国海洋经济发展迅速。2000 年中国海洋生产总值为 4134 亿元，占国内生产总值的比重为 4.22%。2007 年，海洋生产总值上升到 24929 亿元。但是海洋经济快速发展的同时，也带来了资源的无序利用和生态环境的大规模破坏。目前，我国海洋生态环境恶化主要表现在近海环境质量恶化、海洋灾害频繁等方面。根据中国海洋环境质量公报（2002～2008 年）的统计，2002 年，全海域未达到清洁海域水质标准面积为 17.4 万平方公里，比上年增加了 0.1 万平方公里。同年，长江口、辽河口等重要河口区海域浮游植物数量较 1959 年同期增加了 4～5 个数量级。21 世纪以来，风暴潮造成的直接经济损失占灾害总损失的比重在95% 以上。2008 年，我国风暴潮灾害受灾人口 176218 人，海水养殖受灾面积 70830 公顷，房屋损害 54 万公顷，直接经济损失 19224 元。

为此，2003 年 5 月国务院发布了《全国海洋经济发展规划纲要》，首次明确提出"逐步把我国建设成为海洋强国"的战略目标，保护海洋生态环境，推进海洋产业的节能减排。2008 年《国家海洋事业发展规划纲要》的推出进一步阐明以建设海洋强国为目标发展海洋经济，保护海洋资源。而党的十八大正式提出，"提高海洋资源开发能力，发展海洋经济，保护海洋生态环境，坚决维护国家海洋权益，建设海洋强国"。在这样的大背景下，进行海洋经济和资源环境的研究具有重要现实意义。而长江三角洲位于中国东部沿海地区，海洋经济与长江三角洲的相互影响更是明显。海洋经济的可持续发展是可持续发展理念在海洋经济领域的体现，因此，只有海洋经济和资源环境之间形成良好的协调关系，才能实现海洋经济可持续发展。

目前，国内在评价经济系统与资源环境系统之间的协调性时主要采用计算协调度的方法。但是这些研究主要集中于研究陆地资源环境与经济发展之间的协调关系，海洋经济和海洋资源环境承载力之间的研究并不多，本文通过研究长江三角洲的海洋资源环境承载力和海洋经济发展潜力，构建海洋经济与资源环境的耦合度和协调度模型，揭示了长江三角洲在发展过程中对资源环境的影响，并提出相应对策，为实现海洋经济的可持续发展提供参考。

二 文献综述

（一）海洋资源环境承载力

承载力研究的起源最早可追溯到法国经济学家奎士纳（Francois）的《经济核算表》，这本书讨论了土地生产力与经济财富的关系，但对自然资源环境承载力的研究多为土地和水两方面。Allan（1969）以粮食为例提出了计算土地承载力的公式。Harris 和 Kennedy（1999）以农业生产区为例，分析土地承载力水平会影响农业发展。Rijsberman 和 van de Ven（2000）借水资源的承载力来衡量城市水资源的安全问题。另外从资料来看，国外对海洋资源承载力缺乏综合性研究，只限于单项研究，如海洋渔业资源承载力研究、沿海渔业可持续发展指标体系研究和滩涂承载力评价等。Slesser（1990）提出采用 ECCO 作为新的资源环境承载力模型，该模型以能力为折算标准，综合考虑了人口、资源、环境和发展之间的关系。Saveriades（2000）对东海岸的旅游环境承载力进行了研究，认为区域承载力并不是固定的，会随时间和旅游量的变化而变化，同时阐明了旅游规划和开发管理的重要性，并从社会承载力阈值的角度对一个地区的承载力进行了评价。

20 世纪 80 年代末，国内资源承载力的研究兴起。但是目前只有少量学者对海洋承载力进行了研究。毛汉英和余丹林（2001）采用定量方法对环渤海地区的资源环境承载力进行了研究和预测，并提出了提高区域承载力的对策措施。韩增林等（2006）通过借鉴水资源、土地资源、森林资源等对人口和经济的承载量方面的研究，从理论上提出了关于海域承载力的定义、评价指标体系以及方法和研究趋势。谭映宇（2010）通过借鉴前人的研究探讨了海洋资源、生态和环境承载力的概念和特征，建立了以系统动力学模型、状态评价模型为主的复合系统研究方法，并以渤海湾地区为例进行了实证研究，为海洋经济和资源环境的协调发展提供了智力支持。杜元伟等（2018）基于网络分析原理构建了能够处理指标之间存在关联影响关系的海洋生态承载力评价方法，并对我国沿海 11 省市的海洋生态承载力指数和贡献因素进行了研究分析，得出沿海地区人口数量、地区海洋生产总值、海洋水产品产量、近岸海域一二类海水水质占比、直排海污染源污染物排放总量是对海洋生态承载力指数具有重要影响的指标的结论。

对承载力的研究多以陆域为研究对象，关于海域承载力的研究相对较少，并且海域承载力的研究对象也多为环渤海区域，即辽宁省、河北省、山东省和天津市，而对于长江三角洲的研究更是鲜有。因此，本文的研究能够在一定程度上弥补这部分的不足，为长江三角洲的海域承载力研究提供一些科学依据。

（二）协调关系研究

从 19 世纪 30 年代起国外开始了对协调发展的研究。Sachs 和 Warner（2001）认为经济发展的同时需要考虑和资源环境的协调关系，否则将会受到"自然资源诅咒"。Panayotou（2003）提出了协调发展理论，认为经济发展需要随着环境的改变而改变。Martínez 等（2007）对海洋保护对于经济发展的影响进行了研究，认为海洋保护的意义重大，并提出了海洋经济评估的方法。Kildow 和 Mcllgorm（2010）认为目前对海洋生态保护存在认知错误，以及在选择保护措施中存在很多问题，并且对海洋环境恶化之后会造成的影响进行了预测，提出需要因地制宜改善海洋经济和资源环境之间的关系。

而国内对于经济发展和资源环境的协调研究较晚。在评价经济系统与资源环境系统之间的协调性时主要采用计算协调度的方法。余娟和吴玉鸣（2007）采用模糊数学模型计算了广西人口、资源环境与经济系统之间的协调度，在此基础上分析了三个系统之间的协调发展水平，得出广西经济发展较快，经济系统的综合水平不断提高的结论。张青峰等（2011）借助系统科学理论，建立了黄土高原地区经济与生态系统协调发展的耦合模型，并提出黄土高原地区经济与生态系统耦合发展的评判标准，分析了黄土高原地区经济和生态系统耦合发展的基本类型，认为基于黄土高原生态和环境系统的耦合关系正确采取适当的发展模式，对促进黄土高原生态与经济协调发展有重大意义。盖美和周荔（2011）采用可变模糊识别模型分析了辽宁省海洋经济和环境的协调度，得出辽宁省资源环境和经济协调度由失调向初步协调发展的结果；同时横向比较了辽宁省和其他沿海省份在海洋经济和环境协调度之间的差异，得到辽宁省与其他沿海省份之间还存在一定的差距，并分析了原因。

三　方法和数据

（一）研究方法

本文采用熵值法测度了长江三角洲的海洋资源环境承载力和海洋经济发展潜力，运用耦合度模型和耦合协调度模型来衡量两者之间的耦合协调程度。

1. 熵值法

熵值法来源于物理学，后广泛应用于可持续发展评价及社会经济等领域。目前，国内许多学者将熵值法应用于环境管理、能源利用、经济系统质量增长等方面。其基本步骤如下：

（1）各指标同度量化，正向指标 $X_{ij} = \dfrac{x_{ij} - x_{ij}^{\min}}{x_{ij}^{\max} - x_{ij}^{\min}}$，负向指标 $X_{ij} =$

$$\frac{x_{ij}^{\max} - x_{ij}}{x_{ij}^{\max} - x_{ij}^{\min}} \ 。$$

（2）计算第 j 项指标下第 i 地区占该指标比重 $P_{ij} = \dfrac{X_{ij}}{\sum\limits_{i}^{n} X_{ij}}$ 。

（3）计算第 j 项指标的熵值 $e_j = -k \cdot \sum\limits_{i}^{n} P_{ij} \cdot \ln(P_{ij})$ ，其中 $k = \dfrac{1}{\ln(n)}$ ，

n 为实际统计年数，若 $P_{ij} = 0$ ，则定义 $\lim\limits_{P_{ij} \to 0} P_{ij} \cdot \ln(P_{ij}) = 0$ 。

（4）计算第 j 项指标的差异系数 $g_j = \dfrac{1 - e_j}{m - E_e}, E_e = \sum\limits_{j=1}^{m} e_j$ ，m 为实际统计指标个数。

（5）计算第 j 项指标权重：

$$W_j = \frac{g_j}{\sum\limits_{j=1}^{m} g_j} \tag{1}$$

（6）计算综合得分 $S_i = \sum\limits_{i=1}^{n} W_j \cdot P_{ij}$ ，Si 即为海洋资源环境承载力综合评价值。

2. 耦合度模型

"耦合"的概念来源于物理学，是描述两个或两个以上相互影响的系统之间协同关系的一种常用的方法。本文借鉴黄瑞芬、王佩（2011）的方法，引入变异系数法度量海洋资源环境与海洋经济发展潜力之间的耦合关系：

$$C = \frac{2S}{z(x) + h(y)} = 2\sqrt{1 - \frac{z(x) \cdot h(y)}{\left[\frac{z(x) + h(y)}{2}\right]^2}} \tag{2}$$

式（2）中：C 表示海洋资源环境承载力与海洋经济发展潜力变异系数值；$z(x)$、$h(y)$ 分别表示资源环境承载力综合评价结果和海洋经济发展潜力综合评价结果。变异系数没有量纲，值越小表示两个系统的协调程度越高；反之，则协调程度越低。因此，构造耦合度函数如下：

$$c = \left\{ \frac{z(x) \cdot h(y)}{\left[\frac{z(x) + h(y)}{2}\right]^2} \right\}^k \tag{3}$$

式（3）中：c 表示海洋资源环境承载力与海洋经济发展潜力的耦合度；k 为调节系数，一般取值为 $2 \leqslant k \leqslant 5$，为了提高区分度，本研究中的 k 为 4。

3. 耦合协调度模型

耦合协调度是耦合度的进一步发展，能够反映海洋经济发展潜力与海洋资源环境承载力的整体功能或综合环境经济效益的大小。构建的耦合协调度公式如下：

$$R = \sqrt{c \cdot p}, p = \alpha \cdot z(x) + \beta \cdot h(y) \qquad (4)$$

式（4）中：R 为耦合协调度；c 为耦合度；p 为海洋经济发展潜力与海洋资源环境承载力综合效益；α 为海洋资源环境承载力权重；β 为海洋经济发展潜力权重，因为海洋资源环境承载力与海洋经济发展潜力的重要性是一样的，故 $\alpha = \beta = 0.5$。

（二）指标体系

本文构建了长江三角洲二省一市的海洋资源环境承载力评价指标体系和海洋经济发展潜力评价指标体系，来衡量海洋资源环境承载力和海洋经济发展潜力。

1. 海洋资源环境承载力评价指标体系

海洋资源环境承载力的内涵可以分为两方面：一是海洋资源供给能力，即海洋为人类活动提供资源的种类和数量等；二是海洋环境承载能力，即海洋对人类活动产生的污染物的容纳能力。根据承载力的内涵和指标的实用性、综合性以及可得性原则，本文采用以海洋资源环境承载力为目标层，以海洋资源与海洋环境为准则层，由 10 个指标构成的指标体系来衡量长江三角洲各地区海洋资源环境承载力，如表 1 所示。

表 1 海洋资源环境承载力指标体系

目标层（A）	准则层（B）	指标层（C）
海洋资源环境承载力（A）	海洋资源（B_1）	海域面积（C_1）
		海洋捕捞产量（C_2）
		海水养殖产量（C_3）

续表

目标层（A）	准则层（B）	指标层（C）
海洋资源环境承载力（A）	海洋资源（B_1）	海水养殖面积（C_4）
		沿海地区星级饭店数量（C_5）
		生产用码头数量（C_6）
	海洋环境（B_2）	工业废水直排入海量（C_7）
		工业固体废弃物综合利用量（C_8）
		风暴潮直接经济损失（C_9）
		海岸带污染治理项目数量（C_{10}）

2. 海洋经济发展潜力评价指标体系

海洋经济发展潜力可以理解为是海洋资源的总价值和未来的价值减去海洋生态环境灾害造成的损失。根据海洋经济发展潜力的内涵和指标的客观性、易得性、综合性和关联性等原则，本文构建了海洋经济发展潜力指标体系，以海洋经济发展潜力为目标层，以海洋经济实力、海洋基础设施、海洋科技实力和海洋国际竞争力为准则层，选取与海洋经济发展潜力有关的 12 个指标，如表 2 所示。

表 2　海洋经济发展潜力指标体系

目标层（A）	准则层（B）	指标层（C）
海洋经济发展潜力（A）	海洋经济实力（B_1）	沿海地区海洋生产总值（C_1）
		主要海洋产业增加值（C_2）
		海洋二产比重（C_3）
		海洋三产比重（C_4）
	海洋基础设施（B_2）	生产用码头数量（C_5）
		沿海地区星级饭店数量（C_6）
	海洋科技实力（B_3）	海洋科技人员素质（C_7）
		海洋科技产出能力（C_8）
		海洋科研机构密度（C_9）
		海洋科研机构课题数（C_{10}）
	海洋国际竞争力（B_4）	沿海港口外货吞吐量（C_{11}）
		滨海旅游外汇收入（C_{12}）

（三）数据

本文关于海洋承载力评价指标体系的 10 个指标和海洋经济发展潜力评价指标系数的 12 个指标通过 2007～2016 年的《中国海洋统计年鉴》直接或者简单计算获得。其中需要简单计算的指标包括：海洋科技人员素质（海洋科技活动人员中硕士和博士所占比例），海洋科技产出能力（沿海地区海洋科研机构拥有发明专利数占全国总数比重），海洋科研机构密度（沿海地区海洋科研机构数占全国总数比重）。

该年鉴的统计资料范围为人们在海洋和沿海地区开发、管理、利用海洋资源和空间，发展海洋经济的生产和活动以及沿海地区的社会经济概况。内容包括综合资料、海洋经济核算、主要海洋产业活动、主要海洋产业生产能力、涉海就业、海洋科学技术、海洋教育、海洋环境保护、海洋行政管理及公益服务、全国及沿海社会经济、部分世界海洋经济统计资料等 11 个部分。

四　实证结果

（一）长江三角洲地区海洋资源环境承载力评价分析

资源和环境是人类赖以生存的基础。资源环境承载力是评价和衡量人类经济社会活动与自然资源环境协调程度的重要指标，也是衡量区域经济可持续发展的重要依据。海洋资源环境承载力衡量了海洋资源在人类活动的开发和使用下的可维持能力，是专门用来评价海洋承载力的表达形式。

根据海洋资源环境承载力指标体系，用熵值法分别计算得出长江三角洲二省一市的海洋资源环境承载力分地区指标熵权（见表 3）和海洋资源环境承载力的综合得分（见图 1）。

表 3　长江三角洲二省一市海洋资源环境承载力分地区指标熵权

指标	上海	浙江	江苏
C_1	0.1111	0.1206	0.1207

续表

指标	上海	浙江	江苏
C_2	0.0617	0.1162	0.0604
C_3	0.3149	0.0915	0.0910
C_4	0.2944	0.0414	0.0558
C_5	0.0337	0.0733	0.1400
C_6	0.0346	0.2108	0.2145
C_7	0.0366	0.1141	0.0393
C_8	0.0372	0.0550	0.0971
C_9	0.0282	0.0645	0.0372
C_{10}	0.0476	0.1125	0.1442

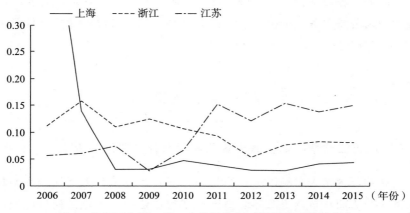

图 1　长江三角洲二省一市海洋资源环境承载力综合得分

从图 1 可以看出，2006～2015 年长江三角洲二角一市（上海、浙江、江苏）海洋资源环境承载力的趋势并不相同。江苏省呈现上升趋势，而上海市和浙江省呈现下降趋势。其中上海市和江苏省的波动幅度较大，浙江省波动幅度相对小一些。

上海市的自然资源禀赋较高，因此资源环境承载力开始较高；但上海市在发展海洋经济的同时对海洋保护方面不够重视，因此后来海洋资源环境承载力大幅度下降。浙江省在资源供给方面具有优势，但由于其每年海洋灾害较多，因此从 2007 年后浙江省的资源环境承载力有所下降。江苏省各种海洋资源都较丰富，但2010年之前江苏省由于非自然资源开发不足，其海洋资源环境承载力水平最低；自2011年起承载力大幅度上升，各类自然资源产业和服务资源产业均有所进展，而且江苏省注重海洋经济发展的同时注重对海洋的保护，海洋污染及海洋灾害较少。因此，江苏省保持着较高的海洋资源环境承载力水平，并呈现较平稳的上升趋势。

（二）长江三角洲地区海洋经济发展潜力评价分析

海洋经济发展潜力是指海洋资源用于海洋开发和利用方面的潜在能力。海洋经济发展潜力评价是在一定的技术条件和经济条件下，依据开发的海洋资源的信息，对其未来海洋资源进行工业开发再利用产生的经济价值进行评估。根据海洋经济发展潜力指标体系，用熵值法分别计算得出长江三角洲二省一市的海洋经济发展潜力分地区指标熵权（见表4）和海洋经济发展潜力的综合得分（见图2）。

表4　长江三角洲二省一市海洋经济发展潜力分地区指标熵权

指标	上海	浙江	江苏
C_1	0.0889	0.0648	0.0733
C_2	0.0700	0.0684	0.0686
C_3	0.1318	0.0560	0.0426
C_4	0.0543	0.1089	0.1153
C_5	0.0665	0.1540	0.1811
C_6	0.0640	0.0536	0.1182
C_7	0.0632	0.0597	0.0470
C_8	0.1444	0.1413	0.0849
C_9	0.1488	0.1023	0.0673
C_{10}	0.0552	0.0669	0.0711
C_{11}	0.0638	0.0762	0.0878
C_{12}	0.0492	0.0479	0.0427

结果显示，2006～2015年长江三角洲地区二省一市海洋经济发展潜力均在0～0.2，上海市的海洋经济发展潜力的波动较小，浙江省和

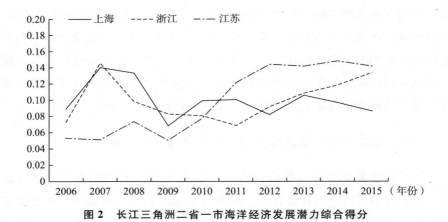

图 2　长江三角洲二省一市海洋经济发展潜力综合得分

江苏省的海洋经济发展潜力呈现明显的上升趋势，虽然浙江省的海洋经济发展潜力在 2008～2010 年有明显的下降，但是从 2011 年起开始回升。江苏省的海洋经济发展潜力开始较低，但自 2011 年起高于上海市和浙江省。

上海市海洋经济起步相对较早，海洋经济较发达，但其海洋经济发展由于海洋资源开发利用不足，故而发展潜力呈下降趋势。浙江省受海洋灾害等环境因素的限制，海洋经济发展受到影响，但浙江省在海洋基础设施和海洋科技方面投入较大，因此其海洋经济发展整体呈上升趋势。江苏省虽然海洋经济起步较晚，但其海洋资源丰富，海洋产业发展迅速，海洋经济比重大、发展态势好，所以海洋经济发展潜力呈现比较稳定的增长态势。

（三）长江三角洲地区海洋资源环境承载力与海洋经济发展潜力耦合关系分析

"耦合"一词来源于物理学，耦合分析方法常用于描述、说明两个及以上的系统或者运动形式之间的相互作用和影响的协同关系。耦合度及耦合协调度是衡量系统耦合协同关系的变量。耦合分析即运用耦合度及耦合协调度来衡量和分析两个及以上的系统之间的协同关系。根据耦合度模型和耦合协调度模型，计算结果见表 5。

表5 海洋经济发展潜力与海洋资源环境承载力耦合度和耦合协调度

年份	上海		浙江		江苏	
	c	R	c	R	c	R
2006	0.0480	0.1260	0.7317	0.2780	0.7954	0.2334
2007	0.1503	0.3734	0.9942	0.3883	0.7708	0.2332
2008	0.1366	0.1057	0.9874	0.3209	0.6999	0.2714
2009	0.5335	0.1624	0.8477	0.2963	0.7208	0.1679
2010	0.5850	0.2066	0.9251	0.2945	0.9782	0.2646
2011	0.4089	0.1687	0.9055	0.2712	0.9497	0.3602
2012	0.3730	0.1443	0.7539	0.2339	0.9709	0.3585
2013	0.2024	0.1163	0.8933	0.2871	0.9936	0.3829
2014	0.4954	0.1848	0.8825	0.2979	0.9952	0.3769
2015	0.6355	0.2031	0.9849	0.2900	0.9968	0.3809

注：c 为海洋资源环境承载力与海洋经济发展潜力耦合度，R 为耦合协调度。

耦合度或耦合协调度越高，就说明两指标之间的相互作用越大，反之则指标间的相互作用越小。从表5可知，长江三角洲地区二省一市的耦合度都呈现增长趋势。上海市表现为较低的耦合状态，数值较低，波动幅度较大。而浙江省和江苏省表现为较高的耦合状态，2006～2015年耦合度数值浙江省从 0.7317 增加至 0.9849，江苏省从 0.7954 增加至 0.9968，两者数值高，波动幅度较小。

上海市海洋经济发展潜力普遍高于海洋资源环境承载力，两系统间的相互影响和制约作用弱，因此其耦合度和耦合协调度数值都较低，但是都呈现明显的上升趋势，说明上海市海洋资源环境承载系统与海洋经济发展系统的耦合状态持续好转，上海市仍需平衡海洋经济发展力度和海洋资源环境保护力度，加强两指标间的相互作用。浙江省和江苏省均呈耦合度和耦合协调度双高状态，海洋资源环境承载力与海洋经济发展潜力协同发展。增加海洋资源供给，加强海洋保护，提高两地区的海洋资源环境承载力，有助于进一步促进其海洋经济发展。

五　结论与建议

本文研究了长江三角洲二省一市的海洋资源环境承载力和海洋经济发展潜力，通过耦合度和耦合协调度模型来评价长江三角洲二省一市的海洋经济发展潜力与海洋资源环境承载力之间的协调性。研究结果如下。

首先，在长江三角洲地区中，江苏省的海洋经济发展潜力和海洋资源环境承载力普遍上升，浙江省的海洋经济发展潜力呈上升趋势但是海洋资源环境承载力呈下降趋势，而上海市的海洋经济发展潜力和海洋资源环境承载力普遍下降。但是熵值法计算结果表明，长江三角洲二省一市的海洋经济发展潜力参量普遍高于海洋资源环境承载力参量。

其次，长江三角洲二省一市的海洋经济发展潜力与资源环境承载力耦合协调状态良好。长江三角洲二省一市的海洋经济发展潜力与海洋资源环境承载力耦合度都呈上升趋势。江苏省耦合度和耦合协调度双高，浙江省耦合度较高，上海市波动较大，但上升趋势明显。

最后，用耦合度和耦合协调度的方法来评价系统间的协调关系是较成熟的，将此方法引入海洋经济发展潜力与海洋资源环境承载力的关系研究，比较客观地反映了海洋经济发展潜力与海洋资源环境承载力之间的耦合协调关系。本文着重分析了长江三角洲地区的海洋经济系统与资源环境系统的耦合协调关系，为日后有关海洋经济可持续发展问题的研究提供了一些参考依据。

长江三角洲二省一市虽然海洋经济发展潜力与海洋资源环境承载力的耦合度和耦合协调度都呈上升趋势，但在实现协调发展中仍存在问题，因此需要配之以有效的建议。

第一，增加对海洋经济的投入。针对上海市的海洋经济发展潜力下降问题，从指标的权重得知需要增加对海洋经济的投入。要促进上海市的海洋经济发展必须增加对海洋基础设施和科技的投入。保证海洋基础设施和科技的投入，才能充分发展海洋经济。应通过鼓励公司建设海洋基础设施、引导海洋企业增加海洋科技投入、推动海洋科研机构和海洋科技平台建设、拓展高层次海洋科技人才培养和引进等途径，加快上海市的海洋基础设施建设和科技发展。

第二，加大海洋生态保护和修复力度。提高海洋的承载力，需要加大海洋环境生态保护和修复的力度。上海市和浙江省的海洋资源承载力的问题尤其突出，应通过建设海洋水生生物自然保护区和海洋水产种质资源保护区，保护海洋生物多样性，以建设海岸带的蓝色生态屏障，恢复海洋的生态功能。通过在长江三角洲各地区规划建设海洋生态文明示范区，保护与修复滨海湿地、滩涂等重要海洋生态系统，加快推进海洋生态系统的修复，不断提高海洋的环境承载力。

第三，完善对外开放的合作机制。长江三角洲各地区海洋经济应与众多领域高度协作、形成合力，以整体力量推进远洋、公海和极地资源开发工程来获取资源。与国外发达海洋地区进行多层面、多方式的合作，通过关键技术的引进、消化和研究，提高自主创新能力，从而提高海洋的经济发展潜力。

第四，完善财政保障政策。建立以财政资金为主的长江三角洲各地区海洋发展基金，以市场经济为导向，建立国家资金、外资和民资相结合的混合型发展基金，以保证提升环境承载力所需的资金支持，引导和支持长江三角洲各地区的海洋建设和产业发展。

参考文献

杜元伟、周雯、秦曼等，2018，《基于网络分析法的海洋生态承载力评价及贡献因素研究》，《海洋环境科学》第37卷第6期。

盖美、周荔，2011，《基于可变模糊识别的辽宁海洋经济与资源环境协调发展研究》，《资源科学》第33卷第2期。

韩增林、狄乾斌、刘锴，2006，《海域承载力的理论与评价方法》，《地域研究与开发》第25卷第1期。

黄瑞芬、王佩，2011，《海洋产业集聚与环境资源系统耦合的实证分析》，《经济学动态》第2期。

毛汉英、余丹林，2001，《环渤海地区区域承载力研究》，《地理学报》第68卷第3期。

谭映宇，2010，《海洋资源、生态和环境承载力研究及其在渤海湾的应用》，博士学位论文，中国海洋大学。

余娟、吴玉鸣，2007，《广西人口、资源环境与经济系统协调发展评估与分析》，《改革
　　与战略》第 4 期。

张青峰、吴发启、王力、王健，2011，《黄土高原生态与经济系统耦合协调发展状况》，
　　《应用生态学报》第 33 卷第 2 期。

Allan, W. 1969. "Studies in African Land Usage in Northern Rhodesia." *Africa*, 20 (2).

Harris, J. M., & Kennedy, S. 1999. "Carrying Capacity in Agriculture: Global and Region-
　　al Issues." *Ecological Economics*, 29 (3): 443 – 461.

Kildow, J. T., & Mcllgorm, A. 2010. "The Importance of Estimating the Contribution of the
　　Oceans to National Economies." *Marine Policy*, 34 (3): 367 – 374.

Martínez, M. L., Intralawan, A., Vázquez, G., Pérez-Maqueo, O., Sutton, P., & Land-
　　grave, R. 2007. "The Coasts of Our World: Ecological, Economic and Social Importance."
　　Ecological Economics, 63 (2 – 3): 254 – 272.

Panayotou, T. 2003. "Economic Growth and the Environment." *Economic Survey of Europe*,
　　2: 45 – 72.

Rijsberman, M. A., & van de Ven, F. 2000. "Different Approaches to Assessment of De-
　　sign and Management of Sustainable Urban Water Systems." *Environmental Impact Assess-
　　ment Review*, 20 (3): 333 – 345.

Sachs, J. D., & Warner, A. M. 2001. "The Curse of Natural Resources." *European Economic
　　Review*, 45 (4): 827 – 838.

Saveriades, A. 2000. "Establishing the Social Tourism Carrying Capacity for the Tourist Resorts of
　　the East Coast of the Republic of Cyprus." *Tourism Management*, 21 (2): 147 – 156.

Slesser, M. 1990. "Enhancement of Carrying Capacity Option ECCO." *The Resource Use In-
　　stitute*: 86 – 99.

第六篇

绿色发展

新型城镇化对环境污染的影响分析

一　背景介绍

改革开放以来，我国经济快速发展，城镇化水平不断提高。根据国家统计局公布的数据，按城镇常住人口占总人口比重计算的我国城镇化率从1982年的20.9%上升到2018年的59.58%，平均每年增长1.07个百分点。① 而我们在享受城镇化带来的便利的同时，生态环境承受着越来越大的压力，我们对环境的破坏也报复到了我们自己身上。城镇化是工业化的产物，城镇化过程中最明显的环境问题也是工业发展带来的大气污染和水污染等。国家统计局的年度数据显示，全国废水排放总量从2006年的514.5亿吨到2015年的735.3亿吨，呈递增趋势，近两年有所减少。而近几年城市呼吸系统疾病死亡人数占总死亡人数的比重都在10%以上。这些数据表明水污染形势依旧严峻并且环境污染对我们健康造成的威胁仍然很大，提醒我们要更加重视环境问题。考虑到环境和经济的和谐发展，2013年党的十八届三中全会提出新型城镇化建设，即以城乡统筹、城乡一体、产业互动、节约集约、生态宜居、和谐发展为基本特征的城镇化，这对我国城镇化和环境关系的改善有重要意义。

目前，关于城镇化对环境影响的理论和定量研究主要是基于IPAT模型和STIRPAT模型。环境压力模型IPAT最初由Ehrlich和Holden（1972）提出的 $I = P \times F$ 公式拓展而来，其中，I 表示环境压力，P 为人口数量，F

---

① 《年度数据》，http://data.stats.gov.cn/easyquery.htm? cn = C01，最后访问日期：2019年3月30日。

指人均环境压力。在此基础上，Commoner（1992）认为环境影响因素（I）主要受到人口数量（P）、国民财富（A）和技术水平（T）三个因素的影响，并且用数学公式表示出它们的关系，即 $I = P \times A \times T$。该模型在公式简洁的同时也必然存在将各种因素对环境影响的复杂关系简单处理成线性关系的局限性。为此，Dietz 和 Rosa（1997）提出了拓展的非线性的 STIRPAT 模型，即 $I = aP^b A^c T^d \mu$，它在 IPAT 模型的基础上加入了指数项和误差项等使环境影响模型更具有随机性。而实际研究中为了增减变量方便和减小误差等，学者们通常对等式两边取对数。研究城镇化对环境污染影响的一些学者也在 STIRPAT 模型的基础上加入或通过公式变形间接添加城镇化率这一自变量。但是，已有的相关研究对于城镇化率的测量主要还是城镇常住人口占总人口的比例，仅能反映人口城镇化与环境污染的关系，而对于新型城镇化率的指标计算和新型城镇化对环境污染影响的研究尚有空白和不足之处。

因此，本文的研究问题主要包括：新型城镇化率指标具体如何计算？新型城镇化对我国的环境污染有什么影响？新型城镇化建设对我国环境质量有改善吗？针对以上问题，本文将利用 2005～2015 年 30 个省份的面板数据测算新型城镇化水平，再基于 STIRPAT 理论建立模型，进行影响机制回归分析，最后提出一些政策建议，以深化新型城镇化对环境污染影响的理论和实证研究。

二 文献综述

（一）经济增长与环境污染

由于经济发展与环境污染的显著关联性，大量相关研究较早受到重视，并且后来学者基于经典的理论基础得出几种不同结论。首先是经济增长与环境污染之间存在倒 U 形关系，这是对现有经济增长与环境污染关系研究的最经典的理论基础——环境库兹涅茨曲线（EKC）假说的验证。Grossman 和 Krueger（1995）首次将库兹涅茨曲线引入经济增长和环境污染研究，提出环境库兹涅茨曲线假说并实证分析发现经济增长和环境污染存在倒 U 形曲线关系，即在经济发展水平的开始阶段会导致环境污染，但超过某一临界值后环境质量会随着经济的发展有所改善。随后，部分学者也验证了经济增长与环境污染之间或多或少存在倒 U 形关系（Kaufman et al.，1998；Burnett & Bergstorm，2010）。还有部分学者得出了与倒 U 形关系相异的结论。如蔡之兵、李宗尧（2012）分析我国不同地区的数据，发现总体上经济发展与环境污染之间的关系曲线并无特定规律，而具体的不同地区有所差异，有的呈"N"形，有的呈"－"形，有的呈"S"形。

（二）城镇化与环境污染

随着城镇化对经济发展的影响越来越大，环境污染问题越来越严重，城镇化与环境污染问题的相关性研究也越来越深入。关于城镇化对环境影响的结论部分由于同一指标选择的不同变量而有所差异，目前学术界关于城镇化与环境污染的关系有几种主要结论。

第一种与上文提到的经济和环境的倒 U 形关系类似，部分学者认为城镇化与环境污染之间也存在倒 U 形关系。杜江、刘渝（2008）研究了城镇化与不同环境污染物的关系，选取了 1998～2005 年中国 30 个省份的面板数据，通过拓展 EKC 假说构建了城镇化与六种环境污染指标的计量模型，研究发现城镇化与其中四种污染物存在倒 U 形关系。王家庭、王璇（2010）以环境库兹涅茨曲线为基础，运用我国 28 个省份的面板数据验证了人口城镇化与环境污染的倒 U 形关系，并且计算出城镇化的拐点为41.273%，认为人口城镇化率高于该点后会改善环境质量。王芳、周兴（2012）和郭郡郡等（2013）基于跨国面板数据研究了城镇化与碳排放的关系，结果发现两者呈倒 U 形关系。

第二种是根据不同国家尤其是发展中国家的实证研究，学者发现城镇化与环境污染之间是相互促进的关系，抑制作用还未体现出来。齐海波（2014）运用 Var 模型分析中国 2000～2012 年省级相关面板数据发现中国现阶段城镇化会加剧环境污染。丁翠翠（2014）选取了 1999～2011 年的中国省际面板数据对 STIRPAT 模型进行变换，发现城镇化对环境污染具有正向效应，并且地区之间存在差异。邓晓兰等（2017）运用全国 30 个省份 12 年的面板数据回归也验证了城镇化与环境污染的促进关系，发现我国现阶段城镇化与环境污染的倒 U 形关系并不明显，而是存在正向效应，即城镇化会加剧环境污染。与以上正相关关系稍有不同，杨明（2018）从阶段性角度得到了城镇化与环境污染关系的整体曲线，发现城镇化与环境污染之间存在倒"N"形曲线关系，且我国正处于城镇化加剧环境污染的第二阶段。

除了以上两种观点，部分学者认为城镇化能抑制环境污染，如张腾飞等（2016）利用 Black 和 Henderson 的城市化模型与 Stokey 污染模型推导发现城镇化可以通过对人力资本积累和清洁生产等渠道来抑制地区碳排放；然后使用固定效应模型实证分析验证了前文的理论推导结论：城镇化通过人力资本积累和清洁生产技术推广可以抑制它对环境污染的正向影响。还有部分学者也发现城镇化有利于提高能源利用效率，减少碳排放量，在一定程度上改善了环境质量（Liddle，2004；卢祖丹，2011）。

以上研究中城镇化率的计算大都是城镇人口占总人口的比重，仅能反映人口城镇化而不能反映近年提出的新型城镇化综合指标的变化。已有部分研究涉及新型城镇化水平的测算。郑蕊等（2017）利用 2000～2014 年省际面板数据，从人口城镇化、经济城镇化、社会城镇化和生态城镇化方面分别选取变量，运用主成分分析法测算了新型城镇化水平。周少甫和张嘉俊（2019）在新型城镇化的四个维度中，考虑了空间因素，从人口、经济、空间和社会四个角度构建新型城镇化指标体系，运用熵权法计算了 17 个指数及其权重，得到新型城镇化水平。

综上所述，目前已有研究主要集中在经济发展与环境污染关系和城镇化与环境污染关系，对本文研究有重要的借鉴意义。其中，大部分学者通过对 EKC 假设的拓展来构建模型或基于 STIRPAT 模型进行实证研究，但是部分研究由于同一指标选取变量的不同或方法数据不同，得出的结论有所差异，并且大部分研究中城镇化指标的计算实际上是人口城镇化率，而关于新型城镇化指标计算方法以及它与环境污染关系的研究还较少。因此，本文将借鉴部分学者的主成分分析法计算新型城镇化指标，基于 STIRPAT 模型选取变量进行实证研究。

三　方法与数据

（一）新型城镇化指标计算

人口城镇化度量的新型城镇化实际上偏离了真正的新型城镇化水平，本文借鉴郑蕊等（2017）和刘海云、丁磊（2018）的思路，从人口、经济、社会、生态等方面采用主成分分析法测算新型城镇化水平，同时考虑到数据的可得性对变量进行增减，选取 2005～2015 年的数据作为样本，具体指标如表 1 所示。

表 1　新型城镇化水平测算指标体系

	主成分	指标
新型城镇化	人口城镇化	X_1：城镇人口比重（＋）
		X_2：城市人口密度（＋）
		X_3：高等学校在校学生数（＋）
	经济城镇化	X_4：人均 GDP（＋）
		X_5：二、三产业占比（＋）
		X_6：城镇居民人均可支配收入（＋）
		X_7：城镇固定资产投资（＋）
	社会城镇化	X_8：医疗卫生机构数（＋）
		X_9：普通高等学校数（＋）
		X_{10}：城市用水普及率（＋）
		X_{11}：城市燃气普及率（＋）
	生态城镇化	X_{12}：工业废水排放量（－）
		X_{13}：工业废气排放量（－）
		X_{14}：工业固体废物产生量（－）
		X_{15}：工业污染治理完成投资（＋）

注：括号中"＋"表示正向指标，"－"表示逆向指标。

具体计算方法和过程如下。

（1）数据处理

先将表 1 中所有逆向指标取倒数使逆向指标正向化，然后对 15 个指标进行最值标准化处理即令 $Z_i = std(X_i)$，其中，$i = 1, 2, \cdots, 15$。

（2）KMO 和 SMC 检验

从 Stata 软件输出结果来看，KMO 指标为 0.7736，SMC 大部分指标都大于 0.6，数据适合进行主成分分析。

（3）主成分提取

表 2 是公因子的特征值和方差贡献率。根据特征值大于 1 的主成分提取原则，本文提取 4 个公因子，可以累计解释所有变量 80.1% 的总方差，符合 80% 的标准，只有少量信息丢失，主成分分析的效果比较理想。

表 2　公因子的特征值及方差贡献率

成分	特征值	方差	方差贡献率	累计贡献率
因子 1	6.065	2.732	0.404	0.404
因子 2	3.333	1.776	0.222	0.627
因子 3	1.557	0.501	0.104	0.730
因子 4	1.056	0.227	0.070	0.801

（4）公因子的计算公式

因子得分系数矩阵如表 3 所示。

表 3　因子得分系数矩阵

指标	因子 1	因子 2	因子 3	因子 4
X_1	0.202	0.417	− 0.078	− 0.084
X_2	− 0.015	− 0.129	0.085	0.853
X_3	0.312	− 0.233	0.243	− 0.058
X_4	0.273	0.361	0.016	0.004
X_5	0.255	0.245	− 0.347	− 0.065
X_6	0.281	0.288	0.096	0.104
X_7	0.330	− 0.102	0.323	− 0.063
X_8	0.239	− 0.265	0.309	0.123
X_9	0.329	− 0.191	0.172	− 0.058
X_{10}	0.233	0.228	− 0.009	0.325
X_{11}	0.280	0.268	0.038	0.101
X_{12}	− 0.230	0.335	0.239	0.080

指标	因子 1	因子 2	因子 3	因子 4
X_{13}	-0.274	0.233	0.438	-0.058
X_{14}	-0.207	0.239	0.542	-0.097
X_{15}	0.257	-0.131	0.156	-0.300

标准化的指标数据与对应的因子得分系数相乘然后得到主成分表达式：

$$F_1 = 0.202Z_1 - 0.015Z_2 + 0.312Z_3 + 0.273Z_4 + 0.255Z_5 + 0.281Z_6 + 0.330Z_7 +$$
$$0.239Z_8 + 0.329Z_9 + 0.233Z_{10} + 0.280Z_{11} - 0.230Z_{12} - 0.274Z_{13} - 0.207Z_{14} + 0.257Z_{15}$$

主成分 F_2、F_3、F_4 与 F_1 计算公式相似，不再赘述。

（5）主成分表达式

根据公因子的特征值可构建主成分模型：

$$U = \frac{\lambda_1}{\lambda_1 + \lambda_2 + \lambda_3 + \lambda_4}F_1 + \frac{\lambda_2}{\lambda_1 + \lambda_2 + \lambda_3 + \lambda_4}F_2 + \frac{\lambda_3}{\lambda_1 + \lambda_2 + \lambda_3 + \lambda_4}F_3 + \frac{\lambda_4}{\lambda_1 + \lambda_2 + \lambda_3 + \lambda_4}F_4$$

将表 2 中的特征值 $\lambda_1 = 6.065$，$\lambda_2 = 3.333$，$\lambda_3 = 1.557$，$\lambda_4 = 1.056$ 代入得到新型城镇化表达式：

$$U = 0.504954F_1 + 0.277496F_2 + 0.129631F_3 + 0.087919F_4$$

（二）模型构建

Dietz 和 Rosa（1997）在 IPAT 模型的基础上提出了经典的非线性的随机性环境影响评估模型即 STIRPAT 模型，认为人口规模、富裕程度以及技术水平是环境影响的驱动因素。实际研究中学者们通常对等式两边取对数，即 $\ln I = \beta_0 + \beta_1 \ln P + \beta_2 \ln A + \beta_3 \ln T + \mu$，其中 I 为环境影响，P 为人口规模，A 为富裕程度，T 为技术水平，μ 为随机误差项。

本文主要研究城镇化对环境污染的影响，因此基于 STIRPAT 模型加入反映新型城镇化水平的变量。模型设定如下：

$$\ln WG = \beta_0 + \beta_1 \ln U + \beta_2 \ln P + \beta_2 \ln PGDP + \beta_4 \ln E + \mu$$

其中，被解释变量：WG 表示工业废气排放量，代表环境污染指标。

核心解释变量：U 表示新型城镇化水平，由上文对人口、经济、社会、生态等方面的主成分分析法测算新型城镇化水平进行平移得到。控制变量：P 表示各省份年末常住人口，代表人口规模指标；$PGDP$ 表示各省份人均 GDP，代表富裕程度指标；E 表示能源强度（单位:%），即各省份的能源消耗总量与 GDP 之比，代表技术水平指标；μ 是随机误差项。

（三）数据来源

在新型城镇化指标体系中，城市人口密度、高等学校在校学生数、人均 GDP、城镇居民人均可支配收入、城镇固定资产投资、医疗卫生机构数、普通高等学校数、城市用水普及率、城市燃气普及率、工业污染治理完成投资数据来源于国家统计局数据库 2005～2015 年的数据；城镇人口比重是城镇人口与年末常住人口之比，二、三产业占比是二、三产业增加值与地区生产总值之比，其原始数据均来自国家统计局 2005～2015 年的分省份年度数据，工业废水排放量、工业废气排放量和工业固体废物产生量数据来源于历年《中国环境统计年鉴》。在回归模型中，二氧化硫排放量、人均 GDP、GDP 年末常住人口数据来源于国家统计局数据库 2005～2015 年的数据，能源消耗总量数据来源于历年《中国能源统计年鉴》和各省份统计年鉴。

由于数据缺失，西藏地区未计算在内，而且国家统计局 2005 年及之后部分数据采用新口径，所以本文研究所用数据包含 2005～2015 年的全国 30 个省份的面板数据。

四　实证结果

（一）新型城镇化水平和工业废气排放量的描述性分析

我国 2005～2015 年各省份新型城镇化水平均值比较如图 1 所示。可以发现，与人口城镇化率从东部、中部到西部依次递减的规律相似（章恒全等，2018），除了少数省份，新型城镇化水平总体上从东部、中部到西部地区递减，反映出新型城镇化水平的地区差异明显，表明了经济发展水平与新型城镇化水平的较强关联性。其中，北京的新型城镇化水平最高，与其政治中心的地位密切相关。

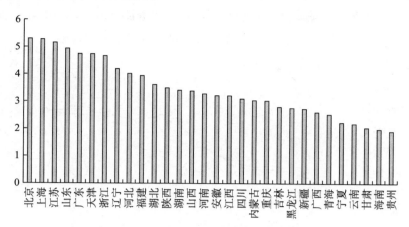

图1　2005～2015年各省份新型城镇化水平均值比较

由于本文的样本是省际面板数据，为了得到全国的新型城镇化水平随时间变化的情况，本文对每年的30个省份的新型城镇化水平求均值来看全国平均的情况，2005～2015年全国新型城镇化水平如图2所示。可以看出，与人口城镇化率的逐年上升趋势相同，全国新型城镇化水平从2005年到2015年逐年上升，可能是受经济增长、人口流动等因素的影响。

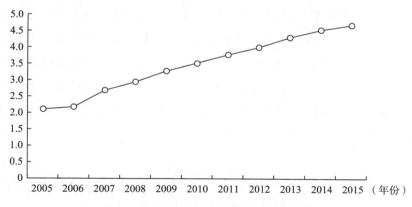

图2　2005～2015年全国新型城镇化水平

由图3可知，从全国水平看，工业废气排放量从2005年到2015年总体上呈上升趋势，大气污染形势严峻。联系图2可以发现，新型城镇化水平逐年上升，工业废气排放量呈现相同的趋势。图3中明显的是工业废气排放量从 2010 年到 2011 年陡峭上升，2011 年的排放量仅次于 2014 年和 2015 年，可能是由于工业进程加快，经济快速增长。2014～2015 年工业废气排放量稍有下降，可能是因为政府意识到环境污染的严峻性，"十三五"规划更加注重环境治理。

图 3　2005～2015 年全国工业废气排放情况

资料来源：《中国环境统计年鉴》。

（二）回归过程与结果

为了判断各变量是否存在多重共线性，是否需要剔除相关变量减少多重共线性，通过 Stata 软件得出各变量的相关系数，如表 4 所示。其中，虽然变量 ln$PGDP$ 和变量 ln$U$ 的相关系数达到 0.798，存在轻微的多重共线性，但是总体上各变量之间的相关系数均小于 0.8，本文模型中不存在严重的多重共线性问题。同时，对原始数据取对数处理达到降低方差、缓解异方差的目的，回归结果较为可靠。

表 4　相关系数

变量	lnWG	ln$U$	ln$P$	ln$PGDP$	ln$E$
lnWG	1.000				
ln$U$	0.516	1.000			
ln$P$	0.703	0.286	1.000		
ln$PGDP$	0.351	0.798	-0.019	1.000	
ln$E$	-0.189	-0.657	-0.323	-0.689	1.000

本文采用省际面板数据构建模型，并通过 Hausman 检验选择固定效应模型或随机效应模型，回归结果如表 5 所示。从四个模型中可以看出各因素对环境污染水平的影响存在较大差异，能更明显地发现核心解释变量在逐个加入控制变量后各因素显著性和回归系数符号等的变化。

表 5 回归结果

变量	模型（1）	模型（2）	模型（3）	模型（4）
ln$U$	0.685 ***	0.648 ***	0.057	0.080 **
	(18.68)	(17.78)	(1.38)	(2.01)
ln$P$		0.711 ***	− 0.664 **	0.986 ***
		(6.36)	(− 2.41)	(13.86)
ln$PGDP$			0.762 ***	1.343 ***
			(18.1)	(17.99)
ln$E$				1.186 ***
				(10.63)
常数项	8.671 ***	2.907 ***	6.979 ***	− 17.944 ***
	(66.32)	(3.19)	(3.30)	(− 11.65)
Hausman 检验	0.67	5.29	22.55	0.54
模型类别	随机效应	随机效应	固定效应	随机效应
R^2	0.266	0.549	0.788	0.812
样本数	330	330	330	330

注：括号内的值为 z 统计量，*** 、** 、* 分别表示在 1% 、5% 、10% 的水平下显著。

核心解释变量新型城镇化水平（ln$U$）的估计系数在除模型（3）的另外 3 个模型中显著为正，表明研究时段内新型城镇化水平对 30 个省份的环境污染程度起显著的正向作用。虽然新型城镇化有别于传统城镇化，但在现阶段也加剧了空气污染问题，这验证了文献综述中的城镇化与环境污染关系的第二个结论，即齐海波（2014）、邓晓兰等（2017）和丁翠翠（2014）等学者认为城镇化与环境污染之间存在促进关系。

模型（2）中，在模型（1）的唯一解释变量新型城镇化水平的基础上加入各省份年末常住人口（ln$P$）这一控制变量。可以发现人口因素在 1% 的显著性水平下对环境污染具有正向效应，与预期相符，具体表现为在新型城镇化水平不变的情况下，各省份年末常住人口每增加 1% ，环境污染将加重 0.711%。

模型 (3) 中，在模型 (2) 的基础上加入控制变量人均 GDP (ln$PGDP$)。新型城镇化水平对环境污染的影响不显著，同时人口因素的回归系数为负，与预期不符，这可能是由于新加入变量人均 GDP 与模型 (2) 中的自变量的多重共线性的影响。模型的拟合优度从 0.549 增加到 0.788，自变量对环境污染的解释程度较高。人均 GDP 在 1% 的显著性水平下对环境污染具有正向影响。这与大部分发展中国家的发展现状相符，经济的发展是投入环境资源实现的。

模型 (4) 中在模型 (3) 的基础上加入控制变量能源强度 (ln$E$)。模型的拟合优度达到 0.812，新型城镇化水平、年末常住人口、人均 GDP、能源强度对环境污染的解释程度较高。由表 5 的回归结果可以看出，能源强度的回归系数在 1% 的显著性水平下为正，在其他自变量不变的情况下，单位 GDP 能耗减少 1%，环境污染程度将降低 1.186%，该变量的回归系数是除模型 (4) 中人均 GDP 的系数外最大的，说明它对环境污染的影响大于新型城镇化水平和人口因素，表明了通过技术手段降低单位 GDP 能耗来减少环境污染的理论可行性和重要性。

五　结论与建议

(一) 结论

本文选取 2005~2015 年 30 个省份的面板数据测算新型城镇化水平，分别从空间和时间角度对新型城镇化水平的趋势和全国工业废气排放量的时间趋势进行描述性分析，同时对省际面板数据进行回归分析揭示新型城镇化对环境污染的影响。

根据描述性分析的结果，发现除了少数省份，我国新型城镇化水平呈现从东部到西部递减的趋势；全国新型城镇化水平从 2005 年到 2015 年总体上呈上升趋势，工业废气排放量在时间上也呈现了相同的趋势，大气污染形势严峻；其中，从 2014 年到 2015 年排放量稍有下降，可能是政府意识到环境对人们生活和经济发展的重要性，更加注重环境治理，如"十三五"规划更加重视大气污染防治。

根据回归结果，新型城镇化水平与环境污染程度呈正相关关系，联系到大部分学者的城镇化与环境污染的倒 U 形关系结论，说明我国还处于新型城镇化水平提高加剧环境污染的阶段，想要实现通过提高新型城镇化水平缓解环境污染还需努力。人口因素与环境污染呈正相关关系，与人口增长会加剧环境压力从而减少环境人口容量的理论一致。人均 GDP 对环境污染具有正向影响，联系到环境库兹涅茨曲线假说，说明现阶段我国的经济增长对环境有破坏作用，经济与环境的"此长彼消"关系还未实现。能源强度即单位 GDP 能耗对环境污染有正向影响并且它对环境污染的影响大于新型城镇化和人口因素，说明随着相关技术发展，单位 GDP 能耗降低，对改善环境质量有重要作用。

（二）建议

基于上述结论，本文提出以下建议。

扩大新型城镇化建设范围，提高新型城镇化质量。本文发现我国现阶段新型城镇化对环境污染的影响与大部分发展中国家的传统城镇化对环境污染的影响并无显著差别，都产生正向作用。我国现处于从传统城镇化到新型城镇化的过渡或新型城镇化建设初期阶段，新型城镇化与其减轻环境压力这一目标还有很大距离。这需要继续扩大新型城镇化建设的范围，在保持东部地区新型城镇化建设的同时，对中西部地区投入更多资金和政策支持等，减少用环境资源换取城镇建设和经济增长。除了范围上的扩大，还需要城镇化质量的提升，例如优化城市的空间结构，提高基础设施对人口的环境承载力；更加支持第三产业的发展，严格控制高污染行业，减轻它对环境的破坏程度。

注重降低能耗的新技术的开发和发展，提高能源利用效率。前文回归结果发现依赖技术的能耗降低对环境改善有显著影响，国家应该加大相关技术的资金等投入。同时对于我国主要依赖煤炭这一能源的现状，应该加大新能源的开发力度和对已发现的太阳能、水能等能源的更多便捷利用方式的探索，以提高新能源的利用效率。

参考文献

蔡之兵、李宗尧，2012，《江苏环境库兹涅兹曲线形状研究——基于面板数据模型》，《中国发展》第 3 期。

邓晓兰、车明好、陈宝东，2017，《我国城镇化的环境污染效应与影响因素分析》，《经济问题探索》第 1 期。

丁翠翠，2014，《中国城镇化、居民消费对环境污染的影响效应——基于省际面板数据的实证研究》，《河北经贸大学学报》第 3 期。

杜江、刘渝，2008，《城市化与环境污染：中国省际面板数据的实证研究》，《长江流域资源与环境》第 6 期。

郭郡郡、刘成玉、刘玉萍，2013，《城镇化、大城市化与碳排放——基于跨国数据的实证研究》，《城市问题》第 2 期。

刘海云、丁磊，2018，《FDI 对中国新型城镇化建设的影响研究》，《工业技术经济》第 2 期。

卢祖丹，2011，《我国城镇化对碳排放的影响研究》，《中国科技论坛》第 7 期。

齐海波，2014，《我国城镇化对环境污染的影响研究》，硕士学位论文，南京财经大学。

王芳、周兴，2012，《人口结构、城镇化与碳排放——基于跨国面板数据的实证研究》，《中国人口科学》第 2 期。

王家庭、王璇，2010，《我国城市化与环境污染的关系研究——基于 28 个省市面板数据的实证分析》，《城市问题》第 11 期。

杨明，2018，《基于库兹涅茨曲线理论中国城镇化对环境污染的影响分析》，《纳税》第 5 期。

张腾飞、杨俊、盛鹏飞，2016，《城镇化对中国碳排放的影响及作用渠道》，《中国人口·资源与环境》第 2 期。

章恒全、黄元龙、李军，2018，《地区差异下城镇化对环境污染的影响分析——基于门槛模型的实证研究》，《环境保护》第 14 期。

郑蕊、杨光磊、邓莹，2017，《绿色技术进步指数与新型城镇化水平的测算》，《统计与决策》第 15 期。

周少甫、张嘉俊，2019，《新型城镇化对中国城市空气污染的时空效应研究》，《工业技术经济》第 2 期。

Burnett, J., & Bergstorm, J. C. 2010. *US State-level Carbon Dioxide Emissions: A Spatial-Temporal Economic; Approach of the Environmental Kuznets Curve.* University of Georgia, Department of Agricultural and Applied Economics, Faculty series.

Commoner, B. 1992. *Making Peace with the Planet.* New York: New Press.

Dietz, T. , & Rosa, E. A. 1997. "Effects of Population and Proceedings of the National A-cademy of Sciences Affluence on CO_2 Emissions. " *Proceedings of the National Academy of Sciences*, 94: 175 – 179.

Ehrlich, P. , & Holden, J. 1972. "One Dimensional Economy. " *Bulletin of the Alomic Scientists*, 28: 16 – 27.

Grossman, G. M. , & Krueger, A. B. 1995. "Economic Growth and the Environment. " *Quarterly Journal of Economics*, 110: 353 – 377.

Kaufman, R. , Davidsdottir, B. , Garnham, S. , & Pauly, P. 1998. "The Determinants of Atmospheric SO_2 Concentration: Reconsidering the Environmental Kuznets Curve. " *Ecological Economics*, 25 (2): 209 – 220.

Liddle, B. 2004. "Emographic Dynamics and per Capital Environmental Impact: Using Panel Regressions and Household Decompositions to Examine Population and Transport. " *Population and Environment*, 26 (1): 23 – 39.

新一线城市可持续发展能力
影响因素的实证研究

一 背景介绍

城市是区域的政治、经济、文化中心，新一线城市作为未来一线城市的预备军更是如此。新一线城市是指最有潜力发展成为"一线城市"的城市。这一概念由新一线城市研究所提出，2018 年新一线城市研究所依据 170 个品牌商业数据、19 家互联网公司的用户行为数据及数据机构的城市大数据，对中国 338 个地级及以上城市打分。其本质是对各个城市商业魅力进行排名，综合商业资源集聚度、城市枢纽性、城市人活跃度、生活方式多样性和未来可塑性五大指标进行专家打分。15 个新一线城市依次为成都、杭州、重庆、武汉、苏州、西安、天津、南京、郑州、长沙、沈阳、青岛、宁波、东莞、无锡，它们或为直辖市，拥有雄厚的经济基础和庞大的中产阶层人群以及可观的政治资源；或为区域中心城市，对周边多个省份具有辐射能力，有雄厚的教育资源、深厚的文化积淀和便利的交通；或为东部经济发达地区的省会城市和沿海开放城市，有良好的经济基础、便利的交通和独特的城市魅力。

与之相对，城市既是区域的领头羊，也是资源消耗、环境污染、生态破坏的主要贡献者，因此，对城市可持续发展能力的研究就显得尤为重要。可持续发展定义为"既满足当代人在环境、社会和经济方面的需求，又不损害后代人满足其需求能力的发展"。1992 年联合国环境与发展首脑会议通过了《21 世纪行动议程》，表明可持续发展已经成为全人类面向 21 世纪的共同选择。1994 年《中国 21 世纪议程——中国 21 世纪人口、环境与发展白皮书》的制定，标志着可持续发展已成为中国的既定发展战略。党的十四届五中全会《建议》明确提出"必须把社会全面发展放在重要战略地位，实现经济和社会可持续发展"。2015 年 9 月，习近平主席出席联合国发展峰会，同各国领导人一致通过了《变革我们的世界：2030 年可持续发展议程》，开启了全球可持续发展事业的新纪元，为各国发展和国际合作指明了方向。党的十九大报告也指出我国要坚定不移贯彻创新、协调、绿色、开放、共享的发展理念，坚持可持续发展战略。而城市是实施可持续发展战略的重要载体，城市的可持续发展也成为当前研究的热点问题。

学术界关于城市可持续发展理论的研究主要是基于 Daly 和 Cobb（1989）提出的可持续发展目标的 4 项标准、环境库兹涅茨曲线（Grossman & Krueger，1991，1995）、能值理论与分析方法（Odum，1988，1994）及牛文元（1994）的"发展度、协调度、持续度"等理论而逐步展开。截至目前，比较成熟的城市可持续发展理论主要有系统协调理论、资源承载理论和系统更新理论（许光清，2006）。在城市可持续发展研究领域，我国的研究工作相对发达国家而言开展得较晚。我国学者对城市可持续发展的实证研究大部分基于以上理论展开，主要集中于对城市可持续发展的综合评价方面。而且当前评价城市可持续发展的研究还在初级阶段，评价方法侧重某一角度，没有一个成体系的标准。

现有的作为可持续发展能力的评价指标是否有足够的说服力？是否适用于中国新一线城市？应采取怎样的政策有效提升可持续发展能力？基于这样的问题，本文从系统学与经济学两个方向，考虑到数据的可得性，运用 PCA 法（Principal Components Analysis，即主成分分析法）构建 2015 ~ 2016 年新一线城市可持续发展能力的综合指标，更准确地描述可持续发展水平；然后对 2015 ~ 2016 年 15 个新一线城市可持续发展能力的影响因素进行回归分析，根据回归结果评估其政策是否合理；最后提出有效建议，以提高新一线城市的可持续发展能力。

二 文献综述

近年来，如何评价可持续发展能力，成了可持续发展研究热点的新动向，其中，构建指标体系成了亟待解决的热点问题。西方经济学、社会学和环境学界都从各自的研究视角对城市可持续发展能力的理论以及评价方法进行了深入的研究，在这个过程中，积累了丰富的理论成果，并提出了很多有参考价值的评价方法和指标体系。本文主要从如何构建评价指标体系及可持续发展能力影响因素两个方面查找相关文献，对已有研究成果进行归纳总结。

（一）可持续发展能力指标体系构建

1. 研究方向

目前，在国际理论前沿研究领域中，已形成四大学科研究方向，即生态学方向、经济学方向、社会学方向和系统学方向，它们分别从不同的角度，侧重不同的方面，对可持续发展理论体系与方法体系展开深入的研究。和大部分经济学研究一致，本文以系统学方向与经济学方向为主建立可持续发展体系，简化系统学复杂模型，进行深入研究。因此，本文仅从系统学方向和经济学方向进行详细介绍。

（1）系统学方向

系统学方向认为可持续发展研究的对象是"自然－经济－社会"这个复杂巨系统，它由五大子系统构成，即生存支持系统、发展支持系统、环境支持系统、社会支持系统和智力支持系统。该方向突出特点是以寻求区域可持续发展的"发展度""协调度""持续度"为中心内容，以区域可持续发展能力的动态评估与监测为基本手段。

该方向的研究尤以中国科学院可持续发展战略研究组主编的《中国可持续发展战略研究报告》（1999～2001）为代表。该方向最具有代表性的指标体系是中国科学院可持续发展战略研究组提出的"可持续能力"（SC）指标体系，它的特点是"五级叠加，逐层收敛，规范权重，统一排序"，具有一定的代表性。它把可持续发展指标体系分为总体层、系统层、状态层、变量层和要素层五个等级。例如杨多贵等（2001）利用系统学方法对云南省可持续发展能力进行评估，并将其可持续发展能力六大系统与全国其他地区进行对比，最后对云南省的发展提出建议。

通过该指标体系，可以获得国家或区域可持续发展的总体能力与比较优势能力，从而实现分别从数量维与质量维两个角度，对区域可持续发展给予全方位的综合评判。与该指标体系优点相对应，该指标体系庞大而且复杂，计算量大，往往受到统计数据的限制，导致该指标体系不易操作，进而约束了该指标体系的推广与应用。

（2）经济学方向

经济学方向的集中点是力图把"科技进步的贡献率抵消或克服投资的边际效益递减率"作为衡量可持续发展的重要指标和基本手段。它以区域开发、生产力布局、经济结构优化、物资供需平衡等区域可持续发展中的经济学问题为基本研究内容，充分体现了科学技术作为第一生产力对实现可持续发展的革命性作用。该方向的研究尤以世界银行的《世界发展报告》（1990～1998）为代表，最具有代表性的指标体系是世界银行的"国民财富"。将"财富"（wealth）而不仅将"收入"（income）作为衡量可持续发展的新指标体系，从而使"财富"概念超越了货币和投资的范畴。该指标体系认为"财富"由"自然资本"、"生产资本"、"人力资本"和"社会资本"四大要素构成，它们是评判世界各国或地区真实财富及其可持续能力随时间动态变化的标尺。该指标体系的最成功之处是通过"储蓄率"概念的应用，把可持续发展的理想目标转化为可操作的实践。但是该指标体系也存在不足之处：它在衡量国家财富净值随时间变化的同时，忽略了不同国家的基础条件；该指标体系注重衡量时间过程的动态变化，却未能较好地体现地理空间上的不均衡性。

2. 评价方法

不同学科的机构、学者从各自的专业角度出发，应用大量的相关理论对可持续发展评价方法进行研究时，采取了多种评级方法，以下几种方法应用较为广泛，分别是：主成分分析法（Principal Components Analysis，PCA）、生态足迹法（Ecological Footprint，EF）、数据包络分析法（Data Envelopment Analysis，DEA）。综合考虑几大方法，本文选择较容易上手又不存在权重界定过于主观的主成分分析法来建立可持续发展能力指标。

（1）主成分分析法

主成分分析法于 1901 年由卡尔·皮尔逊首次提出，用于分析数据及建立数理模型。主成分分析法主要是利用降维的思想，为了得到最优化的低维数据，需要将原始数据中最小的权值所对应的成分除去。例如黄友均等（2007）基于可持续发展理论，选取 19 项指标建立了综合评价模型体系，采用社会科学统计软件包 SPSS 对合肥"十五"期间可持续发展状况进行实证评价研究，最终选取 3 个主成分，并计算得到了城市可持续发展综合评价值。邵桂兰等（2011）通过构建山东省海洋经济可持续发展能力指标体系，运用主成分分析法对其 20 项指标以及海洋生产力、海洋科技和海洋生态环境 3 个子系统在 2000～2008 年的数据进行分析，表明山东省海洋经济可持续发展能力总体趋势是上升的，海洋生产力发展水平、科技水平以及生态环境保护水平与海洋经济的可持续发展相互促进、相互制约。

主成分分析法的优点，即可以揭露数据的内部结构，降低数据集的维数，保留数据集中对方差贡献最大的主成分，从而实现简化数据集、提高数据分析效率的目的。因此，分析复杂数据问题时，主成分分析法十分有用。与此同时，由于主成分分析法过度依赖所给数据，所以原始数据的准确性会对分析结果造成很大的影响。

（2）生态足迹法

生态足迹法于 1992 年由加拿大不列颠哥伦比亚大学经济学教授威廉里斯（William Rees）和威客奈格尔（Wackernagel）提出。生态足迹法是通过比较自然资源和自然同化能力的人力消耗，评估内部所需的面积与生态承载力之间的平衡。它站在生态环境的角度，对人类活动是否超过生态系统的承载界限进行考察，进而对特定区域的可持续发展程度进行测量，因此被广泛应用于可持续发展能力评价。

（3）数据包络分析法

数据包络分析法于 1978 年由美国著名运筹学家查恩斯（A. Charnes）以及库伯（W. W. Cooper）首次提出，是运筹学、数理经济学、管理科学等多学科交叉研究的新兴领域。DEA 方法从投入产出的角度，通过计算资源、环境等投入指标转化为经济发展、社会进步等产出指标的效率，来评价特定区域内的城市可持续发展能力。

（二） 可持续发展能力影响因素

关于可持续发展能力影响因素的文章较为稀少，我们按照时间顺序逐一分析。

郭存芝等（2010）以产业结构、政府财力、经济外向度以及人口素质四项指标作为影响因素，其中：产业结构以电力与煤气的生产和供应业、采矿业、制造业从业人员占从业人员总数的比重表示；政府财力以人均地方财政一般预算收入表示；经济外向度以人均使用外资表示；人口素质以高校在校学生数占总人口的比重表示。冯白和郭存芝（2011）设置以下几个可能的影响因素作为变量：①产业结构：用从事采矿、制造和电力、煤炭生产供应业从业人数占全市年末就业总人数的比重表示；②政府影响力：用人均政府地方财政一般预算支出占人均 GDP 的比重表示；③经济外向度：用全市当年人均实际使用外资数额表示；④人口素质：用全市高校当年在校学生数占全市年末总人口的比重表示。郭存芝等（2014）实证分析经济发展水平、产业结构、科技进步、出口依存度、环境改善投入力度、环境资源区位竞争力、城市规模、城市类型等因素对资源型城市可持续发展的影响结合相关资源与环境经济学原理，同时考虑数据的可得性，其中：经济发展水平用人均 CDP 表示；产业结构用第三产业产值比重表示；科技进步用科技竞争力指数表示；出口依存度用出口总额占 GDP 的比重表示；城市规模用年末总人口数表示；城市类型以《全国资源型城市可持续发展规划（2013—2020 年）》中的划分为依据，用虚拟变量表示。程广斌和龙文（2017）选择政府财力、产业结构升级、经济外向度、科技进步、教育投入、人口密度等为解释变量，来测算其对可持续发展能力的影响程度，其中：政府财力用人均地方财政一般预算内收入表示，反映地方政府的行政能力和调控能力；用第三产业增加值与第二产业增加值之比来度量产业结构升级；经济外向度用出口依存度作为其代表性指标；科技进步用科学技术支出占地方财政支出的比重表示；用教育经费支出占地方财政支出的比重来度量教育投入力度。我们可以看到，四篇文章的影响因素均考虑到产业结构、经济外向度等因素，其中郭存芝等（2014）分析的为具有一定特异性的资源型城市，因此选取变量具有较大的专业性，而最后一篇由于年代较近，参考意义更大。

（三）评价

在主成分分析法中，可以看到研究很少对主成分进行分类，这样容易造成缺项漏项的问题，因此我们将其与其他方法结合，以建立全面多维度的初始因子体系，完善主成分分析法。

目前国内研究主要集中在可持续发展能力指标建立的描述性分析与实证分析上，极少量文献提及一省或特类城市的可持续发展影响因素。因此，本文针对这样的现状，对15个新一线城市的可持续发展能力及其影响因素进行实证研究，影响因素综合文献选取产业结构升级、科技进步、经济外向度、政府财力、城市类型、人口素质、人口密度等因素。

三　方法与数据

（一）可持续发展能力指标体系构建

1. 建立综合评价指标

系统协调理论认为，城市系统是一个由人口、经济、社会、资源、环境等子系统构成的复杂巨系统，各子系统之间相互作用、相互依赖、相互制约，人口、经济、社会发展超越自然资源和生态环境的承载能力将影响城市系统的正常运转。经济和社会系统的建立均以人为主体，它们的发展情况在一定程度上反映了人口的发展状况。因此，为了研究方便，本文只考虑经济、社会、资源、环境等城市可持续发展的四个方面，构建城市可持续发展能力指标体系（见表1）。评价指标选取时遵循系统性、科学性、可操作性、可比性、代表性、层次性等原则。该指标的创新点在于，综合使用系统学分类法建立指标，不像一般主成分分析法那样罗列变量，这样有助于完整系统地构建指标。

表1　新一线城市可持续发展能力指标体系

		指标	计算公式	属性
资源消耗子系统	地	人均占有行政土地面积 X_1（平方米/人）	1000000/人口密度	+
	水	人均用水量 X_2	供水总量（万吨）/年平均人口（万人）	−
	电	人均用电量 X_3	全社会用电量（万千瓦时）/年平均人口（万人）	−
	气	人均液化石油气使用量 X_4	液化石油气供气总量（吨）/年平均人口（万人）	−
环境污染子系统	工业"三废"	人均未达标废水排放量 X_5	工业废水排放量（万吨）/年平均人口（万人）	−
		人均二氧化硫排放量 X_6	工业二氧化硫排放量（吨）/年平均人口（万人）	−
		人均烟（粉）尘排放量 X_7	工业烟（粉）尘排放量/年平均人口（万人）	−
		固体废物综合利用率 X_8	一般工业固体废物综合利用率	+
	生活污染	城市生活污水处理率 X_9	污水处理厂集中处理率	+
		生活垃圾无害化处理率 X_{10}	生活垃圾无害化处理率	+
经济发展子系统	经济增长	地区生产总值增长率 X_{11}	地区生产总值增长率（%）	+
	经济规模	人均地区生产总值 X_{12}	人均地区生产总值（元）	+
		人均固定资产投资量 X_{13}	固定资产投资	+
	经济结构	第三产业产值占比 X_{14}	第三产业占 GDP 的比重	+
		限额以上工业利税总额占比 X_{15}	[规模以上工业企业主营业务税金及附加（万元）＋本年应交增值税＋利润总额]/规模以上工业总产值（万元）	+
	经济效益	第一产业从业人员人均产值 X_{16}	[地区生产总值（当年价格）×第一产业占 GDP 的比重]/第一产业（农、林、牧、渔业）从业人员	+
		第二产业从业人员人均产值 X_{17}	[地区生产总值（当年价格）×第二产业占 GDP 的比重]/第二产业从业人员	+
		第三产业从业人员人均产值 X_{18}	[地区生产总值（当年价格）×第三产业占 GDP 的比重]/第三产业从业人员	+

	指标		计算公式	属性
社会进步子系统	生活水平	人均消费品零售额 X_{19}	社会消费品零售总额（万元）/年平均人口（万人）	+
		人均年末储蓄 X_{20}	居民人民币储蓄存款余额/年平均人口（万人）	+
	基础设施	人均城市道路面积 X_{21}	年末实有城市道路面积（万平方米）/年平均人口（万人）	+
		人均绿地面积 X_{22}	绿地面积（公顷）/年平均人口（万人）	+
	教育程度	每十万人拥有普通高等学校教师数 X_{23}	普通高等学校专任教师数/年平均人口（十万人）	+
	社保程度	就业人口中从事卫生、社会保险及社会福利业人数占比 X_{24}	卫生、社会保障和社会福利业人数/（城镇单位从业人员期末人数＋城镇私营和个体从业人员）	+
		每十万人中失业登记人数 X_{25}	城镇登记失业人员数/年平均人口（十万人）	−
	商业服务	就业人口中从事批发零售业、住宿餐饮业、居民服务业占比 X_{26}	第三产业（批发和零售业＋住宿和餐饮业＋居民服务、修理和其他服务业）从业人员/（城镇单位从业人员期末人数＋城镇私营和个体从业人员）	+
	文体娱乐	就业人口中从事文化、体育、娱乐业就业人数占比 X_{27}	文化、体育、娱乐用房屋/（城镇单位从业人员期末人数＋城镇私营和个体从业人员）	+

2. 主成分分析原理

主成分分析是设法将原来众多具有一定相关性的指标（比如 P 个指标），重新组合成一组新的互相无关的综合指标来代替原来的指标。通常数学上的处理就是将原来 P 个指标做线性组合，作为新的综合指标。最经典的做法就是用 F_1（选取的第一个线性组合，即第一个综合指标）的方差来表达，即 $Var（F_1）$ 越大，表示 F_1 包含的信息越多。因此在所有的线性组合中选取的 F_1 应该是方差最大的，故称 F_1 为第一主成分。如果第一主成分不足以代表原来 P 个指标的信息，再考虑选取 F_2 即选第二个线性组合，为了有效地反映原来的信息，F_1 已有的信息就不需要再出现在 F_2 中，用数学语言表达就是要求 $Cov（F_1，F_2）=0$，则称 F_2 为第二主成分，以此类推，可以构造出第三，第四，……，第 P 主成分。

主成分分析数学模型：

$$
\begin{cases}
F_1 = a_{11}ZX_1 + a_{21}ZX_2 + \cdots + a_{P1}ZX_P \\
F_2 = a_{12}ZX_1 + a_{22}ZX_2 + \cdots + a_{P2}ZX_P \\
\cdots\cdots \\
F_m = a_{1m}ZX_1 + a_{2m}ZX_2 + \cdots + a_{Pm}ZX_P
\end{cases}
$$

其中，a_{1i}，a_{2i}，$\cdots$，a_{Pi}（$i=1,2,\cdots,m$）为 X 的协方差阵 $\sum$ 的特征向量，ZX_1，ZX_2，$\cdots$，ZX_P 是原始变量经过标准化处理的值，因为在实际应用中，往往存在指标量纲不同的情况，所以在计算之前须先消除量纲的影响，将原始数据标准化。

对于指标属性问题，可持续发展能力的各基础指标属性是不同的，如果对不同性质指标直接加总就不能正确反映不同作用力的综合结果，因此我们对所有逆指标均采取倒数形式使所有指标对可持续发展能力的作用力趋同化（钞小静、任保平，2011）。对于量纲量级问题，指标之间由于各自单位、量级的不同而存在不可公度性，对其进行综合评价时，为了尽可能地反映实际情况，必须排除由各项指标的单位不同以及其数值量级间的悬殊差别所带来的影响，需要对评价指标做无量纲化处理，本文利用 SPSS 软件，直接对原始数据进行标准化处理。

（二）建立回归模型

$$ZHX_{it} = \alpha_i + \beta_1 CJS_{it} + \beta_2 TECH_{it} + \beta_3 JW_{it} + \beta_4 ZC_{it} + \beta_5 D_i + \beta_6 RS_{it} + \beta_7 DEN_{it} + \mu_{it}$$

其中：α 是变截距，反映各城市之间的个体差异；β_k（$k=1,2,3,4,5,6,7$）反映对应因素对资源与环境利用效率的影响程度，在各城市之间不存在个体差异；城市 i 第 t 年的可持续发展能力、产业结构升级、科技进步、经济外向度、政府财力、城市类型、人口素质和人口密度分别记为 ZHX_{it}、CJS_{it}、$TECH_{it}$、JW_{it}、ZC_{it}、D_i、RS_{it}、DEN_{it}；μ_{it} 是随机误差项。

解释变量指标选取方法如下。

产业结构升级：产业结构升级是指产业结构由低级形态向高级形态不断演进的过程。一个地区的产业结构升级意味着其资源利用效率不断提高、经济发展的环境代价不断下降。20 世纪 70 年代以来，信息技术革命对主要工业化国家的产业结构产生巨大影响，经济服务化趋势愈加明显，第三产业发展将逐渐快于第二产业，成为产业结构升级的一个重要特征。因此，本文用第三产业增加值与第二产业增加值之比来度量产业结构升级。

科技进步：一个国家或地区既能通过引进生产技术和设备提高劳动生产率、促进经济增长，又能通过技术革新提高资源利用效率、降低环境污染。政府科技投入强度是一个国家或地区科技水平高低的重要标志，因此，科技进步可以用科学技术支出占地方财政支出的比重来表示。

经济外向度：作为国民经济的"三驾马车"之一，出口对于促进我国经济发展的贡献已不言而喻。实施出口导向战略可以拉动城市经济社会发展，提高城市可持续发展能力。经济外向度可以用全市当年人均实际使用外资数额表示。

政府财力：马斯格雷夫（Musgrave，1959）在《社会经济理论》（*The Theory of Public Finance*）一书中指出，政府的主要作用有：提供公共物品，提供资源配置过程中"市场失灵"的矫正手段；调节收入分配以在社会成员中达成公平的社会产出分配；在适当稳定的价格水平下运用凯恩斯政策求得较高水平的就业率。政府财力可以用人均地方财政一般预算内收入表示，从而反映地方政府的行政能力和调控能力。

城市类型：使用虚变量来表示在此期间城市是否为国家中心城市。若是，D 取 1；若不是，则 D 取 0。国家中心城市有北京、天津、上海、广州、重庆。国家中心城市比新一线城市带有更浓厚的政治色彩，用来衡量政治倾向是否会对可持续发展能力有影响。

人口素质：人口素质以高校在校学生数占总人口的比重表示。

人口密度：伴随城镇化和工业化的不断推进，农村人口和农业剩余劳动力不断向城市集聚，一方面有利于发挥城市规模效应，提高城市经济效率；另一方面导致城区人口迅速膨胀、交通拥挤、住房紧张、环境恶化、就业困难等城市病问题不断涌现，成为我国城市可持续发展的瓶颈之一。城区是各城市人口最为密集的区域，城区人口密度能有效反映城市人口集聚程度。

（三）数据设定及来源

由于"国家中心城市"的概念虽然 2005 年被建设部（现住房和城乡建设部）提出，但是并没有得到国务院及国家发改委的认可，2014 年 3 月中共中央、国务院印发了《国家新型城镇化规划（2014 - 2020 年）》，开始对国家中心城市的概念做出回应，再加上数字的可得性（《中国城市统计年鉴 2018》还未发行），所以文中所用数据均来自 2015 ~ 2017 年的《中国城市统计年鉴》，数据均采用全市数据，除少部分是由统计年鉴上的数据直接得到，其余均是由统计年鉴上显示数据计算处理而得，由于各城市统计年鉴与《中国城市统计年鉴》计算方法不一致而误差较大，故对于 2016 年缺失数据优先采用插值法予以补全。沈阳市缺失数据取自《辽宁统计年鉴》，西安市查询缺失数据时发现其他年份液化石油气数据不合理故采用《西安统计年鉴》数据，天津缺失数据顺延了前一年的数值，其余各市数据均取自统计年鉴。

四　实证分析

（一）新一线城市可持续发展能力评价结果

1. 主成分提取

根据主成分分析方法，利用统计软件 SPSS 24.0 计算得到 2015 年城市可持续发展的相关系数矩阵［IO］，由于篇幅原因，只列出方差分解主成分提取分析结果（见表 2）和初始因子载荷矩阵（见表 3）。由相关性矩阵可知，人均占有行政土地面积、城市生活污水处理率、地区生产总值增长率、第三产业产值占比、限额以上工业利税总额占比、第一产业从业人员人均产值和就业人口中从事卫生、社会保险及社会福利业人数占比与其他指标相关性不是很大，信息重叠性不强，而其他大部分数据存在信息量的重叠。

表 2　主成分提取分析结果

成分	初始特征值			提取载荷平方和		
	特征值	方差百分比	累计百分比	总计	方差百分比	累计百分比
1	8.562	31.713	31.713	8.562	31.713	31.713
2	4.614	17.090	48.803	4.614	17.090	48.803
3	3.229	11.958	60.760	3.229	11.958	60.760
4	2.434	9.016	69.777	2.434	9.016	69.777
5	2.052	7.599	77.375	2.052	7.599	77.375
6	1.731	6.409	83.785	1.731	6.409	83.785
7	1.072	3.970	87.754	1.072	3.970	87.754
8	1.007	3.730	91.484			
9	0.860	3.184	94.668			
10	0.521	1.928	96.596			
11	0.412	1.527	98.123			
12	0.270	1.001	99.124			
13	0.132	0.489	99.613			
14	0.104	0.387	100.000			
15	$6.263E-16$	$2.320E-15$	100.000			
16	$4.479E-16$	$1.659E-15$	100.000			
17	$3.298E-16$	$1.222E-15$	100.000			
18	$1.541E-16$	$5.709E-16$	100.000			
19	$7.771E-17$	$2.878E-16$	100.000			
20	$3.308E-17$	$1.225E-16$	100.000			
21	$-5.455E-17$	$-2.020E-16$	100.000			
22	$-1.622E-16$	$-6.008E-16$	100.000			
23	$-3.119E-16$	$-1.155E-15$	100.000			
24	$-5.536E-16$	$-2.050E-15$	100.000			
25	$-6.013E-16$	$-2.227E-15$	100.000			
26	$-7.691E-16$	$-2.849E-15$	100.000			
27	$-2.693E-15$	$-9.974E-15$	100.000			

表3 城市可持续发展能力指标体系及初始因子载荷矩阵

项目	指标	主成分						
		$F1$	$F2$	$F3$	$F4$	$F5$	$F6$	$F7$
X_1	人均占有行政土地面积	0.256	-0.214	-0.598	0.185	0.204	0.124	0.002
$1/X_2$	人均用水量	0.724	-0.178	-0.513	-0.051	0.105	-0.288	0.135
$1/X_3$	人均用电量	0.872	-0.098	-0.050	-0.050	0.247	0.277	-0.018
$1/X_4$	人均液化石油气使用量	0.403	-0.341	0.194	-0.458	-0.116	-0.019	-0.601
$1/X_5$	人均未达标废水排放量	0.820	-0.164	0.324	-0.136	0.237	0.165	0.150
$1/X_6$	人均二氧化硫排放量	0.648	0.034	0.405	0.214	0.142	0.551	0.013
$1/X_7$	人均烟（粉）尘排放量	0.606	-0.091	0.496	-0.005	0.100	0.564	0.019
X_8	固体废物综合利用率	-0.266	0.491	0.222	-0.588	0.057	0.247	-0.253
X_9	城市生活污水处理率	0.286	-0.130	0.096	0.269	0.694	-0.185	0.243
X_{10}	生活垃圾无害化处理率	0.622	0.652	-0.229	-0.154	-0.292	-0.056	0.018
X_{11}	地区生产总值增长率	0.256	-0.228	-0.198	0.554	-0.481	0.118	0.093
X_{12}	人均地区生产总值	-0.436	0.801	-0.030	0.130	-0.172	0.232	0.092
X_{13}	人均固定资产投资量	-0.352	0.724	0.252	0.239	0.080	-0.195	0.106
X_{14}	第三产业产值占比	-0.121	-0.331	0.392	-0.262	-0.568	-0.063	0.263
X_{15}	限额以上工业利税总额占比	0.457	0.371	0.007	0.659	-0.294	0.008	-0.230
X_{16}	第一产业从业人员人均产值	-0.300	0.424	-0.398	-0.089	-0.052	0.502	0.229
X_{17}	第二产业从业人员人均产值	0.141	0.818	0.245	0.227	0.293	-0.018	0.078
X_{18}	第三产业从业人员人均产值	-0.775	0.429	-0.068	0.024	0.213	0.154	0.249

续表

项目	指标	主成分						
		$F1$	$F2$	$F3$	$F4$	$F5$	$F6$	$F7$
X_{19}	人均消费品零售额	-0.886	-0.107	0.323	0.211	0.032	0.162	-0.020
X_{20}	人均年末储蓄	-0.822	-0.409	0.254	0.079	0.175	0.108	-0.010
X_{21}	人均城市道路面积	-0.758	-0.506	0.294	0.140	0.179	0.015	-0.059
X_{22}	人均绿地面积	-0.729	-0.564	0.252	0.183	0.101	0.035	-0.090
X_{23}	每十万人拥有普通高等学校教师数	0.195	-0.069	0.644	0.307	-0.487	-0.213	0.116
X_{24}	就业人口中从事卫生、社会保险及社会福利业人数占比	0.434	0.281	0.355	0.111	0.373	-0.530	-0.035
$1/X_{25}$	每十万人中失业登记人数	-0.045	-0.431	-0.536	-0.616	0.029	0.211	0.193
X_{26}	就业人口中从事批发零售业、住宿餐饮业、居民服务业占比	0.655	-0.409	-0.009	-0.209	-0.059	0.110	-0.459
X_{27}	就业人口中从事文化、体育、娱乐业就业人数占比	0.717	0.069	0.561	0.319	-0.055	0.006	-0.009

主成分个数提取原则为主成分对应的特征值大于 1 的前 m 个主成分。特征值在某种程度上可以被看成表示主成分影响力度大小的指标，如果特征值小于 1，说明该主成分的解释力度还不如直接引入一个原变量的平均解释力度大，因此一般可以用特征值大于 1 作为纳入标准。同时提取的主成分应为包含原有指标大部分信息（85% 以上）的综合性指标。

从表 2 可知，提取 7 个主成分，即 $m=7$，根据表 2，前 7 个主成分累计贡献率为 87.75%，从这也可以判断出选取 7 个主成分可以反映指标的大部分信息。

表 3 主成分载荷实际就是各指标因子与相应主成分间的相关系数。由表 3 主成分 $F1$ 知，就业人口中从事批发零售业、住宿餐饮业、居民服务业占比和就业人口中从事文化、体育、娱乐业就业人数占比与主成分 $F1$ 有较大的正相关性，人均用水量、人均用电量、人均未达标废水排放量、人均二氧化硫排放量、人均烟（粉）尘排放量、第三产业从业人员人均产值、人均消费品零售额、人均年末储蓄、人均城市道路面积、人均绿地面积与主成分 $F1$ 有较大的负相关性；生活垃圾无害化处理率、人均地区生产总值、人均固定资产投资量、第二产业从业人员人均产值与主成分 $F2$ 有较大的正相关性；每十万人拥有普通高等学校教师数与主成分 $F3$ 有较大的正相关性，人均占有行政土地面积与主成分 $F3$ 有较大的负相关性；地区生产总值增长率、限额以上工业利税总额占比与主成分 $F4$ 有较大的正相关性，每十万人中失业登记人数和固体废物综合利用率与主成分 $F4$ 有较大的负相关性；城市生活污水处理率与主成分 $F5$ 有较大的正相关性，第三产业产值占比与主成分 $F5$ 有较大的负相关性；第一产业从业人员人均产值与主成分 $F6$ 有较大的正相关性，就业人口中从事卫生、社会保险及社会福利业人数占比与主成分 $F6$ 有较大的负相关性；主成分 $F7$ 主要包含人均液化石油气使用量的负相关信息。

2. 计算综合模型

用表 3 中的数据除以主成分相对应的特征值的开平方根便得到 7 个主成分中每个指标所对应的系数，利用 SPSS 软件得到各系数。各主成分表达式如下：

$$F_1 = 0.087ZX_1 + 0.247ZX_2 + 0.298ZX_3 + 0.138ZX_4 + 0.28ZX_5 + 0.221ZX_6 + 0.207ZX_7 -$$

$0.091ZX_8 + 0.098ZX_9 + 0.213ZX_{10} + 0.087ZX_{11} - 0.149ZX_{12} - 0.12ZX_{13} - 0.041ZX_{14} + 0.156ZX_{15} - 0.103ZX_{16} + 0.048ZX_{17} - 0.265ZX_{18} - 0.303ZX_{19} - 0.281ZX_{20} - 0.259ZX_{21} - 0.249ZX_{22} + 0.067ZX_{23} + 0.148ZX_{24} - 0.015ZX_{25} + 0.224ZX_{26} + 0.245ZX_{27}$

同样地，可以得到 F_2、F_3、F_4、F_5、F_6、F_7 的计算公式，由于篇幅原因，只列出 F_1 的主成分表达式。

主成分综合模型如下：

$$F = 0.361F_1 + 0.195F_2 + 0.136F_3 + 0.103F_4 + 0.087F_5 + 0.073F_6 + 0.045F_7$$

将各主成分的表达式代入上式即可得到最终综合评价模型如下：

$F = -0.0018ZX_1 + 0.0273ZX_2 + 0.1211ZX_3 + 0.0221ZX_4 + 0.1320ZX_5 + 0.1674ZX_6 + 0.1420ZX_7 - 0.0043ZX_8 + 0.0911ZX_9 + 0.0886ZX_{10} + 0.0139ZX_{11} + 0.0317ZX_{12} + 0.0560ZX_{13} - 0.0587ZX_{14} + 0.1064ZX_{15} + 0.0003ZX_{16} + 0.1455ZX_{17} - 0.0276ZX_{18} - 0.0708ZX_{19} - 0.0979ZX_{20} - 0.0989ZX_{21} - 0.1060ZX_{22} + 0.0507ZX_{23} + 0.1048ZX_{24} - 0.0224ZX_{25} + 0.0113ZX_{26} + 0.1548ZX_{27}$

同理可以得到 2016 年的可持续发展能力最终综合评价模型。

3. 结果与分析

根据主成分综合模型即可计算综合主成分值，并对其按综合主成分值进行排序，即可对各地区进行综合评价比较，结果见表 4。

表 4 15 个城市可持续发展能力评价结果

年份	城市	F	F1	F2	F3	F4	F5	F6	F7
2015	天津	0.467	−0.113	2.257	1.308	0.077	0.599	−2.048	−0.458
	沈阳	0.384	0.643	0.918	0.375	−1.225	2.448	−1.869	−0.632
	南京	−0.732	−1.770	0.473	1.086	0.416	−3.674	−0.273	−0.812
	无锡	−0.565	−2.375	2.162	−0.784	−0.690	0.627	−0.267	0.311
	苏州	−1.151	−3.370	1.831	−2.063	−1.231	−0.377	1.591	0.721
	杭州	−0.405	−0.489	−0.565	−1.212	1.426	−1.362	−0.004	0.416
	宁波	−0.355	−1.010	1.546	−1.730	−0.808	−0.041	0.834	−0.691
	青岛	0.077	−0.001	0.840	−0.831	−1.048	0.723	0.398	0.951
	郑州	0.374	1.614	−0.753	−0.555	2.062	−0.722	−2.355	0.795

年份	城市	F	F1	F2	F3	F4	F5	F6	F7
2015	武汉	0.504	0.083	1.395	1.785	0.338	− 0.605	− 0.007	− 0.505
	长沙	2.400	3.352	1.734	1.205	3.549	1.502	2.280	0.558
	东莞	− 2.986	− 6.930	− 4.792	1.438	1.045	1.516	0.342	− 0.214
	重庆	0.153	3.859	− 3.399	− 4.085	0.127	0.166	− 0.248	− 0.694
	成都	1.062	3.477	− 1.383	1.782	− 1.566	− 0.125	1.443	− 2.192
	西安	0.772	3.029	− 2.265	2.282	− 2.473	− 0.674	0.183	2.449
2016	天津	0.002	− 0.584	− 0.353	2.579	− 0.526	0.651	− 0.792	− 0.771
	沈阳	− 0.041	1.858	0.987	− 3.022	− 1.975	− 2.180	0.731	− 2.419
	南京	− 0.510	− 2.263	1.590	0.912	− 0.092	− 2.660	0.758	1.538
	无锡	− 1.275	− 2.934	− 1.618	1.129	0.768	− 0.223	− 0.709	− 1.176
	苏州	− 1.755	− 3.838	− 1.493	− 0.358	1.324	− 1.371	− 1.154	0.844
	杭州	− 0.159	− 0.255	− 0.296	− 1.147	− 0.921	0.219	1.185	2.493
	宁波	− 1.044	− 1.487	− 2.128	0.239	− 0.390	− 0.511	− 0.882	− 0.228
	青岛	0.038	0.262	− 1.269	0.526	1.445	0.397	− 0.313	− 1.103
	郑州	0.470	1.684	− 0.536	− 0.732	− 0.560	0.425	0.672	0.306
	武汉	0.320	0.147	0.172	2.010	− 1.206	− 0.224	1.336	− 0.278
	长沙	1.050	2.419	− 2.247	1.670	0.117	1.619	2.379	− 0.095
	东莞	− 1.695	− 6.116	3.805	− 1.798	− 0.143	2.661	0.321	− 0.493
	重庆	0.121	2.757	− 2.431	− 3.927	0.494	1.032	− 1.159	0.725
	成都	1.891	4.024	2.437	1.732	− 2.242	0.617	− 2.597	0.753
	西安	2.588	4.327	3.379	0.187	3.906	− 0.450	0.224	− 0.095

　　从表 4 可以看出，就综合得分来讲：成都、西安、长沙、郑州位于第一个集团，可持续发展能力较强；苏州、南京、宁波、东莞、无锡位于第三个集团，可持续发展能力较弱；杭州、重庆、武汉、天津、沈阳、青岛可持续发展能力处于中游水平，即为第二个集团。我们可以看到，经济发展不一定要以牺牲可持续发展为代价，牺牲可持续发展能力也不一定能带来高增长率，因此，对可持续发展能力影响因素的进一步分析就显得尤为重要。

　　同时观察图 1 发现，2015 ~ 2016 年成都、西安、东莞可持续发展能力大幅提高；杭州、重庆、武汉、南京、郑州、青岛可持续发展能力几乎不

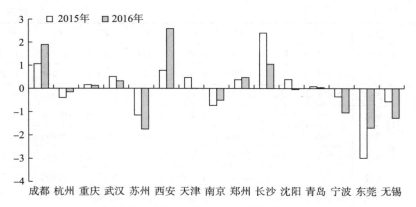

图1 新一线城市综合可持续发展能力变化

变；天津、沈阳可持续发展能力小幅下滑；只有苏州、长沙、宁波、无锡大幅下滑。总体上新一线城市的可持续发展能力略有降低，但是最小值减小，最大值上升，大部分城市对可持续发展重视起来，而且城市可持续发展能力大幅降低，更加趋于正态分布，因此我们猜测对于中国经济发展而言，可持续发展能力指标或许不是越大越好。

（二）城市可持续发展影响因素的实证分析

1. 模型的选择

面板数据模型主要包括混合最小二乘模型（pool OLS model）、固定效应变截距模型（fixed effect model）和随机效应变截距模型（random effect model）。由于样本数据截面单元较多时间较短，可以认为参数的变化主要集中于横截面，且使用拉格朗日检验（LM Test）法进行检验，两边得到了同样的结论，即认为应该选择变截距模型。具体到选择固定效应变截距模型，还是随机效应变截距模型，使用霍夫曼法进行检验，检验结果显示应采用固定效应变截距模型。因此，本文选择固定效应变截距模型进行实证分析。因为固定效应变截距模型无法分析虚变量，所以对数据划分出 D = 0 的一组进行回归，该组检验得应采用混合最小二乘模型与对照组不同，因此仅列出模型（1）进行参考。需要注意的是，本文的多重共线性使用Stata 12.0中 VIF 方差膨胀因子的方法检验，因此未展示相关分析系数表。

2. 实证结果与分析

表 5　各城市类型回归结果

解释变量	15 个新一线城市				13 个非国家中心城市
	模型（1）	模型（2）	模型（3）	模型（4）	模型（1）
CJS	0.1161**	0.1180***	0.1190***	0.1216**	0.0915*
	(0.024)	(0.006)	(0.008)	(0.01)	(0.094)
TECH	-31.3775			-29.6648	0.4489
	(0.174)			(0.213)	(0.973)
JW	-0.0012***	-0.0013***	-0.0012***	-0.0012***	0.0001
	(0.000)	(0.000)	(0.001)	(0.000)	(0.837)
ZC	-0.0001				-0.0002***
	(0.548)				(0.001)
RS	-0.0098	-0.0106*	-0.0098	-0.0092	0.0004
	(0.158)	(0.068)	(0.112)	(0.126)	(0.387)
DEN	-0.0060***		-0.0055***	-0.0069***	-0.0001
	(0.000)		(0.003)	(0.000)	(0.837)
C	13.9526**	7.7283**	11.4692***	13.1800***	2.4637***
	(0.010)	(0.04)	(0.008)	(0.003)	(0.002)
Hausman-test	20.12***	12.31***	13.48***	18.49***	
R^2	0.6081	0.5517	0.5830	0.6011	0.7964
F 值	17.90***	10.56***	11.39***	17.76***	11.31***
AIC	13.3265	11.35955	11.19105	11.85864	57.63593
BIC	21.73368	15.56314	16.79584	18.86462	66.4426
Observations	210	210	210	210	182

注：*、**、***分别代表在 10%、5% 和 1% 的水平下显著。

从表 5 可以看出以下几点。

第一，无论是对 15 个新一线城市的回归，还是对 13 个非国家中心城市的回归，产业结构对可持续发展能力都有显著影响。对 15 个新一线城市的回归显示，第三产业增加值与第二产业增加值之比每增加 1 个百分点，15 个新一线城市可持续发展能力提高 1.16 个百分点。但对于 13 个非国家中心城市的回归显示，产业结构变化对可持续发展能力的影响略小。这可能由于国家中心城市相对于其他地区而言第三产业较为发达，服务业的增加更能产生大量消费。

第二，无论是对 15 个新一线城市的回归，还是对 13 个非国家中心城市的回归，科技进步对可持续发展能力的影响都不显著。这可能是由于科技进步指标的选择问题：一方面，科技领域投入越多，越可能带来科技进步；另一方面，科技领域投入也可能并没有带来科技进步，反而占用了城市福利发展等资金，经济效率降低。两方面的作用相互抵消，导致科技进步对资源与环境效率的影响不显著。

第三，对 15 个新一线城市的回归显示，可持续发展能力与经济外向度呈显著负相关关系。猜测可能是在对外贸易中，经济全球化使中国成为世界的加工厂，即使是使用外资，也是低效率生产收入换取本国低效率生产的产物，甚至中间还存在一部分利润流向国外，这就会降低可持续发展能力。但对 13 个非国家中心城市的回归显示经济外向度不显著，这可能是由于非国家中心城市经济外向度较低。

第四，对 15 个新一线城市的回归显示，人口密度与可持续发展能力呈显著负相关关系，而 13 个非国家中心城市却并不显著，因此认为 13 个非国家中心城市人口密度还未达到饱和，对可持续发展能力影响不显著。

第五，人口素质对 15 个新一线城市产生负向影响，但只有 85% 左右的可信度，对 13 个非国家中心城市则为正向影响，推测可能是由于国家中心城市高素质人才达到饱和的边缘。

五　结论与建议

随着环境的不断恶化，城市可持续发展越来越引起人们重视。因此，本文以热点城市的可持续发展能力为切入点，利用主成分分析法构建了评价 15 个新一线城市的可持续发展能力综合指标，对这 15 个城市 2015 ~ 2016 年的可持续发展能力进行评价，并通过相关文章的研究，对可能影响城市可持续发展能力的几个因素进行了实证检验，得到的主要结果与政策建议如下。

第一，在 15 个城市中，可持续发展能力提高最多的城市是西安、东莞和成都；可持续发展能力降低最快的城市是苏州、长沙、无锡和宁波。两年的数据相比较虽然最小值减小、最大值上升，但是我国新一线城市的可持续发展能力总体均值依然略有降低。前人大多对多个城市可持续发展水平进行横向比较，而本文则对多个城市进行纵向分析比较，定量考察城市的综合实力水平的变化情况。分析结果有些出乎意料，但是回归结果显著并比较符合国情。这是由于城市的可持续发展水平涉及多方面，较为复杂，只有各个领域均处于领先地位，城市可持续发展实力才会强大。综合指标说明我国的新一线城市政府对城市的可持续发展能力略有重视，但是经济的高速发展依然建立在牺牲可持续发展的基础上，新一线城市的可持续发展潜力依然有待发掘，进行城市可持续发展能力的影响因素实证分析具有非常重要的现实意义。

第二，产业结构对新一线城市和非国家中心城市的可持续发展能力都有显著的正向影响。这说明即使是比较发达的新一线城市，深化供给侧结构性改革、促进产业结构优化依然具有政策指导意义。努力发展第三产业、优化产业结构、实现产业结构多元化是所有城市的共同目标。

第三，对于新一线城市，经济外向度、人口素质和人口密度与可持续发展能力之间呈负相关关系，其中人口素质的相关关系不太显著。而对于非国家中心城市，这几项因素全部不显著。这说明新一线城市需不断改善投融资环境，不断优化出口产品结构，提高出口产品附加值并降低其资源环境代价。同时国家中心城市人口及高素质人口饱和的问题也亟待解决，国家中心城市的地方政府不应盲目地采取人才战略，跟风加入"人才争夺战"，应根据自身情况审度时宜，虑定而动。

参考文献

钞小静、任保平，2011，《中国经济增长质量的时序变化与地区差异分析》，《经济研究》第 46 卷第 4 期。

程广斌、龙文，2017，《丝绸之路经济带城市可持续发展能力及其影响因素——基于超效率 DEA—面板 Tobit 模型的实证检验》，《华东经济管理》第 31 卷第 1 期。

冯白、郭存芝，2011，《江苏城市可持续发展能力及其影响因素：基于 DEA 评价与 paneldata 模型的实证分析》，《中国城市经济》第 30 期。

郭存芝、凌亢、白先春、胡振宇、梅小平，2010，《城市可持续发展能力及其影响因素的实证》，《中国人口·资源与环境》第 3 期。

郭存芝、罗琳琳、叶明，2014，《资源型城市可持续发展影响因素的实证分析》，《中国人口·资源与环境》第 8 期。

黄友均、许建、黎泽伦，2007，《主成分分析在城市可持续发展评价中的应用》，《安徽农业科学杂志》第 35 卷第 24 期。

牛文元，1994，《持续发展导论》，科学出版社。

邵桂兰、韩菲、李晨，2011，《基于主成分分析的海洋经济可持续发展能力测算：以山东省 2000 - 2008 年数据为例》，《中国海洋大学学报》（社会科学版）第 6 期。

许光清，2006，《城市可持续发展理论研究综述》，《教育与研究》第 7 期。

杨多贵、陈劭锋、牛文元，2001，《可持续发展四大代表性指标体系评述》，《科学管理研究》第 4 期。

Daly, H. , & Cobb, J. B. 1989. *For the Common Good：Redirecting the Economy toward Community, the Environment, and a Sustainable Future.* Boston：Beacon Press.

Grossman, G. M. , Krueger, A. B. 1995. "Economic Growth and the Environment. " *Quarterly Journal of Economics*, 110：353 - 377.

Grossman, G. M. , & Krueger, A. B. 1991. "Environmental Impacts of the North American Free Trade Agreement. " *NBER Working Paper.* No. 3914.

Musgrave, R. A. 1959. *The Theory of Public Finance.* McGraw Hill, New York.

Odum, H. T. 1988. "Self-organization, Transformity and Information. " *Science*, 242：1132 - 1139.

Odum, H. T. 1994. *Ecological and General Systems.* Boulder：University of Colorado Press.

长三角地区金融支持对绿色发展
影响的实证分析

一　引言

改革开放四十多年来，我国一跃成为世界第二大经济体。在这期间，人民生活条件的逐步改善反映了国家经济多方面的从无到有、从少到多。百姓的生活富裕了，"腰包"鼓起来了，我国多数居民的经济生活由新中国成立初期专注于解决温饱到有所储蓄，再到当前普遍进行多渠道投融资。伴随这个过程，金融交易越发频繁，金融日益成为整个经济的核心，这也预示国家发展的最终归宿一定是金融行业。金融行业的崛起不仅规避了第一、第二产业的污染问题，而且可以通过发挥金融体系资源配置、信息传递等功能，以金融扶持的方式对环境进行长期、有效、可持续的治理，推动我国的绿色发展。绿色发展是当今世界的重要趋势，主要包括绿色环境发展、绿色经济发展、绿色政治发展、绿色文化发展四个方面，它带来的效用也反过来推动绿色金融的发展。

2018年11月5日国家明确规划了长三角的区域范围，并将长三角区域一体化发展上升为国家战略，长三角地区在我国的战略地位得到了显著提升。长三角地区是我国经济最具活力、开放程度最高、创新能力最强的区域之一，也是"一带一路"和长江经济带最重要的交汇点。作为我国区域经济一体化发展程度最高的地区之一，长三角地区在我国有着显著的经济地位（见表1）。该城市群无论是金融发展的成熟度还是环境问题的多样化及严重程度在我国都具有高度的代表性以及前瞻性。在生态环境部2019年1月的例行新闻发布会上，生态环境部大气环境司司长刘炳江表示，长三角地区大气污染物排放量为全国水平的 3～5 倍。因此，研究该地区金融支持对绿色发展的作用，兼具必要性和重要意义。

表 1   长三角地区主要经济指标及地位（2018 年）

	GDP （亿元）	财政总收入 （亿元）	第三产业增加值 （亿元）	金融机构本外币 存款余额（亿元）
长三角地区	224773.84	48534.63	131538.47	482727.25
全国	900300	183352	469575	1825158
所占比例（%）	24.97	26.47	28.01	26.45

资料来源：湖州市统计局及各地政府公报。

目前学术界将研究区域划定为长江三角洲地区的研究成果，还未有直接关于金融支持对绿色发展的影响的研究，其他地区关于两个变量间的研究大多也集中于理论分析。尽管其中少数学者（李伟等，2014；李喜梅、周宏春，2018）研究得出了金融支持对地区的绿色发展存在促进作用，但大都是将金融支持作为一个笼统的金融概念进行分析，或是将绿色发展概括地进行了政策建议方面的讨论，缺少对两者清晰的测度和准确的衡量及两者之间的实证研究。长江三角洲地区经济发展速度之快、经济发展体量之大都需要我们用最新的数据对金融支持与绿色发展间的关系进行分析与检验，这对促进长三角地区的发展和一体化进程更具实际的指导意义。

本文以绿色发展指数（熵值法计算得出）为因变量，以金融规模（年末金融机构贷款余额/GDP）、金融效率（年末金融机构贷款余额/年末金融机构存款余额）、绿色金融（年末金融机构贷款余额/环境污染治理投资总额）、资本市场发展程度（直接融资/金融资产总量）为自变量代表金融支持体系，并控制技术水平（专利申请授权量）、财政支出率（地方财政支出/GDP）、全社会固定资产投资产值比（全社会固定资产投资/GDP）这三个环境变量，对近十年的数据进行实证研究，通过多元回归的方法对金融支持对于绿色发展的作用进行研究。

二　文献综述

对于"金融支持"的含义与范围，学术界还没有一个统一的定义，不同学者对其的认识也有一定的差异。吴成颂（2009）认为金融支持主要包括良好的金融环境、充足的资金扶持、有效的金融监管以及便捷高效的金融服务。封思贤等（2011）从金融支持对长三角地区经济增长的作用的角度阐述了金融支持的含义，认为金融支持是指金融在经济发展过程中的推动、调度和润滑作用。张杰（1998）通过分析我国渐进改革中金融发挥的关键性作用，认为金融支持就是对金融资源的使用和配置，它反映了政府对经济的控制能力。黄勇、谢朝华（2008）认为金融支持主要反映在信贷资金的提供上，对城镇化的发展有显著的促进作用。因此，本文认为金融支持就是政府通过制定政策等方式发挥金融市场的作用以实现某种目标的过程。

绿色发展作为"五大发展理念"之一，目前普遍认为其内涵可以概括为是以效率、和谐、持续为目标的经济增长和社会发展方式。刘思华（2011）从科学发展观的角度阐述了对绿色发展的理解。齐建国（2013）将绿色发展具体化为"循环经济模式、低碳技术应用、生态建设和创造保持人类身心健康的精神环境"这个大目标，认为绿色发展终会推动以绿色技术为核心的第四次技术革命。王兵等（2014）从城镇化的角度研究了城镇化进程中对绿色发展的影响，认为绿色发展主要指节能减排。

从已有文献来看，尽管直接研究长三角地区金融支持与绿色发展相关关系的文章较少，但有部分学者对这两者中的某一个角度进行了切入和探讨，对本文的研究具有一定的借鉴意义。吴成颂（2009）认为金融支持对产业转移具有重要影响，并以安徽为例研究发现高水平的金融服务能够完善产业结构，间接促进绿色健康发展。黄建欢等（2014）分析了金融发展影响区域绿色发展的四个机制，研究发现金融支持的绿色金融效应及其空间溢出效应都不显著，因此给予了加大金融支持环境保护和绿色产业力度的政策建议。龚晓莺、陈健（2018）以绿色金融发展为角度，界定了绿色金融供给的具体内涵，研究了绿色金融供给的体系等问题，对如何使绿色金融促进绿色发展提出了相应的政策建议。

综上所述，目前关于金融支持对绿色发展的影响的相关研究较少，且该话题的研究范围为长江三角洲区域的相关文献还未出现。而关于金融支持、绿色发展的文献在准确划分长三角城市圈范围以及长三角一体化战略上升为国家战略后的研究也非常缺失。因此，本文的研究具有现实意义以及时效性。

三　实证分析

（一）研究对象

首先，由于2008年、2009年我国银监会分别颁布了关于金融支持服务业发展的文件，显著提升了此后各区域对金融支持的重视程度，各个地区相继出台关于金融支持与经济发展的政策及法律法规，金融支持的作用逐渐得到了发挥。其次，2016年银监会印发《关于构建绿色金融体系的指导意见》，正式定义了"绿色金融"的概念，并于2017·年在文件中指出金融支持要促进制造业绿色发展，给予了金融与绿色发展应相辅相成的指导建议和方向。再次，自2008年起长三角地区出台了多则关于环境保护的协议或报告，绿色发展问题得到重视。最后，国家在2010年到2014年间确定了长三角城市群囊括的空间范围即三省一市（上海市、江苏省、浙江省、安徽省），规范了学术研究的对象，影响深远。因此，基于数据的有效性和可得性，本文选取了2008～2017年上海市、江苏省、浙江省及安徽省的面板数据用于考察该地区金融支持力度及措施对绿色发展的影响。

（二）绿色发展指数的测度

1. 指标构建思路

目前关于绿色发展的研究多为理论研究，实证研究较少，且学术界对于绿色发展的测度还没有一个得以普遍应用的方法。关于"发展"的指标选取，受到肯定和认同的主要有两个。①人类发展指数（Human Development Index，HDI）。它是由联合国开发计划署（UNDP）在《1990年人文发展报告》中提出的以"预期寿命、教育水准和生活质量"三项基础变量按照一定的计算方法得出的综合性指标，用以衡量联合国各成员国的经济社会发展水平。②人类绿色发展指数（Human Green Development Index，

HGDI)。李晓西等（2014）对人类发展指数的指标构成进行借用和延伸后，提出了"人类绿色发展指数"这个综合性指标，该指数强调了人与环境的关系，更关注地球对人类发展可行能力的支撑作用。综上发现，由于绿色及发展所涵盖的意义之广泛、主体之复杂，为了使指标能够更具现实意义，应建立衡量绿色发展的综合性指标。

国家发改委、国家统计局、环保部和中央组织部于2016年印发了《绿色发展指标体系》，是充分考虑了社会发展现况、研究需要、协调发展要求等方面后得到的结果，具有很强的战略性和全面性。因此，本文在其基础上，结合数据的可得性以及研究需要，构建了包含5个一级指标、14个二级指标的综合指标体系来衡量绿色发展程度，具体内容如表2所示。

表2　绿色发展指标体系

一级指标	二级指标	指标表示	单位	数据来源
资源利用 (X_1)	能源消费总量	X_{11}	万吨标准煤	国家统计局、国家发改委
	单位GDP能耗降低	X_{12}	%	国家统计局、国家发改委
	用水总量	X_{13}	亿立方米	水利部
环境治理 (X_2)	化学需氧量排放量减少	X_{21}	万吨	环境保护部
	二氧化硫排放总量减少	X_{22}	万吨	环境保护部
	污水集中处理率	X_{23}	%	环境保护部
	环境污染治理投资占GDP的比重	X_{24}	%	环境保护部、国家统计局
生态保护 (X_3)	森林覆盖率	X_{31}	%	国家林业局
	森林蓄积量	X_{32}	万立方米	国家林业局
增长质量 (X_4)	第三产业增加值占GDP的比重	X_{41}	%	国家统计局
	R&D支出占GDP的比重	X_{42}	%	国家统计局
	居民人均可支配收入	X_{43}	元	国家统计局
绿色生活 (X_5)	城市建成区绿地率	X_{51}	%	住房和城乡建设部
	农村卫生厕所普及率	X_{52}	%	国家卫生计生委

2. 变量的处理

由于不同指标的量纲和单位有所差异，为了消除量纲和量纲单位的不同所带来的不可公度性，首先应该对评价指标进行无量纲化处理，即指标的同度量化。本文应用均值化法对数据进行处理。均值化法可以保留各指标变异程度的信息，使结果更具有现实意义和真实性。公式即为：

$$y_{ijt} = \frac{x_{ijt}}{\overline{x_{ij}}}$$

其中，$\overline{x_{ij}}$ 表示第 i 个地区第 j 个指标的均值，x_{ijt} 表示在第 t 年第 i 地区的第 j 个指标的原始值，y_{ijt} 表示经过无量纲化处理后的指标值。

3. 综合指标的测算

《绿色发展指标体系》的文书中包括六大体系 55 个指标，并分别对各个指标赋予了权重，以规范一致用加权平均法的方式测算绿色发展指数。由于在本研究中关于绿色发展指数共用了其中的 5 个一级指标、14 个二级指标进行度量，所以需要按比例重新对各个指标的权重进行计算，见表 3。

表 3　绿色发展指数综合测度指标的权重

单位：%

一级指标	二级指标	原始权重	新权重	一级指标权重
资源利用（X_1）	X_{11}	1.83	6.66	23.32
	X_{12}	2.75	10.00	
	X_{13}	1.83	6.66	
环境治理（X_2）	X_{21}	2.75	10.00	30.01
	X_{22}	2.75	10.00	
	X_{23}	1.83	6.66	
	X_{24}	0.92	3.35	
生态保护（X_3）	X_{31}	2.75	10.00	20.01
	X_{32}	2.75	10.00	
增长质量（X_4）	X_{41}	1.83	6.66	19.97
	X_{42}	1.83	6.66	
	X_{43}	1.83	6.66	
绿色生活（X_5）	X_{51}	0.92	3.35	6.69
	X_{52}	0.92	3.35	

因此，绿色发展指数的计算公式如下：

$$Z_{it} = \sum w_{it} y_{ijt}$$

其中，Z_{it}表示第 t 年第 i 个地区的绿色发展指数，w_i 为新的权重。

4. 绿色发展指数的测度结果

通过加权平均法的计算，得到了 2008～2017 年各年不同地区绿色发展指数，图 1 展现了长江三角洲四省市绿色发展指数的变化趋势。

从图 1 可以看出上海的绿色发展指数较为平稳，围绕 1 上下波动。在 2008 年其他三省绿色发展指数水平很低时，上海该值已经大于 1，说明上海的绿色发展观念、治理措施的出台、基础设施建设等方面在长三角城市群中都较早趋于成熟。江苏省、浙江省的绿色发展指数前期分别围绕 0.4、0.2 波动，在 2016 年后有了较大提高。2016 年作为"十三五"的第一年，两省都制定了大量的环境保护政策与规划，如《江苏省"十三五"工业绿色发展规划》《浙江省工业污染防治"十三五"规划》等，显著促进了当地经济的可持续发展。除上海外，其他地区在同一年份有明显的"异常值"：江苏省在 2011 年的绿色发展指数为 5.4224，浙江省在 2011 年的绿色发展指数为 8.8861，而安徽省为 13.0325，都远超其他年份的绿色发展指数值。2011 年为"十二五"的开局之年，三省都在战略规划下大幅减少了化学需氧量排放量，具有显著的生态效益。

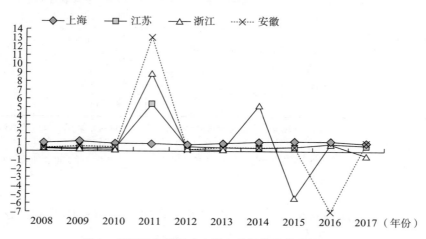

图 1　长江三角洲四省市绿色发展指数的变化趋势

（三）数据来源及研究工具

目前关于金融支持与绿色发展之间作用关系的实证研究较少，为了使研究具有实际意义和可操作性，本文将对两者的研究范围分别确定在金融机构的信贷支持以及污染治理领域，具体指标及其数据来源见表4。

表4　变量分类与数据来源

分类	变量	定义	数据来源	单位
因变量	绿色发展指数（*GDI*）	综合指标体系	《绿色发展指标体系》	无
自变量	金融规模（*FS*）	年末金融机构贷款余额/GDP	国研网数据库	%
			《中国统计年鉴》	
	金融效率（*FE*）	年末金融机构贷款余额/年末金融机构存款余额	国研网数据库	%
			国研网数据库	
	绿色金融（*GF*）	年末金融机构贷款余额/环境污染治理投资总额	国研网数据库	%
			《中国统计年鉴》（2017年数据来自各个地区该年环境公报）	
	资本市场发展程度（*GCMD*）	直接融资/金融资产总量	中国人民银行统计数据	%
控制变量	技术水平（*TL*）	专利申请授权量	《中国统计年鉴》（2017年数据来自各个地区知识产权局网站）	件
	财政支出率（*FER*）	地方财政支出/GDP	《中国统计年鉴》	%
			《中国统计年鉴》	
	全社会固定资产投资产值比（*IFAD*）	全社会固定资产投资/GDP	国研网数据库	%
			《中国统计年鉴》	

注：1. 由于2017年安徽省环境污染治理投资总额数据缺失，所以文章采用 Eviews 的回归期望值。

2. 2013年以前直接融资=债券+股票，2013年后直接融资=企业债券+非金融企业境内股票融资。

（1）绿色发展指数（*GDI*）。本文通过构建综合指标体系对其进行衡量。

（2）金融规模（*FC*）。李建军（2010）认为信贷是反映金融规模的一项重要指标。由于目前我国包括长三角地区占主要地位的贷款方式仍为银行贷款，所以本文用金融机构年末贷款余额与 GDP 之比即单位 GDP 银行贷款系数来衡量金融规模，该指标反映了金融资产规模相对于国民财富的扩展程度。

（3）金融效率（FE）。本文用年末金融机构贷款余额与年末金融机构存款余额之比来衡量金融体系效率。金融机构存款余额代表了一个城市的总财富与资金总量，因此该指标体现了金融机构存款转化为贷款的能力，同时反映出当前金融体系运行的效率。

（4）绿色金融（GF）。年末金融机构贷款余额反映了金融机构的信贷收支水平（康银劳，2007），反映了经济系统中所需的资金来源于贷款方式的数额。因此，年末金融机构贷款余额/环境污染治理投资总额可以体现环境治理中金融市场所发挥的作用大小，以衡量绿色金融指标。

（5）资本市场发展程度（$DCMD$）。直接融资占比反映了金融市场服务实体经济的能力，反映了企业股份化、资产证券化、证券市场化的程度，只有资本市场的不断完善才能逐渐提高直接融资比重。

为了保证所建模型的合理性、有效性，根据绿色经济、环境等影响因素的相关理论和实证研究文献，本文将影响城市绿色发展的其他关键因素作为控制变量纳入模型中，即技术水平（TL）、财政支出率（FER）、全社会固定资产投资产值比（$IFAD$）。

（四）回归结果

由表 5 可以看出，绿色发展指数与金融规模（$r = -0.041$）、绿色金融（$r = -0.005$）、技术水平（$r = -0.074$）、财政支出率（$r = -0.132$）呈负相关关系，而与金融效率（$r = 0.048$，）、资本市场发展程度（$r = 0.074$）都呈正相关关系。

表 5　变量的相关系数

变量	1	2	3	4	5	6	7	8
绿色发展指数	1.000							
金融规模	-0.041	1.000						

续表

变量	1	2	3	4	5	6	7	8
金融效率	0.048	0.230	1.000					
绿色金融	−0.005	−0.071	0.080	1.000				
资本市场发展程度	0.074	0.140	0.034	−0.013	1.000			
技术水平	−0.074	−0.008	0.407	0.213	0.361	1.000		
财政支出率	−0.132	0.233	−0.352	−0.140	0.040	−0.639	1.000	
全社会固定资产投资产值比	−0.036	−0.598	0.270	0.037	−0.097	−0.027	0.184	1.000

本文以绿色发展指数为因变量，以金融支持体系（金融规模、金融效率、绿色金融、资本市场发展程度）为自变量，以技术水平、财政支出率、全社会固定资产投资产值比为控制变量，借助 Stata 工具就金融支持对绿色发展的影响问题进行了实证研究。通过 F 检验及 LSDV 法，拒绝了混合回归。根据 Hausman 检验所得 p 值为 0.7833，远大于 0.1，因此本文拒绝固定效应模型，最终选择随机效应模型。回归结果见表 6。

表 6　回归分析

变量	固定效应模型	随机效应模型	混合 OLS 模型
金融规模	−4.0328 (5.74)	−6.9958 ** (2.96)	−6.9958 * (2.86)
金融效率	12.1018 (11.29)	18.7105 ** (7.77)	18.7105 * (6.77)
绿色金融	9.07E−06 (7.47E−05)	3.54E−07 (7.16E−05)	3.54E−07 (7.08E−06)
资本市场发展程度	4.6798 (8.47)	3.7436 (7.9947)	3.7436 (3.4174)
技术水平	4.63E−06 (1.64E−05)	−2.86E−06 (9.98E−06)	−2.86E−06 (4.21E−06)
财政支出率	27.5720 (61.23)	40.1122 (126.48)	40.1122 (22.8100)
全社会固定资产投资产值比	−21.5712 *** (7.69)	−12.9135 ** (5.25)	−12.9135 * (4.67)

注：***、**、* 分别表示在 0.01、0.05、0.1 水平下显著。

根据结果我们可以看出绿色金融、资本市场发展程度的作用并不显著，而金融规模对绿色发展有显著的负向作用，每增加一单位金融规模会减少6.9958单位的绿色发展水平；金融效率对其有显著的正向作用，每提高一单位金融效率会拉动绿色发展水平提高18.7105单位。结合长三角地区的实际特征，本文对此进行具体分析。第一，金融规模与绿色发展。该结果反映了长三角城市群金融规模的扩张阻碍了该地区环境的改善，即随着金融资产规模的不断扩大，污染治理投入的产出显著下降。原因可能为：①受到近年来国外的严峻形势影响，长三角地区作为以外向型经济为主的城市群，大量企业面临订单减少、利润下降的境况，企业不得不将利润及银行贷款主要用于投入再生产以维持企业运行，此时关注环保无疑是"奢侈的"，污染治理方面的资金投入减少；②由于房地产市场的膨胀，长三角地区集中了大量的钢铁、煤炭、矿产等高污染企业，这些企业的发展会带来大量的信贷需求，影响了信贷资金流向，但同时因为利润最大化目标，企业不会对污染治理有政策规定外的高自觉性；③长三角地区的一体化进程还任重而道远，区域之间的经济、技术等仍有较大差异，使金融规模扩张时不同地区之间的环境治理投资数额、单位产能污染等也有显著差别，总体上对长三角区域的绿色发展起到了阻碍作用。第二，金融效率与绿色发展。结果表明，长三角地区金融市场的分置效率、转化效率和配置效率（云鹤等，2012）对环保有显著的拉动作用。原因可能为：①胡慧敏（2006）研究发现资本投入在金融效率体系中的影响最为明显，长三角地区作为我国经济最为发达的城市圈之一，其资金流通规模与利用效率伴随发达的金融市场以及活跃的经济活动必定高速发展着，大大提高了对绿色发展的资金投入的利用率，因此金融效率的提高也拉动了环保效率。第三，绿色金融与绿色发展。绿色金融反映了环境治理中金融市场所发挥的作用大小，实证结果说明该变量对绿色发展的作用在长三角地区并不明显，本文认为这主要与金融市场的信贷资金流向有关。资本是发展的前提，由于回报率等原因，银行信贷资金可能更多地流向先进制造业、房地产行业等高回报或高需求领域，而对污染治理领域或技术转型企业不会给予较多资金支持。第四，资本市场发展程度与绿色发展。资本市场发展程度衡量了金融市场服务于实体经济的能力。实证结果显示，长三角地区资本市场的发展并没有显著推动环境保护，可能因为金融市场所服务的实体经济对象主要包括传统高污染行业，所以对绿色发展的支持力度不足。

四　结论及政策建议

结合长三角地区的金融地位、金融发展和环境问题现状，本文一方面合理界定并测度了绿色发展指数，另一方面通过构建金融支持体系，借助定量考察与实证分析，探讨了金融市场对绿色发展的影响。研究证实，金融支持体系并不能显著地促进长三角地区的绿色发展。其中包含金融规模对绿色发展的抑制作用，金融效率对绿色发展的促进作用，以及绿色金融、资本市场发展程度对绿色发展不显著的相关关系。分析认为，促进作用主要源于金融市场资金运行效率的提高也间接地带动了环境治理资金的高效利用，而金融支持体系中对绿色发展起抑制作用或并不直接影响绿色发展的变量反映了目前长三角地区金融市场的资金流动方向或偏向性存在问题，对环境问题的关注度远远不足。围绕相关结论，本文提出以下政策建议。

金融规模方面。扩大金融市场规模，以满足绿色经济发展对金融资源的高需求，加大支持力度。第一，调整金融市场结构，合理提高直接融资的比重，通过信贷方式促进直接融资对绿色产业的支持。第二，政府应通过补贴、政策导向等措施提高环保产业、低污染产业的资本回报率。通过政策措施对金融资金流向绿色产业予以激励，加大对绿色经济发展的支持力度，推动经济的可持续发展以及环境友好型社会建设。

金融效率方面。第一，破除长三角城市群内部的金融壁垒，改革金融机制，推动长三角地区的金融一体化进程。金融领域严格的区域管制阻碍了长三角地区的资金流动，降低了金融资源的利用效率。因此，应当促进地方政府间的沟通，增强合作共赢以及发展绿色经济的意识，优化金融资源配置。第二，完善金融市场制度，加强对金融行业的监管，提高金融资源的流动性与安全性。

绿色金融方面。第一，促进产业结构的转型升级，推动内部由"高耗能、高排放、高污染"的制造业企业向高技术制造业发展。通过促进产业结构的转型以及产业内部的改革，降低污染排放量，以促进资金的流通以及企业的再生产，提高经济产出。第二，通过行政手段对企业外部性予以管制，加强对企业排污、环境治理等方面的监管。

资本市场发展程度方面。第一，充分利用资本市场加大对绿色产业的支持力度。通过制定将绿色产业作为重点支持对象的政策，引导资金流向该领域，对绿色产业的发展有着显著的影响。第二，开放市场，优化金融支持结构。通过稳步开放资本市场，可以缓解我国资本缺乏、供不应求的现状，但同时应当关注金融安全问题，将全局利益放在首位。

参考文献

封思贤、李政军、谢静远，2011，《经济增长方式转变中的金融支持——来自长三角的实证分析》，《中国软科学》第 5 期。

龚晓莺、陈健，2018，《绿色发展视域下绿色金融供给研究》，《福建论坛》（人文社会科学版）第 3 期。

胡慧敏，2006，《我国金融效率评价指标体系及影响因素分析》，硕士学位论文，天津财经大学。

黄建欢、吕海龙、王良健，2014，《金融发展影响区域绿色发展的机理——基于生态效率和空间计量的研究》，《地理研究》第 3 期。

黄勇、谢朝华，2008，《城镇化建设中的金融支持效应分析》，《理论探索》第 3 期。

康银劳，2007，《基于自组织建模的成都 GDP 增长及影响因素研究》，博士学位论文，西南交通大学。

李建军，2010，《中国未观测信贷规模的变化：1978～2008 年》，《金融研究》第 4 期。

李伟、吴学双、董光雄、陈剑、黄良军、王筱珑、叶忠欢、苑立飞，2014，《金融支持绿色发展示范区建设的实践与思考》，《福建金融》第 10 期。

李喜梅、周宏春，2018，《雄安新区绿色发展呼唤金融支持》，《开发研究》第 3 期。

李晓西、刘一萌、宋涛，2014，《人类绿色发展指数的测算》，《中国社会科学》第 6 期。

刘思华，2011，《科学发展观视域中的绿色发展》，《当代经济研究》第 5 期。

齐建国，2013，《循环经济与绿色发展——人类呼唤提升生命力的第四次技术革命》，《经济纵横》第 1 期。

王兵、唐文狮、吴延瑞、张宁，2014，《城镇化提高中国绿色发展效率了吗?》，《经济评论》第 4 期。

吴成颂，2009，《产业转移承接的金融支持问题研究——以安徽省承接长三角产业转移为例》，《学术界》第 5 期。

云鹤、胡剑锋、吕品，2012，《金融效率与经济增长》，《经济学》（季刊）第 2 期。

张杰，1998，《渐进改革中的金融支持》，《经济研究》第 10 期。

图书在版编目（CIP）数据

推动绿色发展：生态治理与结构调整／吴一超著
. -- 北京：社会科学文献出版社，2020.1
ISBN 978 - 7 - 5201 - 5666 - 0

Ⅰ.①推… Ⅱ.①吴… Ⅲ.①生态环境 - 综合治理 -
研究 - 中国 Ⅳ.①X321.2

中国版本图书馆 CIP 数据核字（2019）第 214045 号

推动绿色发展：生态治理与结构调整

著　　者／吴一超

出 版 人／谢寿光
责任编辑／胡庆英
文稿编辑／马甜甜

出　　版／社会科学文献出版社·群学出版分社（010）59366453
　　　　　地址：北京市北三环中路甲 29 号院华龙大厦　邮编：100029
　　　　　网址：www.ssap.com.cn
发　　行／市场营销中心（010）59367081　59367083
印　　装／三河市龙林印务有限公司

规　　格／开　本：787mm×1092mm　1/16
　　　　　印　张：19.5　字　数：301 千字
版　　次／2020 年 1 月第 1 版　2020 年 1 月第 1 次印刷
书　　号／ISBN 978 - 7 - 5201 - 5666 - 0
定　　价／118.00 元